冶金工业出版社

普通高等教育"十四五"规划教材

钛及钛合金概论

主　编　张聪惠

副主编　朱文光　信运昌

何晓梅　刘帅洋

北　京

冶金工业出版社

2024

内 容 提 要

本书系统介绍了钛的基本性质与发展概况，钛资源富集与冶炼，钛及钛合金的金属学、熔炼、塑性成形、热处理，钛合金显微组织与力学性能，钛基金属间化合物，钛基复合材料，以及钛合金的应用等知识。

本书可作为高等学校材料科学与工程专业教材，也可供从事金属材料加工及热处理相关技术人员阅读参考。

图书在版编目（CIP）数据

钛及钛合金概论 / 张聪惠主编. -- 北京：冶金工业出版社，2024.7. --（普通高等教育"十四五"规划教材）. -- ISBN 978-7-5024-9897-9

Ⅰ. TG146.23

中国国家版本馆 CIP 数据核字第 2024WW4145 号

钛及钛合金概论

出版发行	冶金工业出版社	电　　话	(010)64027926
地　　址	北京市东城区嵩祝院北巷 39 号	邮　　编	100009
网　　址	www.mip1953.com	电子信箱	service@mip1953.com

责任编辑　曾　媛　王恬君　美术编辑　彭子赫　版式设计　郑小利
责任校对　葛新霞　责任印制　范天娇
三河市双峰印刷装订有限公司印刷
2024 年 7 月第 1 版，2024 年 7 月第 1 次印刷
787mm×1092mm　1/16；13 印张；310 千字；195 页
定价 49.00 元

投稿电话　(010)64027932　投稿信箱　tougao@cnmip.com.cn
营销中心电话　(010)64044283
冶金工业出版社天猫旗舰店　yjgycbs.tmall.com
（本书如有印装质量问题，本社营销中心负责退换）

前　言

　　钛及钛合金具有密度低、比强度高、耐腐蚀、抗疲劳等一系列优异的力学性能，广泛应用于航空航天、化工、海洋工程及生物医疗领域，被誉为21世纪的"第三金属""空天金属"。自20世纪60年代至今，我国钛工业经历了半个多世纪的发展，已经具有从钛精矿、海绵钛生产到钛铸锭、钛加工材的完整工业体系。我国已连续多年成为世界第一钛合金生产与消费国。2023年，全球海绵钛、钛加工材产量分别为32.4万吨、22.8万吨，我国海绵钛、钛加工材产量分别为21.8万吨、15.9万吨。

　　相对于钢铁材料、铝合金材料，钛合金属于一种"年轻金属"，其技术开发及相关理论研究尚不是十分完善。钛的合金化理论、相变理论及组织调控技术等都不及钢铁材料成熟。为满足钛及钛合金产业快速发展对相关专业人才的需求，编者在结合国内外优秀钛合金论著的基础上，针对本科生教学实际，围绕钛合金提取冶金、熔炼、塑性加工及热处理等主干内容编写本书。本教材共分10章，第1章简要介绍了钛合金的发展历史、物理力学性质及应用现状；第2章介绍了钛资源的富集及海绵钛的提取冶炼；第3章详细分析了钛的合金化原理，总结了钛与合金元素的作用规律、相变原理；第4章介绍了钛合金的熔炼，分析了真空自耗电弧熔炼、冷炉床熔炼的原理、技术特点及应用情况；第5章概述了钛合金的塑性变形及锻造、轧制等塑性加工方法；第6章介绍了钛合金的热处理原理与工艺；第7章围绕钛合金四种典型组织，分析了加工工艺-微观组织-力学性能关系，介绍了不同组织类型中影响合金性能的关键组织参量及控制工艺；第8章分析了钛合金发展的新领域——钛基金属间化合物及其应用；第9章介绍了钛基复合材料的制备、性质及最新发展；第10章概述了钛及钛合金在航空航天、军事、化工及生活领域的应用。全书深入浅出，可为读者快速了解钛及钛合金领域基本原理、工艺及方法提供帮助。

　　本教材由张聪惠教授担任主编，朱文光、信运昌、何晓梅、刘帅洋担任副主编，曾卫东教授担任主审，常仕琦、董召召、许珂、张思源、程佳超、袁一森、李娜、田睿轩、王金平、杨潇等同学承担了绘图、资料搜集和校对工作。本教材在编写过程中得到李付国教授、赵永庆教授的宝贵建议，感谢各位参编老师、多名研究生为本书的出版付出的辛勤劳动。对于本教材编写过程中我们参考的众多国内外相关教材和文献，在此一并对作者们表示感谢。

　　本教材涉及钛选矿、冶金、塑性加工及热处理等多个技术领域，包含晶体学、热力学、金属学等多方面内容。鉴于编者水平所限，书中不足和疏漏之处在所难免，恳请广大读者批评指正。

编　者

2024 年 1 月

目　　录

1 钛的基本性质及发展概况

1.1 钛及钛合金发展概况

钛作为一种应用广泛的稀有金属，从被发现到应用历经上百年。1791 年，钛以含钛矿物的形式在英格兰的康沃尔郡被发现，发现者是英格兰矿物学家和化学家威廉-格雷戈尔（William Gregor），他在邻近的马纳坎教区的小溪旁找到了一些黑沙，意识到这种矿物包含着一种新的元素。经过分析发现沙里面有两种金属氧化物：氧化铁及一种他无法辨识的白色金属氧化物。格雷戈尔在康沃尔郡皇家地质学会及德国的《化学年刊》发表了这次发现。

1795 年，德国化学家克拉普罗特在分析金红石时也发现了这种氧化物。他主张引用希腊神话中泰坦神族"Titan"的名字给这种新元素起名叫"Titanium"，中文名按其译音定为钛。当他听闻格雷戈尔较早前的发现之后，便获取了一些矿物样本，并证实其中含钛。在这之后长达近百年，关于钛的提纯技术进展缓慢。直到 1910 年，美国化学家亨特（Matthew A. Hunter）才用钠还原 $TiCl_4$ 制得纯度达 99.9% 的金属钛。1940 年，卢森堡科学家克劳尔（W. J. Kroll）利用金属镁还原钛的氯化物制备海绵钛，使得钛的冶炼进入工业化生产阶段。到 20 世纪 50 年代，由于钛及钛合金在航空航天领域极具吸引力的应用前景，受到美国军方大力支持，钛工业得到了迅速的发展。1954 年，美国工程师凯斯勒（Kessler）成功开发出 Ti-6Al-4V 合金，开启钛合金航空航天应用的先河。

我国的钛工业起步于 20 世纪 50 年代。1954 年，北京有色金属研究总院开始进行海绵钛制备工艺研究，1956 年，国家把钛当作战略金属列入了"十二年科技规划"。1958 年，成立了中国第一个海绵钛生产车间。1965 年，在国家的统一规划下，先后建设了遵义钛厂、宝鸡有色金属加工厂（902 厂）等为代表的海绵钛、钛加工材生产单位，实现了钛的产业化。1982 年 7 月，跨部委的全国钛应用推广领导小组成立，专门协调钛工业的发展事宜，中国海绵钛和钛加工材出现了产销两旺、钛工业快速平稳发展的良好局面。21 世纪，得益于国民经济的高速发展，中国钛及钛合金行业的发展进入了快速成长期。

目前，已有上百种钛合金牌号，其中应用较广的合金有 20~30 种。近年来，新型钛合金主要有 4 种类型：（1）高温钛合金，如 Ti60、Ti65、IMI834 等合金，其服役温度已经突破 600 ℃，远远高于耐热铝合金；（2）高强高韧钛合金，如 Ti1023、Ti5553、Ti6554 等合金，其强度可与超高强度钢媲美，高达 1300 MPa，且仍可保持较高的塑性及断裂韧性；（3）海洋工程用钛合金，其追求良好的焊接性能与冲击韧性；（4）钛铝基合金，其具有比常规钛合金更低的密度及更高的服役温度，可在 650~700 ℃服役，是航空发动机高温部件的理想材料[1]。

图 1-1 为近十年全球海绵钛及钛加工材产量，无论是海绵钛还是钛加工材均呈现不断

增长的趋势，其中海绵钛产量从 2014 年的 14.7 万吨增长至 2023 年的 32.4 万吨。2023 年全球海绵钛产量同比增长 20.8%。其中，日本、中国、沙特海绵钛产量增长明显，中国海绵钛产量已占全球产量的 67%。2023 年，全球钛材产量约为 22.8 万吨，中国产量占比高达 70%[2]。图 1-2 为我国近十年钛锭及钛加工材产量。2018 年以来，受国际经济复苏的影响，我国钛加工材产量快速增长。2023 年，我国海绵钛产量增至 21.8 万吨，钛加工材产量达到 15.9 万吨左右[3]。从上述数据不难看出，我国钛工业发展迅速，已成为世界第一钛及钛合金生产与消费国。在钛产品结构方面，我国钛材以板带卷、棒材、管材为主，板材占比 50% 以上，棒材占比 20% 左右。表 1-1 显示了近三年各类钛加工材的产量。在产业分布方面，海绵钛生产主要分布在辽宁、云南、四川、贵州地区。钛及钛合金锭、板材、棒材生产主要集中在陕西，其中陕西的钛锭产量占比 52%，棒材占比 74%，板材占比 22.7%。

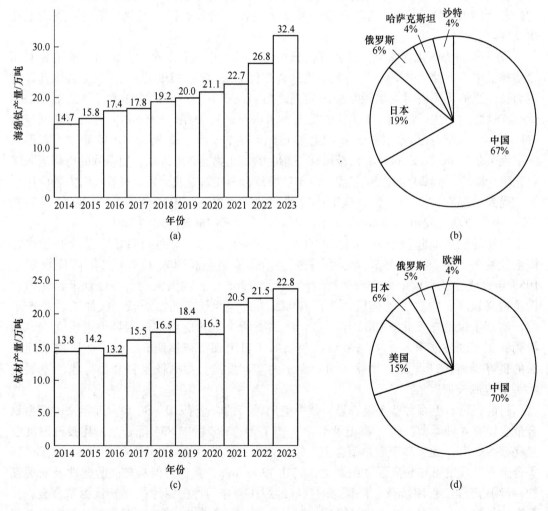

图 1-1　全球海绵钛、钛材产量及分布
(a) 2014—2023 年全球海绵钛产量；(b) 2023 年全球海绵钛产量分布；
(c) 2014—2023 年全球钛材产量；(d) 2023 年全球钛材产量分布

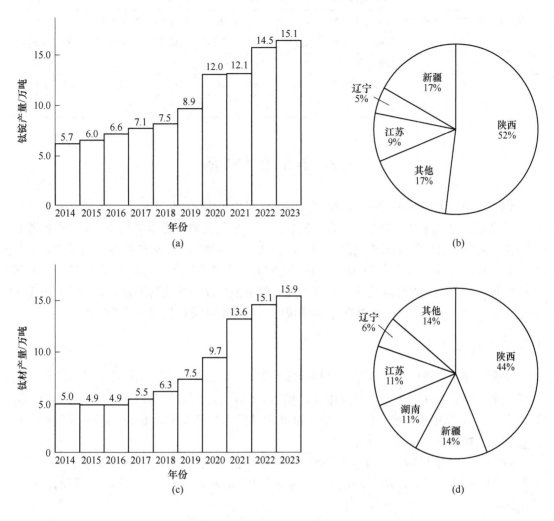

图 1-2　中国钛锭及钛加工材产量及分布
（a）2014—2023 年中国钛锭产量；（b）2023 年中国钛锭产量分布；
（c）2014—2023 年中国钛材产量；（d）2023 年中国钛材产量分布

表 1-1　2021—2023 年中国各类钛加工材产量　　　　（万吨）

年份	钛板	冷轧卷带	热轧卷带	钛棒	无缝管	焊管	锻件	丝线	铸件	箔带	其他	钛材合计
2021	7.0	7.0	7.0	2.5	1.5	1.5	0.9	0.1	0.1	0.3	1.1	13.6
2022	5.8	1.0	1.7	3.3	1.2	0.6	0.8	0.2	0.1	0.3	0.1	15.1
2023	3.7	1.9	2.5	3.7	0.9	0.7	0.8	0.9	0.1	0.01	0.7	15.9

　　表 1-2 统计了我国钛及钛合金的应用领域，可以看出，钛加工材在化工领域的用量占据总产量的半壁江山，其次为航空航天、电力、医药、海洋工程等[4]。而欧美等航空航天强国，钛加工材的最大应用领域为航空航天领域。

表 1-2　2022—2023 年中国钛材应用情况统计　　　　　　　　　（t）

应用领域	化工	医药	航空航天	船舶	冶金	电力	制盐	体育休闲	海洋工程	其他	合计
2022 年	72909	5665	32798	4855	2272	5360	1221	922	3457	15689	145404
	50%	4%	23%	3%	2%	4%	1%	1%	2%	11%	100%
2023 年	73868	3876	29377	3742	2616	7089	2180	813	2323	22555	148439
	49.8%	2.6%	19.8%	2.5%	1.8%	4.8%	1.5%	0.5%	1.6%	15.2%	100%

1.2　钛的基本性质

相对于铜诞生已 6000 多年、铁诞生已 4000 多年、铝诞生已 100 多年，钛是一种"年轻"的金属。钛元素是地壳中分布最广的元素之一，约占地壳总重量的 0.6%，在各种元素中位列第九，在金属元素中仅次于铝、铁、镁，位列第四。钛的矿物在自然界中处于分散状态，形成的钛矿物多达 70 多种，主要矿物为钛铁矿 $FeTiO_3$、金红石 TiO_2 等。钛及其合金因具有十分优异的耐蚀性能、比强度高、疲劳强度高、塑性韧性较高，广泛应用于航空航天、建筑、石油化工、生物医学等领域中，其基本性质包括以下几个方面。

1.2.1　物理性质

钛是一种银白色的稀有金属，化学符号为 Ti、原子序数为 22、相对原子质量为 47.9、原子核半径为 5×10^{-13} cm、次外层电子结构为 $3d^24s^2$，在元素周期表中位于第 4 周期、第ⅣB 族。钛 3d 层电子未排满，为典型的过渡金属元素，其常见的价态主要有 +2 和 +4。在特定化合物中，钛也可能呈现 +3 价。

钛有两种同素异构体，在低于 882.5 ℃时呈密排六方晶格结构，称为 α-Ti，而在 882.5 ℃以上时为体心立方晶格结构，通常称为 β-Ti，882.5 ℃称为 α 相→β 相的转变点（相变点）。

钛的密度为 4.506 ~ 4.516 g/cm^3（20 ℃），仅为钢的 60%。钛的熔点较高，导电性差，热导率和线膨胀系数均比较低，钛的热导率只有铁的 1/4，铜的 1/7。钛无磁性，在很强的磁场下也不会磁化，用钛制人造骨和关节植入人体内不会受磁场环境的影响。当温度低于 0.49 K 时，钛呈现超导电性。经合金化后，超导温度可提高到 9 ~ 10 K。钛的主要物理性质见表 1-3。

表 1-3　钛的物理性质

名　称	数　值
相对原子质量	47.88
原子半径/nm	0.145
相变潜热/kJ·mol^{-1}	3.47
熔化温度/℃	1660
沸点/℃	3302
熔化热/kJ·mol^{-1}	15.2 ~ 20.6

续表1-3

名　　称	数　　值
热导率/W·(m·K)$^{-1}$	22.08
线膨胀系数/K^{-1}	7.35×10^{-6}
电阻率/Ω·m	4.2×10^{-7}
超导转变温度/K	<0.5
密度/g·cm^{-3}	4.505～4.516（20 ℃）
磁化率χ_m/m^3·kg^{-1}	9.9×10^{-6}

为便于比较，表1-4中列出钛与铁、镍、铝等金属结构材料的性质及价格对比[5]。可见钛是一种高强度、低密度、耐腐蚀的金属，但其价格较高，制约了钛合金的广泛应用。

表1-4　钛合金与铁、镍、铝等金属材料性质与价格比较[5]

类　别	钛	铁	镍	铝
熔点/℃	1660	1538	1455	660
相变温度/℃	882.5	912		
室温弹性模量/GPa	115	215	200	72
屈服应力水平/MPa	1000	1000	1000	500
密度/g·cm^{-3}	4.5	7.9	8.9	2.7
耐蚀性	极高	低	中	高
价格	极高	低	高	中

1.2.2　力学性能

常温下纯钛的晶体结构为密排六方结构，室温变形时主要以 $\{10\bar{1}0\}$ <110> 柱面滑移为主，并常诱发孪生[6]。钛同时兼有钢的高强度和铝的低密度，且耐腐蚀性能远远高于铝合金与不锈钢。钛中的杂质含量对钛的力学性能影响很大，杂质（O、C、N、Fe）含量增多，可以提高其强度而降低塑性。当杂质含量超过一定量时就会形成脆性化合物，使钛合金的塑性急剧下降[4]。

纯钛在冷变形过程中没有明显的屈服点，其屈服强度与抗拉强度接近，在冷变形加工过程中有产生裂纹的倾向。纯钛具有极高的冷加工硬化效应，因此可利用冷加工变形工艺进行强化。当变形量大于20%～30%时，强度增加速度减慢，塑性几乎不降低[5]。钛的弹性模量小，约为铁的54%，成形加工时回弹量大，冷加工困难，利用这一特性，钛合金也可以作为弹性材料使用。但是，高弹钛合金多属 α + β（或近 α）合金，具有六方晶系结构，其物理性能呈现很强的各向异性，c 轴方向弹性模量为143.13 GPa，底面各取向的弹性模量为104.14 GPa，因此需要仔细考虑合金板材的各向异性、合金织构与弹性之间的关系，通过合金化与工艺的调整，有目的地控制织构与弹性各向异性以满足设计和使用要求[5]。图1-3为钛单晶弹性模量随晶粒取向的分布[7]。

工业纯钛与高纯钛（99.9%）相比强度明显提高，而塑性显著降低，其主要源于 O、Fe 等元素的固溶强化效应。二者的力学性能数据列于表1-5[5]。

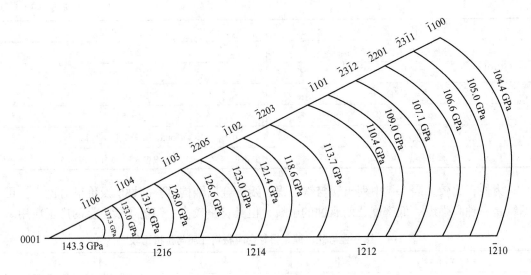

图 1-3 钛单晶弹性模量取向分布

表 1-5 纯钛的力学性能

性　能	高纯钛	工业纯钛
抗拉强度 σ_b/MPa	250	300 ~ 600
屈服强度 $\sigma_{0.2}$/MPa	190	250 ~ 500
伸长率 δ/%	40	20 ~ 30
断面收缩率 ψ/%	60	45
体弹性模量 K/GPa	126	104
正弹性模量 E/GPa	108	112
切变弹性模量 G/GPa	40	41
泊松比 μ	0.34	0.32
冲击韧性 α_k/MJ · m^{-2}	≥2.5	0.5 ~ 1.5

　　钛及其合金熔点较高，随着温度的升高，其强度逐渐下降。但是，其高的比强度可保持到 550 ~ 600 ℃。同时，在低温下，钛仍具有较高的强度和良好的塑性和韧性[6]。对工业纯钛在 -196 ℃下进行拉伸和低周循环疲劳实验，变形后的强度较之室温拉伸变形有了明显提高，塑性也有明显增加[7]。

1.2.3　化学性质

　　钛很容易与氧结合形成厚度为数个至十余个纳米的高化学稳定性的致密氧化膜[8]，这些膜层在低温和高温环境中均具有极高的抗蚀性。室温下，钛不与氯气、稀硫酸、稀盐酸、硝酸和铬酸作用，在碱溶液和大多数的有机酸和化合物中抗蚀性也很高，但能被氢氟酸、磷酸、熔融碱侵蚀。表 1-6 为钛的耐蚀和不耐蚀介质。值得指出的是，在含氯离子的介质中，钛表现出优越的耐腐蚀性能。因此，工业纯钛可替代不锈钢广泛用作海水介质下的热交换器[9]。其使用寿命远远超过不锈钢，且不易产生缝隙腐蚀、孔穴腐蚀、应力腐蚀开裂等局部腐蚀[10]。

表 1-6　钛的耐蚀和不耐蚀介质

耐腐蚀的介质	不耐腐蚀的介质
海水、湿氯气、硝酸、铬酸、醋酸、氯化铁、氯化铜、熔融硫、氯化烃类、次氯酸钠、含氯漂白剂、乳酸、苯二甲酸、浓度低于 3% 的盐酸、浓度低于 4% 的硫酸	发烟硝酸、氢氟酸、浓度大于 3% 的盐酸、浓度大于 4% 的硫酸、不充气的沸腾甲酸、沸腾浓氯化铝、磷酸、草酸、干氯气、氟化物溶液、液溴

介质温度在 315 ℃ 以下，钛的氧化膜始终保持高的化学稳定性和高致密性，耐腐蚀性能良好。环境温度进一步增加，钛的活性迅速增加，在高温下（>600 ℃）钛能和氧、氢、氮等发生化学反应，影响其组织结构和性能。当氢与钛反应时，不但会在钛的表面形成化合物，而且能进入金属晶格，形成间隙式固溶体。冶金工业就是利用钛的化学活性，将其用作炼钢时的优良脱气剂，中和钢在冷却时析出的氧和氮。钛也是炼铝等工业中重要的合金添加剂[10]。由于钛在高温下的化学活性，钛的冶炼必须在真空中或在惰性气氛保护下操作。

1.3　钛及钛合金的典型特征

钛及钛合金的密度低、抗拉强度高、比强度高。钛的密度为 4.50 g/cm³，不足铝的 2 倍，其抗拉强度比铝大 3 倍。钛合金的比强度是工业合金中最高的，钛合金的比强度是不锈钢的 3.5 倍，是铝合金的 1.3 倍，是镁合金的 1.7 倍，所以钛及钛合金是航空及宇航工业不可缺少的结构材料。钛与其他常见金属材料的密度和比强度（抗拉强度与密度之比）比较见表 1-7[6]。

表 1-7　钛与其他常见金属密度和比强度的比较

金属	钛（合金）	钢铁	铝（合金）	镁
密度/g·cm⁻³	4.50	7.87	2.70	1.74
比强度	29	10~19	21	16

钛的耐蚀性能优异。钛的钝性取决于氧化膜的存在，它在氧化性介质中的耐蚀性比在还原性介质中要好得多，在还原性介质中能发生高速率腐蚀。钛在一些腐蚀性介质中不被腐蚀，如海水、湿氯气、亚氯酸盐及次氯酸盐溶液、硝酸、铬酸、金属氯化物、硫代物及有机酸等。可是，在与钛反应产生氢的介质（如盐酸和硫酸）中，钛通常具有较大的腐蚀率。但如果在酸中加入少量的氧化剂会使钛形成一层钝化膜。所以在硫酸-硝酸或盐酸的混合溶液里，甚至在含游离氯的盐酸中钛都是耐蚀的。钛的保护性氧化膜通常是当金属碰到水时形成的。即使少量的水或水蒸气存在也能形成。如果把钛暴露在完全无水的强氧化性环境里也能发生快速氧化并产生剧烈的、甚至自燃的反应。钛与含过量氧化氮的发烟硝酸以及钛与干氯气的反应就属于这类行为。

钛合金的耐高温性能好。通常铝合金在 150 ℃，不锈钢在 310 ℃ 时即失去了原有的力学性能，而高温钛合金在 500 ℃ 左右仍能保持良好的力学性能。当飞机飞行速度达到声速的 2.7 倍时，飞机结构表面温度达到 230 ℃，铝合金和镁合金已不能使用，而高温钛合金则能满足要求。高温钛合金耐热性能好，它适用于航空发动机压气机的涡轮盘和叶片以及飞机后机身的蒙皮。高温钛合金的使用温度为 550 ~ 600 ℃，以 Ti_3Al（α_2 相）为基的合金的长时工作温度为 650 ~ 700 ℃。对于短时服役的航天发动机零部件，Ti_3Al 基合金的使用温度可达 800 ℃。以 Ti2AlNb 金属间化合物为基合金的长时工作温度为 700 ~ 800 ℃，短时使用温度可高于 900 ℃。以 γ-TiAl 金属间化合物为基的合金的长时工作温度为 650 ~ 750 ℃，短时使用温度可高于 900 ℃。以高 Nb-TiAl 金属间化合物为基的合金的长时工作温度为 700 ~ 850 ℃，短时使用温度可高于 1000 ℃[8]。

钛合金的低温性能好。某些合金（如 Ti-5Al-2.5SnELI 和 Ti-6Al-4VELI）的强度随温度的降低反而增加，但塑性降低得不多。其在低温下仍有较好的延性及韧性，适宜在超低温下使用，可用于液氨、液氧火箭发动机，或在载人飞船上做超低温容器和贮箱等。

钛的导热系数小，钛与其他金属的导热系数的比较见表 1-8。钛的导热系数仅为钢的 1/5，铝的 1/13，铜的 1/25。导热性不好是钛的一个缺点，但在某些场合下可以利用钛的这一特性。钛的弹性模量低，钛与其他金属的弹性模量的比较见表 1-9，其弹性模量约为铁的 55%。

表 1-8   钛与其他金属的导热系数的比较

金 属	Ti	Al	Fe	Cu
导热系数/W·(m·K)$^{-1}$	17	212	85	255

表 1-9   钛与其他金属的弹性模量的比较

金 属	Ti	Al	Fe
弹性模量/GPa	108	72	195

钛及钛合金抗拉强度与屈服强度接近，屈强比高。如 Ti-6Al-4V 合金抗拉强度为 960 MPa，屈服强度为 892 MPa，两者之间的差值只有 58 MPa。钛与其他金属的抗拉强度与屈服强度的比较见表 1-10。

表 1-10   钛与其他金属的抗拉强度与屈服强度的比较

强 度	钛合金（TC4）	18-8 不锈钢	铝合金
抗拉强度/MPa	960	608	470
屈服强度/MPa	892	255	294

钛在高温下容易被氧化。钛与氢、氧的结合力强，要注意防止氧化和吸氢。钛材焊接时要在氩气保护下进行，防止污染。钛管与薄板要在真空退火炉中进行热处理，锻件在热处理时要防止。

此外，钛合金还有如下特殊功能：（1）形状记忆功能。Ti-50% Ni（原子分数）合金在一定的温度条件下有恢复它原来形状的本领，故被称为钛镍形状记忆合金。产生形状记忆效应的原因是其在特定的温度或者应力作用下发生马氏体相变。（2）低温超导性能。当温度下降到接近绝对零度时，用 Ti-Nb 合金制成的导线会失去电阻，可以使任意大的电流通过，导线不会发热，没有能耗，故 Ti-Nb 合金被称为超导合金材料。（3）吸氢功能。

β 钛合金对氢具有较高的溶解度，Ti-50% Fe（原子分数）合金具有大量吸收氢气的本领。利用该合金的这一特征，可把氢安全地储存起来。在一定条件下还可以让储氢的 Ti-Fe 合金把氢放出来，故 Ti-Fe 合金可用作储氢材料。

1.4 钛合金典型牌号

随着我国钛材工业半个多世纪的发展，逐步形成了以 α 钛合金、α/β 钛合金以及 β 钛合金为基础的钛合金体系，我国钛合金牌号及具体成分以最新发布的 GB/T 3620.1—2016 为蓝本。美、英、俄、法、日等国钛合金也有各自的国家及行业标准，多采用元素的化学符号和数字代表所加合金元素及其含量，如 Ti-6Al-4V（我国为 TC4）。

世界各国都根据本国资源及科研生产情况，研制和生产各自的钛合金，但也互相仿制一些性能良好的钛合金牌号。各国牌号对照我国钛合金牌号及各国钛合金牌号和化学成分列于表 1-11 和表 1-12。

表 1-11 钛合金各国牌号对照[4]

国家	中国	俄罗斯	美国	英国	德国	法国	日本
合金类别	GB	ГOCT	ASTM	IMI	BWB	NF	JIS
工业纯钛	TA0						
	TA1	BT1-0	Ti-35A	IMI115	LW3.7024	T-35	KS50
	TA2	BT1-1	Ti-50A	IMI125	LW3.7034	T-40	KS60
	TA3	BT1-2	Ti-65A	IMI135			KS85
α 钛合金	TA4	48-T2					
	TA5	48-OT3					
	TA6	BT5					KS115AS
	TA7	BT5-1		IMI317		TA5E	
	TA8	BT10					
β 钛合金	TB1	BT15					
	TB2						
	TB3						
α+β 钛合金	TC1	OT4-1		IMI315			ST-A90
	TC2	OT4					
	TC3	BT6C					
	TC4	BT6	Ti-6Al-4V	IMI318	LW3.7164	T-A6V	
	TC5	BT3					
	TC6	BT3-1					
	TC7	AT6					
	TC8	BT8					
	TC9						
	TC10						

表 1-12　钛合金牌号和化学成分

合金类型	中国牌号	相近牌号	名义化学成分
工业纯钛	TA0	Gr. 1（美）	Ti
	TA1	Gr. 2（美）	Ti
	TA2	Gr. 3（美）	Ti
	TA3	Gr. 4（美）	Ti
α 钛合金	TA5	48-OT3（俄）	Ti-4Al-0. 005B
	TA7	Gr. 6（美）	Ti-5Al-2. 5Sn
	TA9	Gr. 7（美）	Ti-0. 2Pd
近 α 钛合金	TA16		Ti-2Al-2. 5Zr
	TA10		Ti-0. 3Mo-0. 8Ni
	TA11		Ti-8Al-1Mo-1V
	TA12		Ti-5. 5Al-4Sn-2Zr-1Nb-1Mo-0. 25Si
	TA18	Gr. 9（美）	Ti-3Al-2. 5V
	TA19	Ti6242s（美）	Ti-6Al-2Sn-4Zr-2Mo-0. 1Si
	TA21	OT4-0（俄）	Ti-1Al-1Mn
	TC1	OT4-1（俄）	Ti-2Al-1. 5Mn
	TC2	OT4（俄）	Ti-4Al-1. 5Mn
	TC3		Ti-5Al-4V
	TA15	BT-20（俄）	Ti-6. 5Al-2Zr-1Mo-1V
	TC20	IMI367（英）	Ti-6Al-7Nb
	Ti-31		Ti-3Al-0. 8Mo-0. 8Zr-0. 8Ni
	Ti-75		Ti-3Al-2Mo-2Zr
	Ti-55311s		Ti-5Al-3Sn-3Zr-1Nb-1Mo-0. 3Si
α + β 钛合金	TC4	Gr. 5（美）	Ti-6Al-4V
	TC6	BT3-1（俄）	Ti-6Al-2. 5Mo-1. 5Cr-0. 5Fe-0. 3Si
	TC11	BT9（俄）	Ti-6. 5Al-3. 5Mo-1. 5Zr-0. 3Si
	TC16	BT16（俄）	Ti-3Al-5Mo-4. 5V
	TC17	Ti-17（美）	Ti-5Al-2Sn-2Zr-4Mo-4Cr
	TC18	BT22（俄）	Ti-5Al-4. 75Mo-4. 75V-1Cr-1Fe
	TC19		Ti-6Al-2Sn-4Zr-6Mo
	TC21		Ti-6Al-2Zr-2Sn-3Mo-1Cr-2Nb-0. 1Si
	ZTC3		Ti-5Al-2Sn-5Mo-0. 3Si-0. 02Ce
	ZTC4	Ti-6Al-4V（美）	Ti-6Al-4V
	ZTC5		Ti-5. 5Al-1. 5Sn-3. 5Zr-3Mo-1. 5V-1Cu-0. 8Fe
近 β 钛合金	TB2		Ti-5Mo-5V-8Cr-3Al
	TB3		Ti-10Mo-8V-1Fe-3. 5Al
	TB5	Ti-15-3（美）	Ti-15V-3Cr-3Sn-3Al

合金类型	中国牌号	相近牌号	名义化学成分
近 β 钛合金	TB6	Ti-10-2-3（美）	Ti-10V-2Fe-3Al
	TB8	β-21S（美）	Ti-15Mo-3Al-2.7Nb-0.25Si
	TB9	β-C（美）	Ti-3Al-8V-6Cr-4Mo-4Zr
	TB10		Ti-5Mo-5V-2Cr-3Al
β 钛合金	TB7	Ti-32Mo（美）	Ti-32Mo
	Ti-40		Ti-15Cr-25V-0.2Si

本 章 习 题

（1）与钢、铝合金等金属材料相比，钛及其合金具有什么物理和力学性能特点？

（2）为什么钛及钛合金具有优异的耐腐蚀性能？

（3）我国钛合金的命名规律是什么？TA、TB、TC 分别代表什么含义？

（4）我国钛合金生产、消费已经连续多年位居世界第一，结合相关资料，分析我国钛及钛合金加工行业面临的问题与对策。

参 考 文 献

[1] 许国栋，王桂生. 钛金属和钛产业的发展 [J]. 稀有金属，2009，33(6)：903-912.

[2] 安仲生，陈岩，赵巍. 2021 年中国钛工业发展报告 [J]. 钛工业进展，2022(4)：39.

[3] 安仲生，陈岩，赵巍. 2022 年中国钛工业发展报告 [J]. 钢铁钒钛，2023，44(3)：1-8.

[4] 张喜燕，赵永庆，白晨光. 钛合金及应用 [M]. 北京：化学工业出版社，2005.

[5] 雷霆. 钛及钛合金 [M]. 北京：冶金工业出版社，2018.

[6] 吴全兴. 高纯钛的特性 [J]. 钛工业进展，1996(6)：20-27.

[7] 王超群，王宁，庄卫东，等. 高弹钛合金板材的织构与弹性各向异性 [J]. 稀有金属，2000(2)：123-127.

[8] 朱知寿. 新型航空高性能钛合金材料技术研究与发展 [M]. 北京：航空工业出版社，2013.

[9] 周连在，王桂生. 钛材料及其应用 [M]. 北京：冶金工业出版社，2008.

[10] 张宝昌，王世洪，梁佑明，等. 有色金属及其热处理 [M]. 北京：国防工业出版社，1981.

2 钛资源富集及冶炼

2.1 钛资源分布及特点

钛在地壳中的分布比较广泛，其在构成地壳的元素中位列第九位（0.44% ~ 0.57%）。一般来说，由于钛和氧的结合能力比较强，在自然界很难发现钛的单质，其赋存状态主要是氧化物。目前已发现的含钛矿物有100多种，除金红石、钛铁矿外，还有板钛矿、锐钛矿等，部分钛矿见表2-1。

表2-1　含钛矿物

矿物名称	化学组成	TiO$_2$ 含量/%	晶体形状	备　注
金红石	TiO$_2$	95 ~ 100	正方晶	红褐色
板钛矿	TiO$_2$	95 ~ 100	斜方晶	红褐色
锐钛矿	TiO$_2$	95 ~ 100	正方晶	褐色
伪金红石	FeO$_3 \cdot$ 3TiO$_2$	60	六方晶	红褐色
钛铁矿	FeTiO$_3$	52.7	三方晶	黑色，弱磁性
镁钛矿	(Mg · Fe)TiO$_3$	66.3	三方晶	褐黑色
灰钛石	CaTiO$_3$	58.8	等轴晶	褐黑色
钛尖晶石	Fe$_2$TiO$_4$(2FeO · TiO$_2$)	27.9	等轴晶	强磁性
伪板钛石	Fe$_2$TiO$_5$	20	斜方晶	短粗晶状

虽然含钛的矿物众多，但有工业利用价值的钛资源主要是钛铁矿、金红石、锐钛矿、板钛矿、白钛矿、钙钛矿。目前在工业上得到应用的主要是钛铁矿、钒钛磁铁矿和金红石矿，其中以钛铁矿和金红石的矿产资源最为丰富。钛的典型矿物如图2-1所示。

钛铁矿为铁和钛的氧化物矿物，又称钛磁铁矿，为六方晶系，一般为褐色，具有金属光泽，中等磁性。钛铁矿的成分为FeTiO$_3$，TiO$_2$含量为52.66%，是提取钛和二氧化钛的主要矿物。由于钛铁矿与磁铁矿、赤铁矿共生紧密，因而钛含量比理论值低。另外因部分氧化作用，钛铁矿可发生蚀变而使钛含量增加，形成白钛矿 TiO$_2 \cdot n$H$_2$O，莫氏硬度为5 ~ 6、密度为4.7 ~ 4.78 g/cm^3。钛铁矿的实际组成与其成矿原因和经历的自然条件有关。可把自然界的铁矿看成是 FeO-TiO$_2$ 和其他杂质氧化物组成的固溶体，可用以下通式表示：

$$m[(Fe,Mg,Mn)TiO_2] \cdot n[(Fe,Cr,Al)_2O_3], \quad m+n=1$$

金红石是一种黄色至红棕色的矿物，其主要成分是TiO$_2$，还含有一定量的铁、铌和钽等元素。由于 Ti 与 Nb、Ta 离子的相似性，铌和钽常伴生在钛矿石中。锐钛矿的基本成分是 TiO$_2$，含有一定量的铁、铌、钽和锡。

(a)   (b)

图 2-1　钛的典型矿物

（a）钛铁矿；（b）金红石

根据美国地质调查局（USGS）统计[1]，2019 年全球钛矿资源储量（以 TiO_2 计算）约为 8.17 亿吨，其中钛铁矿储量为 7.69 亿吨，约占 94.23%；金红石资源储量为 4715 万吨，约占 6.58%（表 2-2）。当前工业可以利用的主要是钛铁矿，金红石占比不足十分之一，但全球金红石的品级（矿石品位高、杂质含量少）远高于钛铁矿，其面向对象主要是高端需求。

表 2-2　全球钛矿资源储量表　　　　　　　　　　　　　　　　（万吨）

钛铁矿主要分布国家	钛铁矿储量	金红石主要分布国家	金红石储量
澳大利亚	25000	美国	2900
中国	23000	肯尼亚	1300
印度	8500	南非	830
南非	6300	印度	740
肯尼亚	5400	乌克兰	250
巴西	4300	莫桑比克	88
马达加斯加	4000	塞拉利昂	49
挪威	3700	其他国家	400
加拿大	3100		
莫桑比克	1400		
乌克兰	590		
美国	200		
越南	160		
塞内加尔	NA		
其他国家	2600		
世界总量	76995	世界总量	4715

注：以 TiO_2 计算，数据截至 2019 年。

资料来源：美国地质调查局（NA 数据代表不可应用）。

如表 2-2 所示，钛铁矿主要分布在澳大利亚、中国、印度、南非、肯尼亚。其中澳大利亚和中国两个国家的钛铁矿资源量就占了世界全部储量的一半以上。金红石主要分布在澳大利亚、南非、印度和乌克兰等国，其中美国储量最多，约 2900 万吨。力拓（Rio Tinto）、澳禄卡（Iluka）和特诺（Tronox）等企业分别控制了国外主要钛矿资源供应[2]。

我国钛矿资源总储量中钛铁矿占绝大多数，金红石仅占百分之一左右。在钛铁矿储量中，岩矿占大部分，小部分为砂矿。钛铁矿岩矿产地主要是四川、云南和河北。砂矿产地主要是广东、广西、海南和云南。中国四川地区是一个超大型的钒钛铁矿储藏区，是由攀枝花、红格、白马和太和等十几个矿区组成的。矿石中的钛矿物主要为粒状钛铁矿、钛铁晶石和少量片状钛铁矿。从矿物可选性来看，粒状钛铁矿可以单独回收，而钛铁晶石和片状钛铁矿不能单独回收。粒状钛铁矿结构致密，固溶较多的氧化镁和氧化钙，选出的精矿品位较低。河北承德地区钛铁矿储量虽小，但钛精矿质量较好。云南钛资源丰富，遍及全省许多区县，储量十分可观，且大部分属次生内陆砂矿，少部分属原生岩矿。云南的砂矿易采易选，该矿中一般 TiO_2 的质量分数为 48% ~ 50%，钛铁氧化物（$FeO + Fe_2O_3 + TiO_2$）总的质量分数大于 95%，除 MgO 的质量分数稍高（1.2% ~ 2%）外，其他非铁杂质的质量分数较少。我国钛资源虽多，但品质差，钛矿长期以来处于"低端产品供大于求，高端产品依赖进口"的局面，每年仍需从国外进口大量高品质钛原料，对外依存度逐年升高，进而影响下游钛材的质量及稳定性。

全球钛矿资源主要用于制作钛白粉、海绵钛，同时还能制作酸渣、四氯化钛等。而钛白粉占全球钛精矿消费的 90%，终端产品用来生产涂料等；海绵钛约占 4%，主要用于生产钛材及各种钛合金。富钛料一般指 TiO_2 含量不小于 85% 的电炉冶炼钛渣或人造金红石和天然金红石。用电炉冶炼钛精矿制取的产品称为钛渣，当钛渣中 TiO_2 含量大于 90% 时，该产品称为高钛渣，TiO_2 含量小于 90% 时，产品称为钛渣。以钛精矿为原料，采用化学方法制取的产品称为人造金红石。天然生成，仅经简单的采矿、选矿便能得到 TiO_2 含量不小于 90% 时的产品称为金红石或天然金红石。富钛料是采用氯化法生产高档金红石型钛白粉和海绵钛的重要原料。而海绵钛是制备金属钛、钛合金和钛材的原材料。

2.2　富钛料的生产

富钛料（高钛渣、人造金红石和天然金红石）是生产钛白粉和海绵钛的重要原料，图 2-2 为几种典型的富钛料。钛渣一般是指通过钛铁矿（$FeTiO_3$）还原熔炼得到的富集钛的产物，全球年产量已超过 300 万吨，占富钛料总量的 70%[3]。钛渣一般作为硫酸法钛白粉和氯化法钛白粉和海绵钛的原料。生产钛白粉和海绵钛时，常常先经过富集处理获得高品位的富钛料，得到的这些富钛料既可作为原料又可作为最终产物加以利用。

随着对钛铁矿富集方法的深入研究，人们已经研究和提出了 20 多种富集方法，各种方法都有其特点。这些方法大致可分为以火法为主和以湿法为主两大类。火法包括电炉熔炼法、选择氯化法等，湿法包括酸浸法、还原锈蚀法等[4]。

2.2.1　电炉熔炼

电炉熔炼法是一种较成熟的富钛料生产方法。这种方法利用还原剂，将钛精矿中的铁

图2-2 富钛料

(a) 天然金红石；(b) 人造金红石；(c) 高钛渣

氧化物还原成金属铁，然后再将其分离，从而富集钛的火法冶金过程。其主要工艺如图2-3 所示，以无烟煤或者石油焦作为还原剂，煤沥青作黏结剂。石油焦、煤沥青经破碎等步骤后，将钛矿、石油焦及煤沥青三者按适当比例混合均匀制成团料，使钛矿与还原剂达到均匀的紧密接触供制团使用。制团后，加入矿热电弧炉内，在 1600~1800 ℃的高温条件下进行熔炼，产物为凝聚态的金属铁和钛渣，根据生铁与钛渣的密度和磁性差别，使钛氧化物与铁分离，从而获得各种用途的钛渣和高钛渣。整个还原过程大部分在熔融状态下

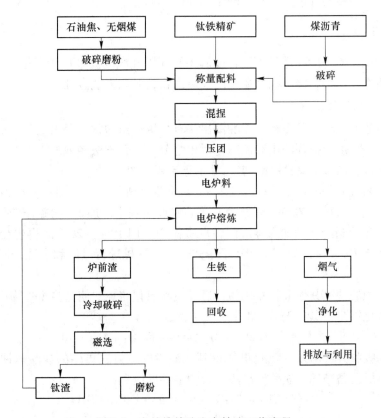

图2-3 电炉熔炼法生产钛渣工艺流程

进行，产物为凝聚态的金属铁和钛渣[5]。而主要副产品金属铁可以直接利用，不产生固体和液体废料，另一副产品——电炉煤气也可以回收利用。

该工艺涉及的主要反应式为[6]：

在低温（1500 K）时，主要发生如下反应：

$$1/3Fe_2O_3 + C \Longrightarrow 2/3Fe + CO\uparrow \tag{2-1}$$

$$FeTiO_3 + C \Longrightarrow TiO_2 + Fe + CO\uparrow \tag{2-2}$$

$$2FeTiO_3 + C \Longrightarrow FeTi_2O_5 + Fe + CO\uparrow \tag{2-3}$$

在中温（1500~1800 K）时，主要发生如下反应：

$$3/4FeTiO_3 + C \Longrightarrow 1/4Ti_3O_5 + 3/4Fe + CO\uparrow \tag{2-4}$$

$$2/3FeTiO_3 + C \Longrightarrow 1/3TiO_2 + 2/3Fe + CO\uparrow \tag{2-5}$$

$$1/2FeTiO_3 + C \Longrightarrow 1/2TiO_2 + 1/2Fe + CO\uparrow \tag{2-6}$$

在高温（1800~2000 K）时，主要发生如下反应：

$$1/4FeTiO_3 + C \Longrightarrow 1/4TiC + 1/4Fe + 3/4CO\uparrow \tag{2-7}$$

$$1/3FeTiO_3 + C \Longrightarrow 1/3Ti + 1/3Fe + CO\uparrow \tag{2-8}$$

由于热力学性质的差异，在 2000 K 以下温度，被还原的主要是 Fe 和 TiO_2，SiO_2、CaO、MgO、Al_2O_3 等杂质不可能被还原，进入钛渣。而所得到的钛渣可以用来生产钛白粉、人造金红石。该方法的优点是生产工艺简单、设备易于大型化、"三废"少、炉气可以回收利用、副产品生铁回收加工容易。缺点是除非铁杂质能力差，耗电量较大，一般建在水电资源比较丰富的地区，如我国的攀西地区。

2.2.2　酸浸法

酸浸前对钛铁矿一般要进行不同程度的还原（因此酸浸法又称为还原浸出法），然后用盐酸或硫酸作浸出剂，浸出钛铁矿中的还原产物，制取人造金红石。

2.2.2.1　盐酸浸出法

盐酸浸出法的工艺多种多样，盐酸浸出法有加压浸出和常压浸出之分、稀盐酸浸出和浓盐酸浸出之分，以及循环浸出和流态化浸出之分。尽管方法多种多样，但其基本原理是相同的，其中以美国 BCA 法最为著名，其示意流程如图 2-4 所示。

其主要工艺过程是将钛铁精矿与 3%~6% 的还原剂（煤、石油焦）连续加入回转窑中，在 870 ℃ 左右将矿中的 Fe^{3+} 还原为 Fe^{2+}。在此过程中添加 2% 的硫作催化剂，以提高 TiO_2 回收率。还原料经冷却加入球形回转压煮器中，用 18%~20% 的再生盐酸浸出 4 h，将 FeO 转化为 $FeCl_2$。浸出后，固相物经带式真空过滤机进行过滤和水洗，煅烧制成人造金红石。

浸出母液中的铁和其他金属氯化物，通过喷雾氧化焙烧法使这些氯化物都分解为氯化氢和相应的氧化物[7]。其中 $FeCl_2$ 氧化成氧化铁红：

$$2FeCl_2 + 1/2O_2 + 2H_2O \Longrightarrow Fe_2O_3 + 4HCl\uparrow \tag{2-9}$$

用洗涤水吸收分解出来的氯化氢便得到盐酸，然后将这再生的盐酸返回浸出工序使用，使盐酸形成闭路循环。盐酸浸出法涉及的主要反应有：

$$FeO \cdot TiO_2 + 2HCl \Longrightarrow TiO_2 + FeCl_2 + H_2O \tag{2-10}$$

$$CaO \cdot TiO_2 + 2HCl \Longrightarrow TiO_2 + CaCl_2 + H_2O \tag{2-11}$$

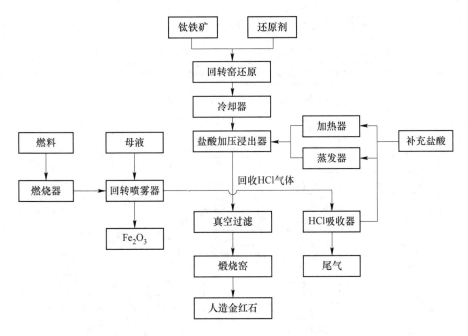

图 2-4　盐酸循环浸出法

$$MgO \cdot TiO_2 + 2HCl == TiO_2 + MgCl_2 + H_2O \tag{2-12}$$

$$MnO \cdot TiO_2 + 2HCl == TiO_2 + MnCl_2 + H_2O \tag{2-13}$$

在浸出过程中 TiO_2 有部分被溶解，当溶液的酸浓度降低时，溶解生成的 $TiOCl_2$ 又发生水解而析出 TiO_2 水合物：

$$FeO \cdot TiO_2 + 4HCl == TiOCl_2 + FeCl_2 + 2H_2O \tag{2-14}$$

$$TiOCl_2 + (x+1)H_2O == TiO_2 \cdot xH_2O \downarrow + 2HCl \tag{2-15}$$

该方法的优点是可有效地去除铁和钙、镁、铝、锰等可溶性杂质，盐酸可实现循环利用，但盐酸腐蚀性强，工艺盐酸回收系统成本高，同时对设备腐蚀严重，因此该法应用受到限制。

2.2.2.2　硫酸浸出法

硫酸浸出法是由日本石原公司发明的，故又称石原法，其工艺流程如图 2-5 所示。该方法主要是利用硫酸浸出钛精矿生产人造金红石，可有效去除铁、镁、钙、铝、锰等可溶性杂质，从而获得高品位人造金红石。该法包括还原、加压浸出、过滤、洗涤和投烧等工序。石原公司采用的原料为印度高品位精矿，矿物中的铁主要以 Fe^{3+} 形式存在，而高价铁的酸溶性很弱，需要进行还原焙烧处理，反应方程式如下：

$$Fe_2O_3 \cdot TiO_2 + C \longrightarrow 2FeTiO_3 + CO \uparrow \tag{2-16}$$

浸出过程中主要反应为：

$$FeTiO_3 + H_2SO_4 \longrightarrow FeSO_4 + TiO_2 + 2H_2O \tag{2-17}$$

$$3FeSO_4 + 6NH_3 + (n+3)H_2O + 0.5O_2 \longrightarrow 3(NH_3)_2SO_4 + FeSO_4 + nH_2O \tag{2-18}$$

硫酸浓度为 30%，向体系中加入 TiO_2 晶种可加快浸出过程。加晶种时的酸浸出温度为 130 ℃，将浸出的产物进行固液分离，得到的固相经过洗涤即为富钛料，煅烧去除水分

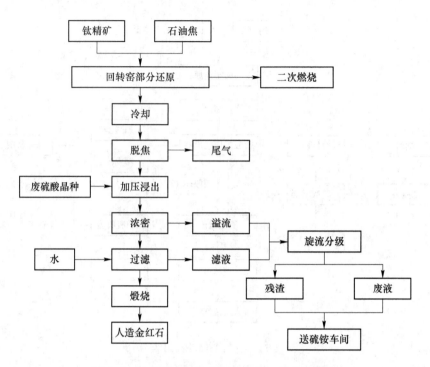

图2-5　稀硫酸浸出法生产人造金红石工艺流程

和硫化物后成为产品。液相中的 $FeSO_4$，可制作铁红和硫酸铵。

该法能有效地利用硫酸法生产钛白粉排出的废硫酸，浸出母液可以制取硫酸铵和氧化铁红。但硫酸浸出法的含铁副产品为硫酸亚铁，且稀硫酸浸出能力较差，因此该法一般适宜处理品位较高的钛铁矿，同时由于三废量大，副流程复杂，限制了它的使用。

2.2.3　还原锈蚀法

还原锈蚀法是一种选择性除铁的方法，首先将钛铁矿中铁的氧化物经固相还原为金属铁，然后用电解质水溶液将铁"锈蚀"并分离出去，使 TiO_2 富集成人造金红石。锈蚀法生产人造金红石主要包括氧化焙烧、还原、锈蚀、酸浸、过滤和干燥等主要工序，其工艺流程如图2-6所示。

还原锈蚀法所用原料是钛铁矿，为了减少在固相还原过程中矿物的烧结，还原之前需在空气中进行预氧化焙烧处理，将钛铁矿中的 Fe^{2+} 氧化为 Fe^{3+}，生成 Fe_2TiO_5 和金红石；但是氧化是不完全的，一般仍含有 3% ~7% 的 FeO 进入反应器。反应式如下：

$$4FeTiO_3 + O_2 \longrightarrow 2Fe_2TiO_5 + 2TiO_2 \tag{2-19}$$

物料经氧化后，钛铁矿中的铁得到活化，以廉价的煤为还原剂和燃料，将钛铁矿中的铁全部还原为金属铁。在这个过程中，还伴随有部分 TiO_2 被还原，其主要反应式如下：

$$Fe_2O_3 \cdot TiO_2 + 3C === 2Fe + TiO_2 + 3CO\uparrow \tag{2-20}$$

$$Fe_2O_3 \cdot TiO_2 + 2CO === FeO \cdot TiO_2 + Fe + 2CO_2\uparrow \tag{2-21}$$

$$FeO \cdot TiO_2 + CO === Fe + TiO_2 + CO_2\uparrow \tag{2-22}$$

为了减少锰杂质对还原过程的干扰，在还原过程中常加入一定量的硫作催化剂，使矿

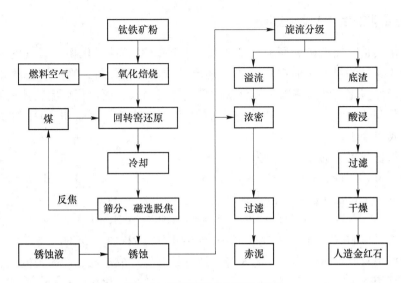

图 2-6　还原锈蚀法工艺流程图

中的 MnO 优先生成硫化物，减少锰对钛铁矿还原的影响，而所生成锰的硫化物，可在其后的酸浸过程中溶解而除去，从而可提高产品的 TiO_2 品位。从循环流化床反应器出来的还原矿，温度高达 1140 ~ 1170 ℃，必须将其冷却至 70 ~ 80 ℃，方可进行筛分和磁选脱焦，分离出煤灰和余焦而获得还原钛铁矿。

锈蚀是将金属化的物料放入装有酸性 NH_4Cl（质量分数 1.5% ~ 2%）或盐酸水溶液的电解质溶液中进行。通空气搅拌使铁腐蚀生成 $Fe(OH)_2$，再氧化为铁锈（$Fe_2O_3 \cdot H_2O$），呈细散粉末状微粒，就很容易将其漂洗除去。获得的人造金红石中的 TiO_2 的质量分数大于 92%。

还原钛铁矿颗粒内的金属铁微晶相当于原电池的阳极，颗粒外表相当于阴极。在阳极，Fe 失去电子变成 Fe^{2+} 离子进入溶液。阳极反应：

$$Fe = Fe^{2+} + 2e^- \tag{2-23}$$

在阴极区，溶液中的氧接受电子生成 OH^- 离子，颗粒内溶解下来的 Fe^{2+} 离子，沿着微孔扩散到颗粒外表面的电解质溶液中，同时通入空气使之进一步氧化生成水合氧化铁细粒沉淀。阴极反应：

$$O_2 + 2H_2O + 4e^- = 4OH^- \tag{2-24}$$

铁离子与 OH^- 结合成 $Fe(OH)_2$ 再被氧化：

$$2Fe(OH)_2 + 1/2O_2 = Fe_2O_3 \cdot H_2O \downarrow + H_2O \tag{2-25}$$

所生成的水合氧化铁粒子特别小，根据它与还原矿的物性差别，利用旋流分离器将赤泥从 TiO_2 富集物中分离出来，获得富钛料。将上述富钛料进行硫酸浸出，其中残留的一部分铁和锰等杂质被溶解出来，经过滤、水洗，在回转窑中干燥、冷却，即可获得 TiO_2 含量为 92% 的人造金红石。该产品是褐黑色的，其中还含有少量低价钛氧化物。

还原锈蚀法采用的是廉价的煤作还原剂，而锈蚀时浸出液用量少，污染少，成本较低。但还原时要加入硫作为催化剂，因此在还原尾气中含 SO_2 污染环境。同时，还原要求的温度高、技术难度大。

2.2.4　选择氯化法生产人造金红石

选择氯化法是以钛精矿为原料，主要利用钛铁矿中各种氧化物与氯气的反应能力不同，在一定的碳（为精矿量的 6% ~ 8%）还原条件下，通氯气，在一定温度下对矿石中的铁进行选择性氯化。铁最终以三氯化铁的形式挥发出来，而氯化后的固体料经过湿法除去过剩的碳和 $MgCl_2$、$CaCl_2$，磁选除去未被氯化的钛铁矿，而获得 TiO_2 的质量分数达 90% 以上的人造金红石。

各种氧化物与氯气的反应能力为：

$$CaO > MnO > FeO \longrightarrow FeCl_2 > MgO > Fe_2O_3 \longrightarrow FeCl_3 > TiO_2 > Al_2O_3 > SiO_2$$

在高温下，选择氯化法主要按下列反应式进行：

$$FeO \cdot TiO_2 + CO + Cl_2 == TiO_2 + FeCl_2 + CO_2 \tag{2-26}$$

$$Fe_2O_3 \cdot TiO_2 + 3CO + 2Cl_2 == TiO_2 + 2FeCl_2 + 3CO_2 \tag{2-27}$$

选择氯化法较电炉熔炼法生产的人造金红石具有生产成本低、产品纯度高、副产品固体三氯化铁可用于水净化处理等特点。同湿法相比，选择氯化法流程短、产能大。

2.3　钛白粉的生产

钛白粉学名为二氧化钛，化学式为 TiO_2，主要晶型有锐钛矿型（$A\text{-}TiO_2$）和金红石型（$R\text{-}TiO_2$），是目前用途最广、应用效果最好的白色颜料和重要的化工原料。钛白粉是钛工业中产量最大并与国民经济关系密切的精细化工产品。另外，钛白粉还应用于其他领域，如作为塑料、造纸行业和色母粒等的重要原料。金红石型钛白粉具有遮盖力大、消色力高和抗粉化性能强等优点，一些高级涂料和室外涂料都广泛使用金红石型钛白粉[8]。

目前世界上钛白粉的生产工艺有两种工艺，一种是硫酸法，另一种是氯化法。硫酸法既能生产金红石型钛白粉也能生产锐钛矿型钛白粉，氯化法只能生产金红石型钛白粉。目前世界上 60% 以上的钛白粉是由氯化法生产的。硫酸法属于传统工艺，可以用各种钛铁矿、钛渣等为原料，工艺比较成熟。但由于使用低品位的钛铁矿，要产生大量的硫酸亚铁废料，该工艺正在不断地被氯化法所代替。氯化法工艺经过多年的发展，已相当成熟，但技术上基本由美国的杜邦公司和料美基公司垄断。

2.3.1　硫酸法制备钛白粉

硫酸法制备钛白粉的主要工艺步骤如下：TiO_2 原料用硫酸酸解、沉降；可溶性硫酸氧钛从固体杂质中分离；水解硫酸氧钛形成不溶水解产物（偏钛酸）；煅烧除去水分，生成干燥的纯 TiO_2[9]，如图 2-7 所示。

经过精选的钛铁矿或酸溶性钛渣，通过空气气流搅拌与酸混合进行酸解，使其中的钛和铁转变成可溶性的硫酸盐，以便和矿粉中的不溶性杂质相分离[10]。钛铁矿中的铁含量越高（TiO_2 含量越低），所用硫酸的稀释程度就越高。

钛铁矿和硫酸之间的反应是放热反应，但在反应之前要加热，才能引发反应。通常用水稀释浓硫酸即可获得足够的热量来引发反应。当温度达到 160 ℃时，发生激烈的放热反应（主反应），而反应一开始所释放出来的热量使温度迅速升高到 180 ~ 200 ℃。硫酸法

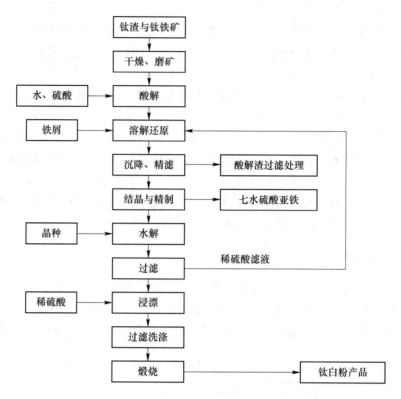

图 2-7　硫酸法制备钛白粉工艺流程

制备钛白粉涉及的主要反应有：

$$TiO_2 + H_2SO_4 \longrightarrow TiOSO_4 + H_2O + 24.13 \ kJ/mol \qquad (2-28)$$

$$FeO + H_2SO_4 \longrightarrow FeSO_4 + H_2O + 121.4 \ kJ/mol \qquad (2-29)$$

$$Fe_2O_3 + 3H_2SO_4 \longrightarrow Fe_2(SO_4)_3 + 3H_2O + 141.4 \ kJ/mol \qquad (2-30)$$

　　在钛铁矿粉中，铁以二价与三价两种不同状态存在，因此浸出液中既有硫酸亚铁 $FeSO_4$，又有硫酸铁 $Fe_2(SO_4)_3$，这两种铁盐在一定条件下会发生水解而生成 $Fe(OH)_2$ 和 $Fe(OH)_3$ 沉淀。而硫酸铁 $Fe_2(SO_4)_3$ 在溶液中的危害性较大，因为即使在酸性溶液（pH 值不小于 2.5）中，它也容易水解，生成氢氧化铁沉淀。煅烧时变成红棕色的三氧化二铁而污染成品，因而在钛液中不允许有三价铁存在，须把三价铁全部还原成亚铁。工业上常采用化学还原法将高价铁还原成亚铁。就是在钛溶液中加入铁屑、铁粉等还原剂使其发生氧化还原反应。

$$Fe_2(SO_4)_3 + Fe \Longrightarrow 3FeSO_4 \qquad (2-31)$$

　　为了保证溶液中三价铁全部还原为二价铁，还原反应略微过度，此时溶液中就有少量四价钛还原为三价钛。三价钛的存在，可以保证三价铁还原完全。

　　在所得的钛液中，除钛和铁等的可溶性硫酸盐外，还含有 5% 左右的不溶性残渣，主要是硅石、锆石、金红石、白钛石和未反应的矿粉。这部分不溶性杂质，大部分呈粗分散状态，很容易通过自然沉降分离出来。对于分散的悬浮体，可向悬浮液中投放有机物（如氨甲基化聚丙烯酰胺）或无机物（如硫化锑，絮凝剂），形成大的聚凝体而迅速下沉，液体便通过简单的重力分解沉淀在沉降池中[10]。

水解工序是硫酸法制备钛白粉非常关键的一步。这一步将可溶性硫酸氧钛在 90 ℃ 时水解成不溶于水的水合 TiO_2 沉淀物,或称偏钛酸 $TiO(OH)_2$。为控制水解速度、水解物的过滤洗涤性能和最终产品的细度及质量指标,需要在水解时加入晶种。金红石晶种是用偏钛酸-盐酸或纯 $TiCl_4$ 制备,而锐钛矿型晶种是用偏钛酸、氢氧化钠或向钛液加入水或酸产生的。在沉淀快结束时,有时要加入一定的水以提高水解率。水解沉淀物浆料经过滤、洗涤后,在还原条件下用硫酸酸浸去最后微量吸附铁和其他金属。之后在倾斜的内燃式回转窑中进行 900~1250 ℃ 煅烧。在重力作用下,水合 TiO_2 浆料在回转窑中缓缓前移。通过煅烧环节脱去水分和除去残余的微量 SO_3,同时还可以将锐钛矿型转变成金红石型。煅烧后,TiO_2 经研磨破碎形成不同粒度。其后,一些钛白粉还要进行湿磨、无机包膜、干燥、气流磨及有机包膜和产品包装等工序后,得到钛白粉产品。

2.3.2　氯化法制备钛白粉

氯化法是用含钛的原料,以氯化高钛渣或人造金红石或天然金红石等与氯气反应生成四氯化钛,经精馏提纯,然后再进行气相氧化。冷却后,经过气固分离得 TiO_2。该 TiO_2 因吸附一定量的氯,需进行加热或蒸气处理等系列步骤,得到钛白粉。其工艺流程如图 2-8 所示。

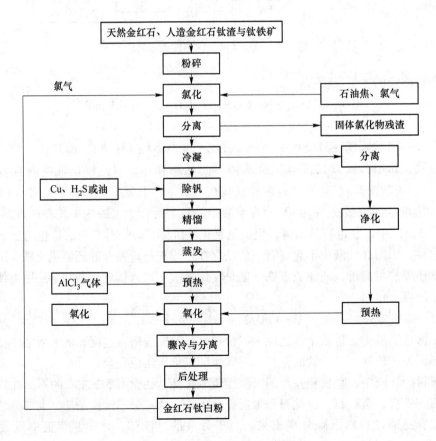

图 2-8　氯化法制备钛白粉工艺流程

在氯化法制备钛白粉工艺中首先要生产四氯化钛（$TiCl_4$）。经过干燥的矿粉，在连续的流动床氯化炉中和氯气反应，生成气态的四氯化钛和氧气。

$$TiO_2 + 2Cl_2 \longrightarrow TiCl_4 + O_2 \tag{2-32}$$

氯化反应是可逆的吸热反应，鉴于二氧化钛比四氯化钛稳定得多，如不向体系中供应能量，并及时除去反应生成的氧，氯化反应是不可能发生的。和原料一道送入氯化炉的碳还原剂（工业上常采用干燥的石油焦和冶金焦），其作用正是为了向反应供应热量，并及时除去氧。

$$TiO_2 + C + 2Cl_2 \longrightarrow TiCl_4 + CO + CO_2 \tag{2-33}$$

在二氧化钛被氯化成四氯化钛的同时，其他可氯化的杂质，也被氯化成相应的氯化物。它们通常是 $FeCl_2$、$MnCl_2$、$NbCl_5$、VCl_4、$SbCl_2$、$MgCl_2$ 和 $SiCl_4$ 等，杂质的氯化反应式为：

$$3XO + 2C + 3Cl_2 \longrightarrow 3XCl_2 + CO\uparrow + CO_2 \tag{2-34}$$

$$2XO + TiO_2 + 4C + 4Cl_2 \longrightarrow TiCl_4 + 2XCl_2 + 2CO\uparrow + 2CO_2\uparrow \tag{2-35}$$

式（2-34）和式（2-35）合起来，通常用来表示氯化的总反应。

经冷凝得到的粗 $TiCl_4$ 中，唯有钒的氯化物的沸点与它相近，工业生产中可以用传统的精馏法除钒或用不饱和矿物油处理成不挥发物后，再精馏后获得钒和精 $TiCl_4$。不凝性气体主要是 CO、CO_2、H_2、氯和微量的四氯化钛，经气体处理装置用碱液吸收后排放。

氧化前先将精 $TiCl_4$ 液体在 $150 \sim 200\ ℃$ 下加热气化，分步或一步预热到 $900 \sim 1000\ ℃$，氧气同样也要预热到此温度。两者按一定比例同时喷入氧化器内。

由于氧化反应生成的 TiO_2 是在 $0.05 \sim 0.1\ s$ 内产生的，所以为了避免 TiO_2 晶体的高温下迅速增长和相互黏结而结疤，初生的 TiO_2 晶体必须以极高的流速通过冷却套管，用低温循环氯气在数秒钟内从 $1400 \sim 1500\ ℃$ 冷却至 $600\ ℃$ 左右。然后二氧化钛等反应物经旋风分离器进一步冷却后将其收集下来。从滤器中分离出的 TiO_2 含有大量的吸附氯，需通过加热移去，最常用的为蒸汽处理，氯被洗出并转化为盐酸。TiO_2 最终从过滤器取出，在水中浆化，进行湿磨，进行解聚，再送入后处理进行加工，最终得到钛白粉。

氯化法对原料的要求比硫酸法苛刻得多，这是氯化法的主要缺点之一。氯化工艺的特点在于氯气和四氯化钛在常温下都是有毒气体，而且这两种气体和水都极易发生反应，从而产生严重的腐蚀问题。因此必须进行闭路负压生产。硫酸法和氯化法是目前生产钛白粉的主要方法，而我国仍以硫酸法为主，氯化法目前在世界上的产量已超过硫酸法。硫酸法以钛精矿原矿或酸溶性钛渣为原料，工艺流程长、能耗高、环境污染严重、产品质量较差。而氯化法主要以高钛渣或人造金红石为原料，工艺流程短、产品质量好，但工艺中的氯气和四氯化钛在常温下都是有毒气体，必须进行闭路负压生产，对连续化和自动化程度要求很高[11]。

2.4　海绵钛的生产

海绵钛（图 2-9）是制备结构钛合金的原始材料，呈现疏松的多孔状，形似海绵而得名。海绵钛的生产方法中，主要有以 $TiCl_4$ 为原料的金属热还原法，但这种方法对还原剂要求高，故目前主要有钠和镁符合要求；同时，以 TiO_2 熔盐直接电解的剑桥法为各国所看好，是降低海绵钛生产成本的潜在方法。

图2-9　海绵钛

2.4.1　镁热还原法制取海绵钛

　　镁热还原法由克劳尔（Kroll）于20世纪40年代研究成功，因此又称克劳尔法。工业生产中，采用金属镁还原$TiCl_4$生产海绵钛[12]，图2-10为国内外普遍采用的典型镁还原-真空蒸馏法生产工艺流程。它将钛矿经过富集-氯化-精制得到粗$TiCl_4$，然后精制得到精$TiCl_4$后，接着在750~1000℃下的氩气气氛中被Mg还原，还原产物经真空蒸馏除去Mg、$MgCl_2$生成海绵钛。还原过程产生的副产物$MgCl_2$经镁电解工序电解得到金属Mg和Cl_2。Mg精炼后返回还原系统，Cl_2过滤压缩后送氯化系统。镁热还原法制取海绵钛工艺流程如图2-10所示。

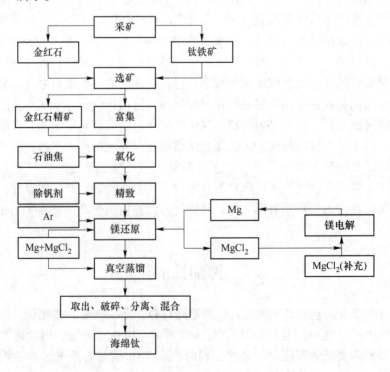

图2-10　镁热还原法制取海绵钛工艺流程

镁还原 $TiCl_4$ 的总反应式为：

$$TiCl_4 + 2Mg \Longrightarrow Ti + 2MgCl_2 \tag{2-36}$$

$$\Delta G_T^\ominus = -462200 + 136T \quad (987 \sim 1200 \text{ K})$$

常压下，$TiCl_4$ 为液态，熔点为 -23 ℃，沸点为 123 ℃；Mg 的熔点为 649 ℃，沸点为 1107 ℃。还原温度一般控制在 $750 \sim 1000$ ℃，其还原过程包括 $TiCl_4$ 液体的汽化 → 气体 $TiCl_4$ 和液体 Mg 的外扩散 → $TiCl_4$ 和 Mg 分子吸附在活性中心 → 在活性中心上进行化学反应 → 结晶成核 → 钛晶粒长大 → $MgCl_2$ 脱附 → $MgCl_2$ 外扩散，是个复杂的物理化学过程。表 2-3 为镁还原 $TiCl_4$ 反应的平衡常数。从表 2-3 中可以看出，上述镁还原反应的标准自由能变化都有很大的负值，平衡常数值也很大，均有很大的自发进行倾向。从热力学观点来看，温度越低，还原反应自发进行的倾向性越大。在还原各种价态的氯化钛时，随着价态的递降，其自由能减少。这说明钛的氯化物价态越低，越不易被还原。即 $TiCl_4$ 最易还原，$TiCl_2$ 难还原。镁还原 $TiCl_4$ 时，还原反应还会生成 $TiCl_2$ 和 $TiCl_3$，其反应式为：

$$2TiCl_4 + Mg \Longrightarrow 2TiCl_3 + MgCl_2 \tag{2-37}$$

$$TiCl_4 + Mg \Longrightarrow TiCl_2 + MgCl_2 \tag{2-38}$$

$$2TiCl_3 + Mg \Longrightarrow 2TiCl_2 + MgCl_2 \tag{2-39}$$

$$2/3TiCl_3 + Mg \Longrightarrow 2/3TiCl_3 + MgCl_2 \tag{2-40}$$

在进行上述反应的同时，在一定条件下还可能出现下列"二次"反应：

$$TiCl_4 + TiCl_2 \Longrightarrow 2TiCl_3 \tag{2-41}$$

表 2-3 镁还原 $TiCl_4$ 反应的平衡常数 K_P

温度/K	298	600	800	1000	1200
平衡常数 K_P	1.6×10^{39}	6.3×10^{16}	2.4×10^{11}	3.2×10^8	3.2×10^6

当然这些"二次"反应仅仅为还原过程的副反应，为避免上述"二次"反应的发生，同时确保还原产物中钛的低价氯化物尽量减少，Mg 的添加量应是过量的。

在标准状态下，镁的沸点为 1107 ℃，$MgCl_2$ 为 1418 ℃，钛为 3262 ℃；在常压和 900 ℃时，镁的平衡蒸气压为 1.3×10^4 Pa，$MgCl_2$ 为 975 Pa，钛为 1×10^{-8} Pa。从海绵钛中分离镁和 $MgCl_2$ 时，如果采用常压蒸馏时，$MgCl_2$ 比镁的沸点高，分离 $MgCl_2$ 更困难些。在这种情况下，蒸馏温度必须达到 $MgCl_2$ 的沸点（1418 ℃）。实践中常采用真空蒸馏，此时还原产物各组分的沸点相应下降，镁和 $MgCl_2$ 的挥发速度比常压蒸馏大很多倍，这就可以采用比较低的蒸馏温度。在低的蒸馏温度下还可减少铁壁对海绵钛的污染。如蒸馏操作真空度达 10^5 Pa 时，镁和 $MgCl_2$ 的沸腾温度分别降至 516 ℃ 和 677 ℃。

在 $(Mg + MgCl_2)/Ti$ 的两相三元分离体系中，由于镁比较容易蒸发，$MgCl_2$ 便成为精制分离的关键组元，所以可简化为 $MgCl_2/Ti$ 二元系的分离，其分离系数如表 2-4 所示。从表 2-4 可知，蒸馏组分的分离系数很大，应易于分离。但实际要将残留在海绵钛内部 $1\% \sim 2\%$ 的 $MgCl_2$ 全部蒸馏除去，要消耗很长时间。这是因为在高温蒸馏过程中，Mg 和 $MgCl_2$ 均呈液相残留于钛的毛细孔中。

表 2-4　一些物质的分离系数值

温度/℃	分离组分	α_p	α_m
900	Mg/Ti	1.1×10^9	1.6×10^9
	$MgCl_2$/Ti	1×10^8	7.2×10^7

　　蒸馏过程按时间顺序分为 3 个阶段，即初期、中期和后期。初期从开始蒸馏到恒温为止，主要脱除各种最易挥发的挥发物及大部分裸露在海绵钛块外表面的 Mg 和 $MgCl_2$，此时蒸馏速度很快。中、后期即恒温阶段至终点，主要脱除浅表面粗毛细孔内深处残留夹杂 Mg 和 $MgCl_2$，此时蒸馏速度较慢。还原产物海绵钛在真空蒸馏过程中经受长期的高温烧结逐渐致密化，毛细孔逐渐缩小，树枝状结构消失，最后呈一坨状整块，俗称海绵钛坨。在长时间的蒸馏高温及自重影响下，海绵钛内部结构不断地收缩挤压，随蒸馏时间延长，其收缩挤压越来越严重，这一物理变化使海绵钛的结构变得致密。

　　海绵钛坨往往含有铁、氯、氧、氮、碳、硅等杂质元素。氧、氮、碳一般会显著地增高钛的硬度，并使钛的加工塑性变坏。杂质氯根（Cl^-）的残留，意味着海绵钛中存在强吸水性的氯化物 $MgCl_2$、$TiCl_2$、$TiCl_3$，并进一步增加海绵钛中的氧、氮、氢等间隙杂质元素。影响海绵钛质量的主要杂质是 Cl^- 和氧、铁。在蒸馏过程中，必须首先设法除净 $MgCl_2$，以降低 Cl^- 含量，然后又要准确适时地确定蒸馏终点，防止氧和铁含量的增加。

2.4.2　钠热还原法制取海绵钛

　　钠热还原法即亨特法，是最早建立的生产海绵钛的工业方法。它的产品有两种，海绵钛和钛粉。常用的钠热还原工艺流程如图 2-11 所示，它将钛矿经过富集-氯化-精制制取得到粗 $TiCl_4$，然后精制得到精 $TiCl_4$ 后在氩气气氛中与 Na 还原，还原产物经真空蒸馏后生成海绵钛，还原过程产生的 NaCl 送钠电解工序电解得到金属 Na 和 Cl_2，Na 精炼后返回还原系统，Cl_2 过滤压缩后送往氯化系统[13]。

　　钠还原 $TiCl_4$ 生产过程与 Mg 还原法完全相同。矿石经选矿、富集和氯化后得到粗 $TiCl_4$，然后在惰性气氛保护下，用 Na 还原 $TiCl_4$ 生产海绵钛，它的主要反应为：

$$TiCl_4 + 2Na \Longrightarrow TiCl_2 + 2NaCl \qquad (2\text{-}42)$$

$$TiCl_2 + 2Na \Longrightarrow Ti + 2NaCl \qquad (2\text{-}43)$$

$$TiCl_4 + 4Na \Longrightarrow Ti + 4NaCl \qquad (2\text{-}44)$$

　　将制得的还原产物，用水洗除盐操作，最后进行产品后处理即得产品海绵钛。

　　若按照还原过程进行的方式，钠热还原法工艺可分为一段法和两段法。反应过程如果按照式（2-44）一次完成还原反应制取海绵钛的工艺称为一段法；反应过程如果第一步按式（2-42）制取 $TiCl_2$，然后第二步按式（2-43）继续将 $TiCl_2$ 还原为海绵钛的工艺称为二段法。目前，两种方法在工业生产中均得到应用。

　　目前国内外海绵钛生产厂家对金属钛生产工艺的研究，大多集中在设备的改造、生产工艺参数优化，从而降低生产电耗、减少设备维修费用，但其工艺本质仍是金属热还原方法。其间歇式的生产过程、高能耗的生产工艺、过程原料氯气对设备的腐蚀等根本问题均没有得到彻底解决。因此国内外众多研究机构，立足于分析金属热还原方法的缺点，研究开发全新的生产工艺，但效果均不理想。

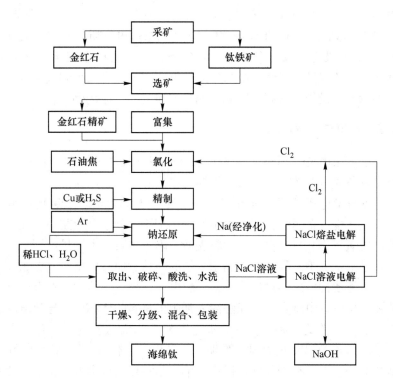

图 2-11 钠热还原法制取海绵钛工艺流程

2.4.3 TiCl₄ 电解法制取海绵钛

电解法在成本降低、连续生产方面具有独特的优势，半连续的金属热还原方法被预言最终会被连续的电解方法取代。其中电解四氯化钛工艺[14]，被认为是最有希望的方法，日本、俄罗斯、美国、意大利等国家都对此进行了长期研究。由于种种原因，$TiCl_4$ 电解法最终未实现工业化。其主要的技术障碍在于：

（1）难于制取含有价态稳定的钛离子熔盐。钛为典型的过渡金属，存在正二价、正三价及正四价等价态。$TiCl_4$ 的熔点和沸点最低，易挥发，不导电，在离子键电解质中具有很小的溶解度。随着钛离子价的降低，其氯化物的熔点、沸点、导电性及在离子键电解质中的溶解度将逐渐增高。而四氯化钛在熔盐电解质中溶解度较低，要满足熔盐中高浓度钛离子的需求须将四氯化钛转化为钛的低价氯化物，使其溶解在熔盐中。但对生产操作技术、生产设备要求较高，难于制取含有价态稳定的钛离子熔盐。

（2）钛离子之间发生歧化反应。电解过程中会发生钛离子在阴极的不完全放电以及不同价态钛离子的歧化反应，造成电解过程不稳定，使钛离子不能够在阴极充分还原析出，对电解过程造成不可逆性的影响。

（3）低价钛氯化物容易被氧化。钛在高温下反应性极强，所以电解槽必须密封良好，同时整个体系要在惰性气体保护及全流程密封的条件进行，这样才能防止阴极产物与空气中的氧作用。

（4）电解质吸水性强，电解槽腐蚀严重等。

意大利 M. V. Ginata 对 $TiCl_4$ 电解进行了长期的研究，并进行了半工业化实验[15]。其工艺流程为：1200 ℃条件下，将 $TiCl_4$ 气体缓缓注入熔盐电解质中（主要成分为钾盐和钙盐），阳极为石墨、阴极为纯钛，在通电电解的条件下，阴极生成熔融钛，流入冷却池中，在惰性气体氩气的保护下，经过冷却形成钛锭。该方法可以得到金属钛产品，但工艺复杂、生产条件苛刻，操作要求高，因此没能实现连续的工业化生产。

2.4.4 TiO_2 熔盐电解法制取海绵钛

熔盐电解脱氧方法由英国剑桥大学 Fray 教授研发，具体的流程为：将二氧化钛压制成形，经预烧结制备成电解体系的阴极。石墨用作惰性阳极，以氯化钠、氯化钙为混合熔盐，在低于熔盐的分解电压条下，进行 12～24 h 的长时间电解。二氧化钛制成的阴极得电子发生还原反应，生成金属钛并同时析出氧气。但至今这种工艺技术仍存在很多问题，如二氧化钛的电脱氧行为，只是在阴极材料表面及附近进行，不能扩散到全部阴极中，这是由于二氧化钛是电子的不良导体，不利于电子的转移。而且电解熔盐是 $CaCl_2$ 熔盐，在电解过程中，有可能使槽电压超过氯化钙的分解电压，导致熔盐中存在金属钙，阴极材料表面发生钙热还原反应。由于金属钙无法渗入到阴极材料的体相中，导致电脱氧行为不彻底。因此 FFC 方法只能作为一种实验室的研究手段[16]，无法实现工业化生产。北京科技大学朱鸿民教授团队在 FCC 法的基础上发明了一种由一氧化钛/碳化钛可溶性固溶体阳极电解生产纯钛的方法。它具有创新性、操作简单，是一种低成本电化学生产钛的方法。用这种方法生产的海绵钛价格为目前镁还原法的一半或更低。具体的工艺是将二氧化钛、碳粉，使用黏结剂混合均匀后，压制成形，通过 800 ℃的高温预焙烧，使黏结剂脱出，作为熔盐电解体系的阳极，以不锈钢、金属钼作为阴极，在通电电解的条件下，阳极材料发生氧化反应，溶出的 Ti^{3+} 进入熔盐中，同时析出 CO、CO_2。Ti^{3+} 定向电迁移到阴极，阴极放电还原形成金属钛。随着阳极的不断溶解，Ti 的低价离子溶解进入熔盐、定向电迁移到阴极，还原放电得到金属钛，最后所得到的钛组织结构与 Kroll 法生产的多孔海绵钛一样，其电解反应如下：

阴极还原反应：$\qquad TiO_2 + 4e^- = Ti + 2O^{2-}$ $\qquad$ (2-45)

阳极氧化反应：$\qquad 2O^{2-} - 4e^- = O_2$ $\qquad$ (2-46)

总反应：$\qquad\qquad TiO_2 = Ti + O_2 \uparrow$ $\qquad$ (2-47)

这种方法完全不同于过去的熔盐电解提取钛的方法，是一种直接把钛与氧分开而得到金属钛的新方法，不产生氯气，不使用 $TiCl_4$ 这些强腐蚀性高污染化学物质，是一种绿色工艺。该法的技术优点有：

（1）大大降低了生产成本，TiO_2 成本远低于 $TiCl_4$；

（2）大大降低了钛中的氧含量，解决了原来的工艺解决不了氧含量高的问题；

（3）氧化物可混合在一起，通过电化学还原直接制成合金，这可以解决许多问题，如氧化、偏析等；

（4）工艺生产周期短，产品适于粉末冶金成形，省去铸造、锻造、机加等加工过程，节省成本。

这种方法的缺点是，金红石不是纯的 TiO_2，生产钛的同时，也带来了很多杂质，必须有一种提高纯度的方法。而原来的氯化还原方法制钛的纯度高，如果解决了除杂、提纯的问题，此电解法将更加完善。并且，采用氧溶解能力较高的 $CaCl_2$ 熔盐体系氧含量比较高，要降低氧含量必须进行过量电解，降低了电流效率。

本 章 习 题

（1）钛铁矿精矿制取钛和钛白粉时，进行富集处理的原因是什么？

（2）还原锈蚀法中，进行还原前，为什么还需进行预氧化处理？

（3）生产富钛料的工艺方法有哪些，并简要阐述其工作原理及其优缺点。

（4）制备钛白粉时，若以钛铁矿为原料，为什么要将钛液中的三价铁变为二价铁？

（5）氯化法生产钛白粉工艺中，为什么要加入石油焦？

（6）生产钛白粉工艺方法有哪些，并简要阐述其工作原理及其优缺点。

（7）镁钠热还原法制备海绵钛过程中，加入的铜和硫化氢的目的是什么？并分别简述其原理。

（8）从海绵钛中分离镁和氯化镁，为什么采用真空蒸馏法？简述其分离过程。

（9）简述克劳尔法生产海绵钛的工艺方法、工作原理及其优缺点。

参 考 文 献

［1］ Kelly T D, Matos G R, Buckingham D A, et al. Historical statistics for mineral commodities in the United States ［J］. Current Topics in Amorphous Materials, 2009：90-97.

［2］ 郭薇，黄淑梅，何蕾，等. 全球钛工业领域的技术进步——第31届国际钛协会年会报告综述（Ⅱ）［J］. 钛工业进展，2016, 33(4)：12-16.

［3］ 常晓东，和飞，陈菓，等. 钛渣和钛铁矿制备富钛料的研究现状 ［J］. 钢铁钒钛，2015(2)：63-68.

［4］ 张黎. 攀枝花钛铁矿制备高品位富钛料的新工艺研究 ［D］. 长沙：中南大学，2011.

［5］ 汪镜亮. 钛渣生产的发展 ［J］. 钛工业进展，2002(1)：4.

［6］ 李洪桂. 稀有金属冶金学 ［M］. 北京：冶金工业出版社，1992.

［7］ 汪大成，唐勇，周高明，等. 人造金红石母液预处理改性钛精矿研究 ［J］. 铁合金，2019, 50(4)：12-16.

［8］ 肖莎莎，王欢欢，焦明明. 钛白粉的应用及其应用指标解析 ［J］. 化工管理，2015(19)：207.

［9］ 莫畏，邓国珠，罗方承. 钛冶金 ［M］. 2版. 北京：冶金工业出版社，2008.

［10］ 杨谦. 钛白粉工业酸解废渣回收利用的研究 ［D］. 湘潭：湘潭大学，2009.

［11］ 刘方斌. 氯化法钛白粉为何在国内受到限制 ［J］. 化工管理，2012(5)：47-49.

［12］ Kroll W. The Production of Ductile Titanium ［J］. Tr. Electrochem. Soc., 1940, 78(1)：175.

［13］ Xiang X, Wang X, Wang M, et al. Recovery of titanium from the slurry formed in crude $TiCl_4$ by reactive distillation with $NaCl-AlCl_3$ and recycling of $NaCl-AlCl_3$ by vacuum distillation ［J］. Vacuum, 2014, 108：6-11.

［14］ 李国勋，郭爱君，刘春林，等. 钛熔盐电解过程中 $TiCl_4$ 溶入机理的研究 ［J］. 稀有金属，1999(2)：7-13.

［15］ Ginatta M V. Why produce titanium by EW ［J］. JOM, 2005, 52(5)：18-20.

［16］ Suzuki R O, Ono K, Teranuma K. Calciothermic reduction of titanium oxide and in-situ electrolysis in molten $CaCl_2$ ［J］. Metallurgical and Materials Transactions B, 2007, 34(3)：287-295.

3 钛及钛合金的金属学

3.1 钛及钛合金的晶体结构及类型

3.1.1 钛及钛合金的晶体结构

钛和铁、锰、锡等金属一样，具有同素异构转变特性。密排六方 α-Ti 和体心立方 β-Ti 的晶体结构如图 3-1 所示。钛的同素异构转变温度为 882 ℃，在低于 882 ℃ 时，钛呈密排六方晶格结构，称为 α-Ti。在 882 ℃ 以上，钛呈体心立方晶格结构，称为 β-Ti。

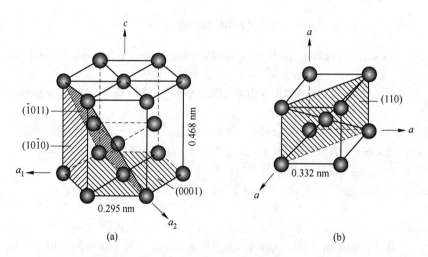

图 3-1 密排六方 α-Ti 和体心立方 β-Ti 的晶体结构
(a) HCP 结构的 α-Ti；(b) BCC 结构的 β-Ti

密排六方结构 α-Ti 的晶格常数 c、a 分别为 0.468 nm 和 0.295 nm，$c/a = 1.587$，比理想的密排六方结构（$c/a = 1.633$）小。体心立方的 β-Ti 的晶格常数 a 为 0.3306 nm。钛的两种晶体结构以及与之对应的转变温度是获得不同组织和性能的基础，根据钛两种同素异构体的不同特点，在钛中添加适当的合金元素，改变其相变温度及相成分与相含量，从而得到不同组织和性能的钛合金。

3.1.2 钛合金的类型

钛合金的分类方法有多种。按制备方法可分为铸造钛合金和变形钛合金等；按使用的领域可分为结构钛合金、耐热钛合金、耐蚀钛合金和低温钛合金等；按退火后组织可分为 α 钛合金、α + β 钛合金及 β 钛合金。工业上，通常采用退火组织对钛合金进行分类。

3.1.2.1　按制备方法分类

钛合金按制备方法可分为铸造钛合金和变形钛合金。近年来，为了降低复杂形状的钛合金构件制备成本，各国都大力开展铸造钛合金的研究和生产，并取得一定成果。例如，目前已经铸造出航空发动机压气机机匣、整流叶片、附件液泵的叶轮、各种框和支承架以及机轮轮壳等。铸造钛合金主要有中强度的 ZTC4 和 ZTA15 两个牌号和高强度的铸造钛合金 ZTC5。大部分铸造钛合金的成分与相似牌号的变形钛合金相同。由于铸造钛合金可以直接成形形状复杂、近净尺寸或净尺寸钛合金结构件，如各种接头、阀门、支架、支座，甚至大梁等，可使材料利用率提高到 50% 以上，甚至可达 95%，从而大大降低了生产成本，缩短了生产周期。此外，铸造钛合金构件通过采用热等静压处理技术，可使钛合金铸件内的疏松、缩孔、气孔等孔洞类铸造缺陷通过扩散连接得以改善，从而使力学性能和使用可靠性大大提高。铸造钛合金既可以用于飞机结构，也可用于发动机结构。

铸造钛合金的性能与 β 型钛合金锻造状态的性能相近。具有较好的抗拉强度和断裂韧性，其持久强度和蠕变强度与变形钛合金相近，只是由于原始组织粗大，塑性比变形状态低 40% ~ 45%，同时疲劳强度也较低。表 3-1 为几种钛合金在铸造和热加工态的性能比较。

表 3-1　铸造和变形钛合金的室温力学性能

合　金	热处理	铸　造			锻　造		
		σ_b/MPa	$\sigma_{0.2}$/MPa	σ/%	σ_b/MPa	$\sigma_{0.2}$/MPa	σ/%
Ti-6Al-4V	退火	949	857	1.9	984	914	1.5
Ti-6Al-4V	固溶时效	1146	1076	5.0	1125	1055	9.7
Ti-5Al-2.5Sn	退火	886	759	7.6	914	844	17.0
Ti-6Al-2Sn-4Zr-2Mo	退火	1019	858	9.0	991	914	18.0

3.1.2.2　按退火后组织分类

按钛合金稳定相的组成可分为 α 型钛合金、α + β 型钛合金及 β 型钛合金，但按从 β 相区淬火后的亚稳状态相组成与 β 稳定元素的关系，钛合金还可进一步细分为 α 型、近 α 型、α + β 型、近 β 型、亚稳定 β 型和稳定 β 型等 6 种类型，如图 3-2 所示。

（1）α 型钛合金。退火组织为以 α 相为基体的单相固溶体合金称为 α 型钛合金。我国 α 型钛合金的牌号为 TA，后面跟一个代表合金序号的数字。这类合金中的合金元素主要是 α 稳定元素和中性元素，如 Al、Sn、Zr，基本不含或只含很少量的 β 稳定元素，以保证合金的热强性和组织稳定性。这类合金一般不能热处理强化（Ti-2.5Cu 合金除外），具有中低强度、良好的缺口韧性和高温蠕变性能，以及高的塑性、可焊性和热稳定性，但除工业纯钛外，α 型钛合金由于 HCP 相有限的滑移系以及 Al、Sn、Zr 等的固溶强化作用，导致其冷热加工性能较差。该类合金不易发生塑脆转变，具有良好的低温力学性能，可在极低温度下使用，如 Ti-5Al-2.5Sn。这类合金有工业纯钛（如 TA1、TA2、TA3 等）以及 Ti-Al、Ti-Al-Sn、Ti-Zr、Ti-Sn-Zr 等系列（如 TA6(Ti-5Al)、TA7(Ti-5Al-2.5Sn) 等）。其合金牌号用 TA 表示，如 TA1 ~ TA11。

（2）近 α 型钛合金。在 α 型钛合金中加入少量的 β 稳定元素（Mo 当量不大于 2%），

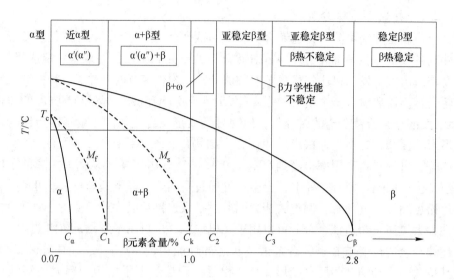

图 3-2　钛合金的分类及其与 β 稳定元素之间的关系图

如 Mn、Mo、V、Nb、Cr 等，使合金的平衡显微组织中除了以 α 相为主外，尚有少量的 β 相（≤15%）。这类合金具有 α 型钛合金的优点，同时又因 β 相而改善了加工性能，且可通过热处理达到一定的强化效果，在高温下保持较好的热强性和组织稳定性及综合力学性能。目前高温钛合金大都为近 α 型钛合金，如 IMI834、Ti-60、Ti-65、BT36、Ti-6242s 等。这类合金的牌号多用 TA 表示，如 TA12(Ti-5.5Al-4Sn-2Zr-1Nb-1Mo-0.25Si)、TA15 (Ti-6.5Al-1Mo-1V-2Zr)、TA18(Ti-3Al-2.5V)、TA19(Ti-6Al-2Sn-4Zr-2Mo-0.1Si) 等。

　　（3）α+β 型钛合金。当钛中含有 α 稳定性元素和一定的（Mo 当量为 2%~8%） β 稳定元素 V、Mo、Cr、Nb、Fe 时，平衡态的组织一般是以 α 相为主并含有少量的 β 相，这类合金即为 α+β 型钛合金，通常称为两相钛合金。当合金中 β 相含量为 30%~50% 时，又称为富 β 双相合金。合金中 β 相含量的增加，不仅改善了合金的加工性能，而且增加了热处理强化的效果，所以该类型钛合金具有较高的拉伸强度和塑性、较好的疲劳强度、优异的断裂韧性等综合力学性能，而且还具有较宽的组织可调性，可通过热处理对性能进行调整，使其既可用于低温环境（如 Ti-6Al-4VELI），也可用于中等温度区间，如 Ti-6Al-4V，是目前应用最广泛的一类钛合金。α+β 型合金的牌号一般用 TC 表示，如 TC4(Ti-6Al-4V)、TC10（Ti-6Al-6V-2Sn-0.5Fe-0.5Cu）、TC11（Ti-6.5Al-3.5Mo-1.5Zr-0.3Si）、TC17(Ti-5Al-2Zr-2Sn-4Mo-4Cr)、TC21(Ti-6Al-2Zr-2Sn-3Mo-1Cr-2Nb-0.1Si) 等。

　　（4）近 β 型钛合金。当钛中的 β 稳定元素含量较高（Mo 当量为 8%~12%），并含有少量的 α 稳定元素 Al（一般为 3% 左右），使平衡态组织中的 β 相含量超过 50% 时，称为近 β 型钛合金。近 β 型钛合金与亚稳 β 型钛合金一样，由于含有较多的 β 稳定元素，淬火后可将高温 β 相保留至室温成为亚稳 β 相。通常具有良好的工艺塑性和成形性、高的淬透性和显著的热处理强化效果，可通过固溶和随后的时效处理获得很高的强度和良好的断裂韧性，但该类型合金的热稳定性较差，多用于使用温度不高的飞机关键承力部件，如 Ti-10V-2Fe-3Al （TB6）、Ti-6246 等。近 β 型合金一般用 TB 表示，如 TB5(Ti-15V-3Cr-3Sn-3Al)、TB6(Ti-10V-2Fe-3Al)、TB10(Ti-5Mo-5V-2Cr-3Al)、BT22(Ti-5Al-5Mo-5V-

1Cr-1Fe）等[1]。

（5）亚稳定 β 型钛合金。当合金中的 β 稳定元素很高（Mo 当量为 12% ~ 17%），仍有少量 α 稳定元素 Al（<3%）时，合金淬火后可获得全部亚稳定 β 相（这种 β 相随后加热时又会析出少量 α 相）的这类合金称为亚稳 β 型钛合金。该类合金具有显著的热处理强化效果，与近 β 型钛合金性能相近。高强高韧钛合金、超高强钛合金一般为亚稳 β 型钛合金。亚稳 β 型钛合金的牌号用 TB 表示，如 TB2（Ti-5Mo-5V-8Cr-3Al）、TB8（Ti-3Al-15Mo-2.7Nb-0.25Si）、TB9（Ti-3Al-8V-4Mo-4Zr-6Cr）等。

（6）β 型钛合金。在钛中加入大量的 β 稳定元素（Mo 当量大于 17%），且不含 Al 等 α 稳定元素，可在室温下保留了全部稳定的 β 相，该类合金被称为 β 型钛合金。β 型钛合金一般没有时效强化效应，且因含有较多的合金元素，会导致合金熔炼和加工困难，热稳定性差，脆性大，不能在高温下使用，所以目前应用较少。但该类合金常常具有某些特殊性能，如具有良好的耐腐蚀性能、阻燃性能、弹性和形状记忆性能等。β 型钛合金的牌号较少，我国标准中用 TB 表示，如 TB7（Ti-32Mo）、TB14（Ti-45Nb）合金。

（7）金属间化合物。当钛合金中加入大量的 α 稳定元素 Al 后，Al 除固溶外，还与 Ti 形成 Ti_3Al、$TiAl$ 或 $TiAl_3$ 等金属间化合物（若再加入一定量的 Nb 元素，还能形成 Ti_2AlNb 相），从而形成了与上述结构钛合金完全不同的合金类型。当这些金属间化合物相成为基体后，形成了金属间化合物型合金。这类合金具有低的密度、高的比强度、高的耐热性及良好的抗蠕变和抗氧化性能，其强度可达 1300 MPa，使用温度可达 700 ℃ 以上。但该类合金室温塑性差，成形困难，使其应用面临问题。此类合金用金属间化合物类型或用合金元素及含量来表示其合金的名称，主要分为三类：α_2 合金（Ti_3Al 型），如 Ti-25Al-10Nb-3V-1Mo；γ 合金（TiAl 型），如 Ti-48Al-2Cr-2Nb 等；O 相合金（Ti_2AlNb 型），如 Ti-22Al-25Nb 等。

值得指出的是，目前 γ-TiAl 型合金已经成功应用于 GE 发动机的压气机叶片等高温构件，取得了显著的减重效果。

3.2　钛与合金元素相互作用

3.2.1　钛中的合金元素及分类

钛与合金元素间相互作用形成的相结构和固溶体的溶解度主要取决于两者的电子结构、原子半径大小、晶格类型、负电性及电子浓度等因素。钛的电子结构为 $1s^2 2s^2 2p^6 3s^2 3p^6 d^2 4s^2$，最外层的 3d 层电子未填满。元素周期表上有许多元素能与钛形成置换固溶体，但只有外层电子结构与钛相近的元素，才能在钛中有较大的溶解度[2]。

柯尔尼洛夫根据各元素与钛相互作用的特点，将钛与元素周期表中元素反应进行了分类。由表 3-2 可知，在元素周期表上与钛同族的元素锆和铪具有与钛相同的外层电子结构和晶格类型，原子半径也相近，故与 α 钛和 β 钛均能无限互溶，形成连续固溶体。在元素周期表上靠近钛的元素，如钒、钼、铌、钽等与 β 钛具有相同的晶格类型，能与 β 钛无限互溶，在 α 中则有限溶解。元素周期表上距离钛越远的元素，其外层电子结构及原子半径与钛相差越大，在钛中的溶解度则越小，同时由于电负性差异大容易形成化合物。

表 3-2　部分元素的外层电子结构、原子半径及晶格类型

元素	外层电子结构	原子半径/nm	原子半径差/nm	晶格类型
Ti	$3d^24s^2$（d^2s^2）	0.147		密排六方或体心立方
Zr	$4d^25s^2$（d^2s^2）	0.160	-0.013	密排六方或体心立方
Hf	$5d^26s^2$（d^2s^2）	0.159	-0.012	密排六方或体心立方
V	$3d^24s^2$（d^2s^2）	0.136	0.011	体心立方
Nb	$4d^25s^2$（d^2s^2）	0.147	0.000	体心立方
Ta	$5d^26s^2$（d^2s^2）	0.146	0.001	体心立方
Mo	$4d^25s^2$（d^2s^2）	0.140	0.007	体心立方
W	$5d^26s^2$（d^2s^2）	0.141	0.006	体心立方或复杂立方
Cr	$3d^54s^1$	0.128	0.019	体心立方
Mn	$3d^54s^2$	0.131	0.016	复杂立方或正方或面心立方
Fe	$3d^64s^2$	0.127	0.020	体心立方或面心立方
Co	$3d^74s^2$	0.126	0.021	密排六方或面心立方
Ni	$3d^84s^2$	0.124	0.023	面心立方
Cu	$3d^{10}4s^1$	0.128	0.019	面心立方
Al	$3s^2p^1$	0.143	0.004	面心立方
Ga	$4s^2p^1$	0.139	0.008	正交
Sn	$5s^2p^1$	0.158	-0.011	面心立方

　　根据合金元素和杂质元素对钛的同素异构转变温度的影响可将合金元素分为三类，见表 3-3，即 α 稳定元素、β 稳定元素和中性元素。

表 3-3　钛及合金中常见合金元素的分类

分类			元素名称	该元素与钛的反应特征
α 稳定元素	间隙式		O、C、N、B	在与钛的二元系相图中有包析反应，与钛形成间隙式固溶体，提高（α+β）/β 相变点，能更多地固溶于 α 钛
	置换式		Al、Ga	在与钛的二元系相图中有包析反应，提高（α+β）/β 相变点能更多地固溶于 α 钛，与钛形成置换式固溶体
中性元素	置换式		Zr、Sn	对（α+β）/β 相变点影响不大（一般略有降低），在 α 钛及 β 钛中均有较大的固溶度
β 稳定元素	β 同晶型		Mo、V、Ta、Nb	降低（α+β）/β 相变点，由于它们与 β 相晶格类型相同，无限固溶于 β 相，无化合物相
	β 共析型	快共析型	Cu、Ag、Au、Ni、Si	与钛发生共析相变，生成化合物相，较强烈地降低（α+β）/β 相变点，共析温度高，共析反应活性高，易生成珠光体型片层状组织
		慢共析型	Cr、Mn、Fe、Pd、Co	与钛发生共析相变，生成化合物相，能强烈地降低（α+β）/β 相变点，共析反应活性极差不易出现珠光体型组织
	间隙式		H、Si	与钛发生共析相变，降低（α+β）/β 相变点，生成间隙式固溶体和化合物相

3.2.1.1 α稳定元素

能固溶于 α 相中、稳定 α 相、扩大 α 相区和提高（α＋β)/β 相变点（T_β）的元素称为 α 稳定元素，主要有 Al、Ga、Ge、B 和杂质元素中的 C、N、O 等，它们在元素周期表中的位置离钛比较远，与钛形成包析反应。图 3-3 为 α 稳定型元素示意相图。Al 是 Ti 中最主要的 α 稳定元素，通过形成置换固溶体产生固溶强化，提高钛合金室温和高温强度。同时，随着 Al 含量增加，合金密度和泊松比呈线性下降。常温下，Al 在 Ti 中的固溶度约为 9%。当含量超过 9% 时，Al 与 Ti 形成 Ti_3Al、

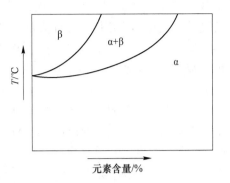

图 3-3　α 稳定型元素示意相图

TiAl 和 $TiAl_3$ 等脆性化合物。因此，钛合金中 Al 含量一般控制在 9% 以下。在可热处理亚稳 β 型钛合金中，添加质量分数 3% 的 Al 元素，其在强化 α 相的同时可有效抑制时效过程中脆性 ω 相的析出。

镓和锗元素在实际生产中很少应用。在钛合金中添加少量的硼可以细化晶粒，改善合金的性能。O、N、C 一般为杂质元素，其提高合金强度的同时显著降低塑韧性，故很少作为合金元素添加使用。

3.2.1.2 β稳定元素

能固溶于 β 相中、稳定 β 相、扩大 β 相区或降低（α＋β)/β 相变点（T_β）的元素称为 β 稳定元素。图 3-4 为 β 稳定型示意相图，其可分为 β 同晶型元素及 β 共析型元素两种。

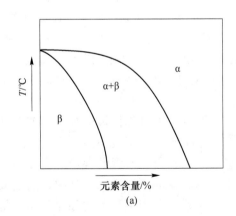 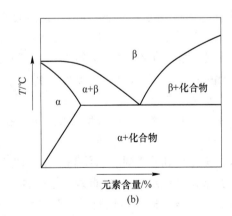

(a)　　　　　　　　　　　　　　　　(b)

图 3-4　β 稳定型元素示意相图

(a) 同晶型示意相图；(b) 共析型示意相图

A　β同晶型元素

晶格类型与 β-Ti 相同，且在 β 相中具有较大的固溶度或无限互溶，能稳定 β 相，降低相变点的元素称为 β 同晶型元素（图 3-4(a)）。V、Mo、Nb、Ta 属于 β 同晶型元素，它们与 Ti 原子的半径接近，能以置换的方式固溶于 β 晶格中，晶格畸变很小，其固溶强

化效果弱于 β 共析型元素。然而，随着加入量的增加，在提高强度的同时，合金仍能保持高的塑性与热稳定性。因此大部分结构钛合金中均添加 β 同晶型元素。

β 同晶型元素均不同程度扩大 β 相区，降低（α + β）/β 相变点及马氏体转变开始温度（M_s 点），并按 Mo、V、Nb、Ta 的顺序递减。当 Mo 原子百分含量超过 12%、V 原子百分含量超过 18%、Nb 原子百分含量超过 40%、Ta 原子百分含量超过 85% 时，形成单一 β 固溶体。β 同晶型元素还影响亚稳 β 相在时效过程中的分解，并使 C 曲线右移，相变孕育期增加。Mo 的强化作用最明显，可提高钛合金室温和高温强度，增加淬透性以及热稳定性。V 的强化效果次之，Nb 的强化作用较弱，但也经常在钛合金中添加。特别是在 Ti-Al 基金属化合物中添加铌以提高塑性和韧性。钽的强化作用最弱，且密度大，只有在少量合金中添加，以提高抗氧化性和抗腐蚀性[3]。

B   β 共析型元素

降低（α + β）/β 相转变温度，扩大 β 相区，还会引起共析转变的元素，称为 β 共析型元素（图 3-4(b)）。这类元素在 α 相和 β 相中均有限互溶，但在 β 相中的溶解度远高于 α 相，其稳定 β 相的能力强于 β 同晶型元素。Cr、Mn、Fe、Co、Si、Cu、H、Ni、Ag 等属于 β 共析型元素。

β 共析型元素的 d 层电子数均大于 5，有着从钛取得电子形成稳定 d 壳层的倾向。元素的 d 层电子数越多，形成化合物的倾向越大。根据 β 共析稳定元素加入后 β 相发生共析反应的速度，可将其分成慢共析元素和快共析元素。Ti 与 Fe、Mn、Cr、Co 等元素的共析反应进行得十分缓慢，在通常冷却情况下来不及进行，这类元素称为慢共析元素。慢共析元素能强烈地降低 β 相变点，共析反应活性差，不易出现珠光体组织。因而慢共析元素与 β 同晶元素作用类似，对合金产生固溶强化作用，也广泛应用于工业钛合金中。

Ti 与 Cu、Ag、Au、Ni、Si 等非过渡族元素形成的共析反应进行得极快，在一般冷却条件下不能阻止其发生共析反应。这类元素称为快共析元素。快共析转变较强烈地降低 β 相变点，共析温度高，共析反应活性高，易生成珠光体片状组织。共析分解所产生的化合物，都比较脆，但在一定的条件下，一些元素的共析反应可用于强化钛合金，尤其是可提高其热强性。如 Ti-2.5Cu 合金可以利用共析反应形成的 Ti_2Cu 金属间化合物产生析出强化，提高合金强度。

β 共析型元素均不同程度降低（α + β）/β 相变温度且同时降低钛的马氏体转变开始温度（M_s 点）。随着 β 稳定元素的逐渐增加，可使钛的 M_s 点降低到室温，当合金由 β 单相区快速冷却到室温时，可将高温 β 相保留到室温。此时合金元素的含量称为临界含量 C_k。合金元素稳定 β 相的能力按铜、镍、钴、铬、锰、铁的顺序递增。其中，铁是最强的 β 稳定元素，固溶强化效果最强，添加少量的铁元素便会产生显著的强化作用，是低成本高强钛合金的重要合金元素。但铁元素对合金热稳定性不好，熔炼时易产生偏析。铬是广泛添加的元素之一，可显著提高合金的强度，但某些条件下会因析出化合物而降低塑性。早期高强钛合金中均含有较高的铬元素，然而由于偏析及热稳定性低等原因，铬在新型钛合金中的含量逐渐降低；锰是早期合金设计广泛使用的元素，可提高强度和塑性，但其在熔炼过程中挥发严重且产生共析分解。硅是提高热强性和耐热性的重要微合金化元素之一，通过硅化物的细小弥散析出可抑制晶粒长大，提高合金高温蠕变性能。因此，大多数高温钛合金中都会添加硅元素，但一般不会超过 0.5%。

3.2.1.3　中性元素

Zr、Hf 元素与 Ti 具有同一类电子结构且具有相同的同素异构转变，在 α 相和 β 相中均无限互溶形成置换式固溶体，可同时提高 α 相和 β 相的强度。由于其对 α 相和 β 相的稳定性影响不大，对合金相变点影响较小，这类元素称为中性元素。图 3-5 为中性元素示意相图。Sn、Zr、Hf、Ce、La 都是中性元素，其中 Sn、Zr 是常用的中性元素，其主要起固溶强化作用，提高钛的室温拉伸强度及高温拉伸性能。在 α 钛合金中，Sn、Zr 与铝一起可稳定并强化 α 相。在近 α 型钛合金和 α + β 型钛

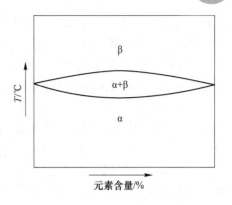

图 3-5　中性元素示意相图

合金中，还用 Zr、Sn 来提高合金高温抗拉强度和耐热性能，如 TA8 合金中含有 1.5% Zr，TA7 合金中含有 2.5% Sn。在可热处理强化 β 型钛合金中，Zr 和 Sn 作为抑制 ω 相的元素来使用。Zr 不仅强化合金的基体，且不会引起固溶体的有序化，而 Sn 尽管能提高合金的热强性，却有有序化的倾向。

3.2.2　钛合金的相图类型及合金元素的作用

3.2.2.1　钛合金的相图类型

根据钛与各元素相互作用的基本特征，将钛的二元相图分为四种主要类型，如图 3-6 所示。

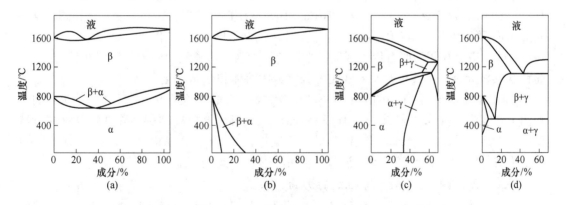

图 3-6　钛的二元相图的四种主要类型
(a) 与 α 相、β 相均无限互溶；(b) 与 β 相无限互溶，与 α 相有限互溶；(c) 与 α 相、β 相均有限溶解并具有包析反应的相图；(d) 与 α 相、β 相均有限溶解并具有共析反应的相图

第一种类型是与 α 相和 β 相均无限互溶的相图（图 3-6(a)）。这种二元系只有 2 个，即 Ti-Zr 和 Ti-Hf 系。钛、锆、铪是同族元素，其原子外层电子结构、点阵类型均相同，原子半径相近。这两种元素在 α-Ti 和 β-Ti 中均具有很高的溶解度，对 α 相和 β 相的稳定性影响不大，对 α/β 相转变温度的影响较小，故称为中性元素。

第二种类型是与 β 相无限互溶固溶，与 α 相有限固溶（图 3-6(b)）。在周期表上的

位置靠近钛，而且晶格类型与 β-Ti 相同，如 Ti-V、Ti-Nb、Ti-Ta、Ti-Mo 相图。这类元素的主要特点是具有稳定 β 相，并使 (α + β)/β 相变温度降低。V、Nb、Ta、Mo 四种金属只有一种体心立方点阵，所以它们与具有相同晶型的 β-Ti 形成连续固溶体，而与密排六方点阵的 α-Ti 形成有限固溶体。

V 属于稳定 β 相的元素，并且随着浓度的提高，急剧降低钛的同素异晶转变温度。V 含量大于 15% 时，通过淬火可将 β 相固定到室温。Nb 在 α-Ti 中溶解度大致和 V 相同（约 4%），但作为 β 稳定剂，其稳定 β 相的效应很弱。Nb 含量大于 37% 时，可淬火成全 β 组织。Mo 在 α-Ti 中的溶解度不超过 1%，而 β 稳定化效应最大。Mo 含量大于 11% 时，可通过淬火成为全 β 组织。Mo 的添加有效地提高了室温和高温的强度，同时还使含铬和铁的合金的热稳定性提高。

第三种类型是与 α 相、β 相均有限溶解并且具有包析反应的相图（图 3-6(c)）。在元素周期表中离钛更远一些的金属和非金属元素形成的相图，如 Ti-Al、Ti-Sn、Ti-Ca、Ti-B、Ti-C、Ti-N、Ti-O 等。这些元素的电子结构、化学性质等与钛的差别较大，除锡对 (α + β)/β 相变温度影响不大，可划为中性元素外，其他元素都使 β 相变温度提高，起稳定 α 相作用。

Al 可降低材料密度，提高再结晶温度和 β 相变温度，显著提高钛的强度，是钛合金中最常见的合金元素，几乎所有的钛合金均含有一定量的 Al 元素。但当铝含量高于 8% ~ 9% 时，热处理易出现有序化的 α_2(Ti$_3$Al) 相，使得合金的抗拉强度升高，但塑性和韧性显著降低。Sn 是相当弱的强化剂，但能显著提高热强性。以 Sn 合金化时，其室温塑性不降低而热强性增加[4]。

第四种类型是与 α 相、β 相均有限溶解并具有共析反应的相图（图 3-6(d)），主要为 Ti-Cr、Ti-Mn、Ti-Fe、Ti-Co、Ti-Ni、Ti-Cu、Ti-Si、Ti-Bi、Ti-W、Ti-H 系等二元相图。这些元素在 α-Ti 和 β-Ti 中均有限溶解，但在 β-Ti 中的溶解度比 α-Ti 中大，能降低 (α + β)/β 相变温度，稳定 β 相的能力相比 β 同晶型稳定元素强。这类元素称为共析型 β 稳定元素，简称 β 共析元素。在共析温度下 β 相可分解为固溶体和金属间化合物。Ti-Cr 系中，形成的 Ti$_2$Cr 化合物，在 α-Ti 中的溶解度不超过 0.5%。Cr 含量大于 9% 时，通过淬火可将 β 相固定到室温。Cr 可以使钛合金有好的室温塑性和高的强度。Ti-W 系中会产生共析转变，由于共析反应温度较高，Ti-W 系的热稳定性比 Ti-Cr 合金高得多。W 在 α-Ti 中的溶解度不高。W 含量大于 25% 时，通过淬火可将 β 相固定到室温。

3.2.2.2　合金元素对力学性能的影响

钛合金主要强化途径是固溶强化和弥散强化，通过这两种强化可使纯钛的抗拉强度从 300 MPa 增加到 1000 ~ 1200 MPa。如果再结合适当的热处理，强度可以达到 1200 ~ 1500 MPa，个别合金可达到 1800 ~ 2000 MPa。合金元素的强化效应见表 3-4。

表 3-4　钛中加入 1%（质量分数）合金元素引起的强度增量

元素	Al	Sn	Zr	Mn	Fe	Cr	Mo	V	Nb	Si
$\Delta\sigma_b$/MPa	50	25	20	75	75	65	50	35	15	12

图 3-7 为各类主要合金元素对合金退火态力学性能的影响，此图可反映合金元素的固溶强化效果。

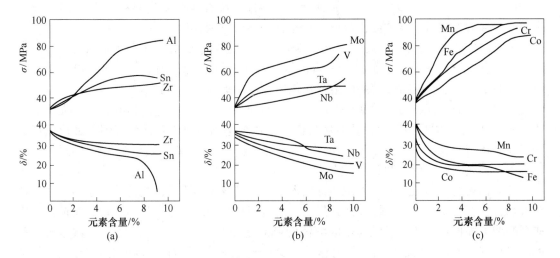

图 3-7　常用合金元素对钛性能的影响（退火状态）
（a）中性元素及 α 稳定元素；（b）同晶性 β 稳定化元素；（c）共析性 β 稳定化元素

　　图 3-7（a）表示 α 稳定元素铝和中性元素锆、锡的影响。在图示的成分范围内，退火组织为单相 α 固溶体，铝的固溶强化效果最显著，可以看出每增加 1% 的 Al，抗拉强度约增加 50 MPa；锆、锡强化作用则比较弱，对应的强度增量为 20～30 MPa。因此，锆、锡一般不单独使用，而是作为多组元复合强化的补充强化剂。

　　图 3-7（b）为 β 同晶元素对合金强度、塑性的影响。由于 β 稳定元素优先溶于 β 相，因此 β 相具有更高的强度和硬度。这样合金平均强度将随组织中 β 相所占比例增加而提高，当 α 相和 β 相各占 50% 时强度达到峰值，继续增加 β 相数量，强度反而有所下降（图 3-8）。

　　图 3-7（c）为共析型 β 稳定元素对合金性能的影响。其规律和 β 同晶型元素相似，特别是慢共析元素锰、铬、铁，在一般生产和热处理条件下，共析反应并不发生，因此大体上可以和钼、钒等 β 同晶型元素同等对待，退火组织仍为 α ＋ β 相。但对于需要在高温长期使用的耐热合金，慢共析元素的存在，将降低材料的热稳定性。

　　在工业钛合金中最广泛应用的 α 稳定元素是 Al。Al具有显著的固溶强化 α 相的作用。当合金元素中 Al 的含量在 7% 以下时，随 Al 含量的增加，合金的强度提高，而塑性无明显降低。而当 Al 的含量超过 7% 后，由

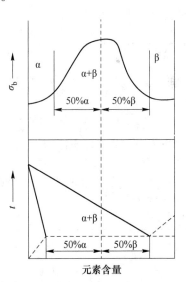

图 3-8　二元钛合金退火组织与
性能的关系

于合金组织中出现脆性的 Ti₃Al 化合物，使塑性显著降低，故 Al 在钛合金中的含量一般不超过 7% 。钛及钛合金中，中性元素主要有锆和锡。它们在 α 钛和 β 钛中均有较大的溶解度，常和其他元素同时加入，起补充强化作用。尤其是在耐热合金中，为保证合金组织以 α 相为基，除铝以外，还须加锆和锡来进一步提高耐热性，使合金具有良好的压力加工性

和焊接性能。锆和锡能抑制 ω 相的形成，并且锡能减少合金对氢脆的敏感性。在钛-锡合金中，当锡含量超过一定浓度也会形成有序相 Ti_2Sn，降低塑性和热稳定性。

β 稳定元素主要有钼、钒、铌、钽、铬、铁、硅、锰、钴等。钼、钒是钛合金中广泛应用的一种合金元素，为 β 同晶型元素。钼、钒在 β 钛中无限固溶，而在 α 钛中也有一定的溶解度。钼、钒具有显著的固溶强化作用，还能提高钛合金的热稳定性。且钒在提高合金强度的同时，保持良好的塑性。Mn、Fe、Cr 密度小，且稳定 β 相能力强，强化效果优于 Mo、V 等 β 同晶型元素，是高强亚稳 β 型钛合金的主要添加元素，但与钛形成慢共析反应，在高温长期工作条件下，组织不稳定，抗蠕变能力差。当同时添加 β 同晶型元素特别是钼元素时，可抑制共析反应的发生[5]。

杂质元素与钛形成间隙固溶体和置换固溶体，过量时形成脆性化合物。杂质元素可使钛及钛合金的强度提高、塑性降低，甚至使断裂韧性、低温韧性、疲劳性能、耐蚀性、冷成形性和可焊性等变坏。形成间隙固溶体的杂质主要有 C、N、O、H 等。间隙原子引起的晶格畸变使 c/a 增大，导致钛的滑移系减少，塑性降低，故需要限制它们的含量。氢会与钛发生共析反应，形成氢化物。与共析型金属元素不同，氢形成间隙型固溶体，属于有害杂质，会引起钛合金的氢脆。氢脆发生的机理与钛合金的微观结构有很大关系，在非合金化钛和以 α 组织为基的单相钛合金中，氢脆的主要原因是脆性氢化物相的析出，急剧降低塑韧性。在两相合金中，不形成氢化物，但形成氢的过饱和固溶体，在低速变形时引起脆性断裂。在 β 相含量小的合金中，这两种效应联合作用。纯钛和近 α 组织的钛合金对氢脆最敏感，随着 β 相含量增加，其氢脆敏感性减弱。钛及钛合金出现的各种氢脆及其特点见表3-5。

表3-5   钛及钛合金出现的各种氢脆及其特点

氢脆类型	氢 脆 源	特 点
氢化物型氢脆	氢含量超过氢的固溶度时，析出与母相共格的氢化物，一般呈片状，在晶内定向排列	氢脆敏感性随应变速度增加而增加，易出现在 α 型钛合金和 β 稳定元素较少的 α+β 型钛合金
应力感生氢化物型氢脆	具有一定氢含量的 α 相从高温快速冷却时可以形成氢的过饱和固溶体，它在慢应力作用下可形成氢化物	氢脆敏感性随应变速度增加而减少；应力感生氢化物在应力去除后不能随之消失，因而是不可逆氢脆；这种氢脆主要出现在淬火后的 α 型钛合金中
可逆氢脆	固溶状态的氢，在慢应力作用下向晶格缺陷处集中，形成对位错的钉扎作用，引起塑性下降	氢脆敏感性随应变速度增加而减少；去除应力并静置一段时间后，再进行高速变形时，塑性可以恢复，属于可逆氢脆，易在 β 稳定元素含量较大的 α+β 型钛合金和 β 型钛合金中出现

3.3   钛合金的相变

钛合金中的相变比较复杂，合金中不同的相变导致不同的微观组织，而组织是决定合金性能的极为重要的因素。因此，了解和掌握合金中的相变规律，并运用这些规律进行热处理以改变或调控合金组织，这对改善和挖掘钛合金的性能是极为重要的。

3.3.1   钛及钛合金的同素异构转变

钛及绝大多数钛合金具有同素异构转变。当纯钛自高温冷却至882.5 ℃时，体心立方

晶格的 β 相转变成密排六方晶格的 α 相，即发生如下同素异构转变：

$$β(体心立方)\longrightarrow α(密排六方)$$

纯钛在 882.5 ℃ 以下呈密排六方结构的 α-Ti，在 882.5 ℃ 以上为具有体心立方结构的 β-Ti。β 相与 α 相之间的转变是钛合金中最基础的相变。相变过程中两相存在一定的晶体学关系，即立方 β 相的 {110} 平面平行于六方 α 相的 {0001} 平面，β 相的 <111> 方向平行于 α 相的 <11\bar{2}0> 方向，这种取向关系称作 Burgers 关系，如图 3-9(a) 所示。后来，人们在钛合金中也观察到相同的晶体学关系。由于立方点阵具有 6 个 {110} 平面，其中每个平面又有 2 个 <111> 方向，所以每一个立方点阵可以形成 12 个不同位向的六方点阵，即 β→α 相变过程中可以产生 12 种 α 变体。

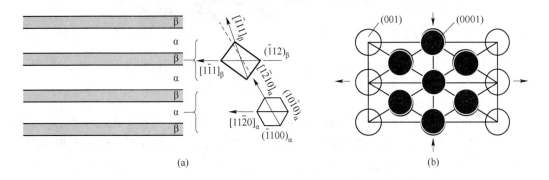

图 3-9　β→α 相变 Burgers 关系示意图

(a) Burgers 关系示意图；(b) Burgers 关系下 β 相 {110} 面点阵与 α 相 (0001) 点阵排布

体心立方的 β 晶格改组为密排六方的 α 晶格示意图如图 3-9(b) 所示。在 β 相区以上冷却，bcc 的 β 相 {110} 面转变为六方 α 相的基面 {0001}。α 相中的基面之间的距离稍大于 β 相中相应的 {110} 之间的距离。因此，β→α 转变引起了 hcp 的 α 相中 c 轴对于 a 轴的微小收缩，并减少了 c/a 比值，使其低于理想密排六方结构的值。在 β→α 相变过程中，可从宏观上观察到体积的微小降低。

在钛中添加合金元素后，同素异构转变开始温度发生改变，转变过程不在恒温下进行，而是在一个温度范围内进行。转变温度会随所含合金元素的性质和数量的不同而不同。同素异构转变温度对钛合金成分极为敏感。同一合金，由于炉次不同，甚至同一炉次的合金，在成分上的波动（包括含氧、氮等杂质元素的差异），其 β 转变温度可能相差 5 ~ 70 ℃。因此，在制定钛合金热加工工艺时，必须考虑这一特点。

新相和母相存在严格的 Burgers 关系。在满足上述晶体学关系下，α 相通常以片状有规则地析出，形成魏氏组织，如图 3-10 所示。由于魏氏组织粗大的原始 β 晶粒及晶内片层 α 相，导致其强度、塑性均较低，工业上很少使用。要改变魏氏组织形貌通常需要破坏两相的 Burgers 关系，工业上常通过两相区热加工破坏上述关系，使 α 相发生球化形成等轴组织，进而提高合金强塑性匹配。

钛合金 β→α 相变过程中会发生溶质原子的再分配。Al 等 α 稳定元素扩散进入 α 相，而 Mo、V、Fe、Cr 等 β 稳定元素向 β 相扩散并富集。溶质原子的再分配会进一步强化 α 相和 β 相。通过调整热处理工艺，获得不同合金元素含量的 α/β 相，从而调控合金的力

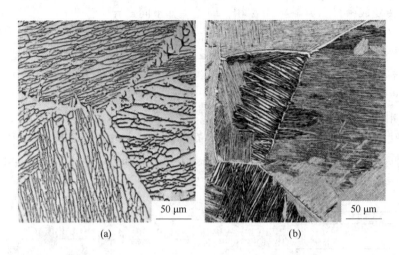

图 3-10　Ti-6242 合金 β→α 相变形成的片层组织

（a）冷速 1 ℃/min；（b）冷速 100 ℃/min

学性能。另外，由于 β 相中原子扩散系数远高于 α 相，加热温度超过 β 相变点后，β 相的长大倾向特别大，极易形成粗大晶粒。当加热温度在 α/β 两相区时，由于两相界面的存在，α 相的存在可显著抑制晶粒长大。故在制定钛合金的热加工/热处理工艺时必须考虑合金相变点及其对晶粒尺寸的影响。

钛合金不能像钢那样利用同素异构转变进行晶粒细化。当两个同素异构体的比容差别大时，转变能形成很大的内应力，使基体相发生较严重的变形，促进再结晶，细化晶粒。当两个同素异构体比容差别很小（钛的比容差为 0.17%），在相变过程中不能产生足够的变形使基体相发生再结晶。此外，钛进行同素异构转变时，两相之间具有严格的晶体学取向关系和强烈的组织遗传性。以上因素导致钛合金同素异构转变过程中晶粒不能细化。

3.3.2　β 相在快速冷却（淬火）过程中的相变

钛合金的非平衡冷却相变比较复杂，含 β 稳定元素的合金自高温淬火时，随着合金成分及淬火温度的不同，淬火后的组织也不同。同一成分的合金自不同温度淬火也可能获得不同的组织。钛合金自 β 相区快速冷却时，视合金成分不同，β 相可以转变成 α' 马氏体或 α″ 马氏体、ω 相或亚稳 β 相。

由图 3-11 可以看出 β 稳定元素含量及淬火温度对相变的影响。成分为 x 的合金，自 β 相区淬火时，所得组织全部为马氏体，将其加热至 t_p 温度，组织由成分为 a_1 的 α 相和成分为 p' 的 β 相组织。淬火时 α 无相变，β 相转变为马氏体，所得组织为 α + 马氏体；加热温度为 t_q，其组织由成分为 a_2 和 q' 的 α 相和 β 相组成，在淬火过程中 α 无相变，β 相发生马氏体相变，但由于马氏体转变终止温度低于室温，马氏体转变不能进行到底，部分 β 相保存到室温，形成亚稳 β 相，淬火后的组织为（α + β$_{亚}$ + 马氏体）；当加热温度为 t_r，此时 β 相的成分为 r'，在淬火时不发生马氏体相变，但由于 β 相的成分接近临近浓度，可能发生 ω 相变，合金的淬火组织为 α + β(ω)。任何成分的合金加热至 t_k 温度时，β 相的成分均为临界浓度 C_k，淬火时不形成马氏体，故将 t_k 称为临界淬火温度。

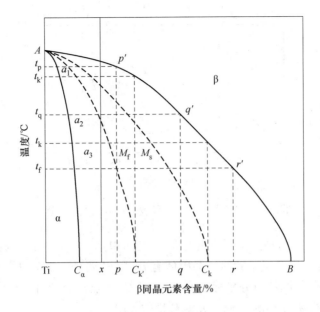

图 3-11　马氏体转变与 β 稳定元素含量的关系

合金元素含量大于临界浓度 C_k，但不超过某成分范围的合金，淬火得到的亚稳 β 相。特定成分的亚稳 β 相受到应力作用将转变为马氏体，称为应力诱发马氏体。这种马氏体具有低的屈服强度、高应变硬化速率及较高的均匀伸长率。将不同成分的合金自不同温度淬火所得的组织类型表示在相图上，即得到如图 3-12 所示的亚稳相图，自 β 相区淬火后，合金的硬度与成分的关系如图 3-13 所示。图中第一个峰值显示出合金中有马氏体 α′ 相生成，第二个峰值是由于在合金中出现 ω 相所致。

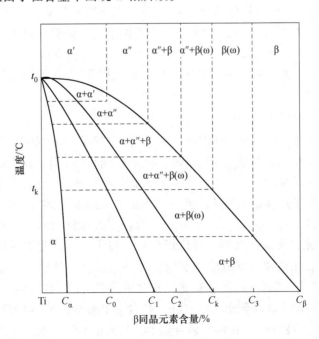

图 3-12　β 同晶合金系亚稳相图

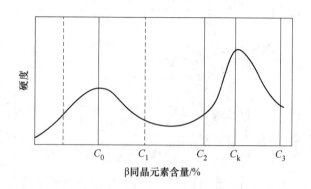

图 3-13　自 β 相区淬火后硬度与成分的关系示意图

亚稳相图中 t_0C_k 线为马氏体相变开始线，也称 M_s 线，t_0C_1 线为马氏体相变终止线，也称 M_f 线。β 稳定元素含量不同时，马氏体有 α′ 和 α″ 两种，在 C_k 附近，还可能出现 ω 相变。因此，在亚稳相图的成分坐标上 C_0、C_2 及 C_3 各点，分别对应于快冷时，开始出现 α″ 相、ω 相及不再出现 ω 相的 β 稳定元素含量的界限。

在成分坐标上被具有不同相变特性的成分点 C_α、C_0、C_1、C_2、C_k、C_3 及 C_β 分隔为具有不同相变特性的各成分区间。与此相对应，自 β 相区快冷，得到不同相变产物的成分区间以垂直虚线标示于 t_0C_β 线的上部。由图 3-12 可见，β 稳定元素含量低于 C_0 的合金自 β 相区淬火得到 α′ 马氏体相；成分在 C_0、C_1 之间的合金得 α″ 马氏体相；成分在 C_1、C_2 之间的合金得 α″ 马氏体相和残余 β 相，成分在 C_2、C_3 之间的合金淬火过程中发生 ω 相和残余 β 相的弥散混合物，成分在 C_2、C_k 之间的合金淬火产物中有 α″ 相和残余 β 相和 ω 相。若将合金只加热到两相区（即 t_0C_β 线以下）温度，则在该加热温度下，合金组织中存在 α 相。此时，与 α 相共存的 β 相的成分，根据杠杆定律应位于此温度水平线与 t_0C_β 线的交点上。快冷时 α 相不发生转变，只有 β 相发生转变。转变产物由 β 相的成分决定。因此，可做一系列水平线段，将 α + β 两相区分隔成不同的温度区间。不同成分的合金自不同温度淬火所得的组织示于各区间内。根据图 3-12 可预测任何成分的合金自任何温度淬火所得的组织。

3.3.2.1　马氏体相变

在快速冷却过程中，钛的同素异构转变，即 β 相转变为 α 相的过程受到抑制，β 相将转变为成分与母相相同、晶体结构与母相不同的过饱和固溶体，即马氏体。马氏体转变是一种切变相变。在转变时，β 相中原子做集体地有规律地近程迁移。当钛合金中 β 稳定元素含量较少时，原子迁移距离较大，点阵改组进行彻底，此时 β 相将由体心立方结构转变为密排六方晶格，这种具有六方晶格的过饱和固溶体称为六方马氏体，用 α′ 表示。当钛合金中 β 稳定元素含量较高时，晶格切变阻力较大，点阵改组受到阻碍，停留在某一中间阶段，此时 β 相由体心立方结构变为斜方晶格，这种具有斜方晶格的过饱和固溶体称为斜方马氏体，用 α″ 表示。若 β 稳定元素含量足够高，马氏体转变点开始温度 M_s 降低至室温以下，此时淬火将得到单一的 β 相，这种 β 相称为过冷 β 相或亚稳 β 相。

在工业钛合金，特别是 α + β 两相钛合金中，最为常见的是六方马氏体 α′ 和斜方马氏体 α″。β 相、α′ 相、α″ 相结构的差别以原子滑移参数 y 及晶格常数和对 a 边的角度变化表示。合金元素含量不大时，β 晶格改组进行到底，形成密排六方的 α′。α′ 相呈六方结构，和体心立方的 β 相之间遵循 Burgers 取向关系，即六方晶胞的 $(0001)_\alpha$ 与体心立方的 $(110)_\beta$ 平行，六方晶胞的 $[\overline{1}210]_\alpha$ 方向平行于体心立方的 $[111]_\beta$ 方向，惯习面为 $\{334\}_\beta$ 或 $\{344\}_\beta$。当合金元素含量大时，原子的移动停留在某一中间阶段，即得斜方马氏体。α″ 与 β 相之间的取向关系为：$(001)_{\alpha''}//(110)_\beta$，$(111)_{\alpha''}//(111)_\beta$，惯习面为 $\{113\}_\beta$。

一般 α 合金或 β 稳定元素含量较小的 α + β 合金从 β 相区或接近 (α + β)/β 相变点的高温淬火都能生成 α′。它有两种组织形态：一种是合金元素含量高时，M_s 点低，马氏体呈针状组织；另一种是合金元素含量低时，形成块状组织，在电子显微镜下呈板条状。图 3-14(a) 表示了 Ti-6Al-4V 合金在快速冷却过程中形成 α′ 马氏体的 SEM 形貌，其呈现多尺度的板条状相貌。α′ 马氏体形貌与钢铁材料中的马氏体类似，板条状马氏体内有密集的位错，基本没有孪晶。α″ 马氏体由于合金元素含量更高，其转变温度更低，因而马氏体针更细小，内部含有大量细小孪晶。

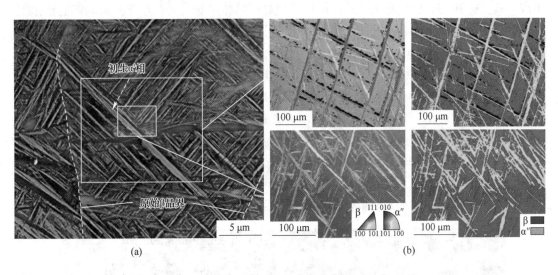

图 3-14 钛合金中的马氏体

(a) Ti-6Al-4V 合金 α′ 马氏体形貌；(b) Ti-1023 合金不同拉伸应变性应力诱发 α″ 马氏体形貌

除淬火时 β 相可发生马氏体转变外，过冷 β 相在受力时也可能发生马氏体转变，这种现象称为应力诱发马氏体。在 β 稳定元素含量略高于 C_k 的某些 β 钛合金中，容易出现这种现象。应力诱发马氏体多为 α″ 晶体结构。图 3-14(b) 表示了 Ti-1023 合金在拉伸变形过程中应力诱发 α″ 马氏体的形貌。利用应力诱发马氏体相变的特点，研究人员成功开发了 TRIP（Transformation Induced Plasticity）钛合金，其具有更优异的塑性和加工硬化能力[6-8]。与 TRIP 钢类似，通过合金成分优化（改变 Mo、Cr、V 等 β 稳定元素含量）可调整亚稳 β 相的稳定性，进而控制发生 TRIP 效应的临界应力水平，理论上可制备出不同强度-塑性匹配的 TRIP 钛合金。目前，TRIP 钛合金的开发已成为近年来结构钛合金研发的热点方向。

马氏体相变开始温度 M_s 与相变终了温度 M_f 是由合金的化学成分决定的。一般来说，β 稳定元素含量越高，相变过程中晶格改组的阻力越大，转变所需要过冷度越大，M_s 及

M_f 点越低。V、Mo、Mn、Fe 等元素的加入会缩小 α 相区，使 β 相变点降低，提高马氏体相变阻力。钛合金淬火的加热温度一般低于 β 相变点。若必须在 β 单相区进行淬火，应严格控制加热温度与保温时间，以防止 β 晶粒快速长大，产生"β 脆性"。

值得注意的是，钛合金中马氏体不能像钢中的马氏体一样强烈地提高合金的强度和硬度。钢中的马氏体是 C 原子的过饱和间隙固溶体，而钛合金中的马氏体 α′ 是合金元素的过饱和置换固溶体，置换固溶体产生的晶格畸变远小于间隙固溶体，对合金强化作用有限，故钛合金中马氏体的强度、硬度只略高于 α 相。当合金中出现斜方马氏体 α″ 时，其强度、硬度特别是屈服强度甚至下降。

钛合金的马氏体相变属于无扩散型相变，在相变过程中不发生原子扩散，只发生晶格重构，具有马氏体相变的所有特点。马氏体相变的动力学特点是转变无孕育期，瞬间形核长大，转变速度极快；马氏体相变的晶体学特点是马氏体与母相 β 相之间存在严格取向关系，α′ 马氏体与基体满足 Burgers 关系，且马氏体总是沿着 β 相的一定晶面（惯习面）形成；马氏体相变的切变特点是马氏体转变使晶体沿特定晶向进行小于晶面间距的整体切变，在切变过程中完成晶格重构。马氏体相变的热力学特点是马氏体转变的阻力很大，转变需要较大过冷度。

3.3.2.2 ω 相变

当 β 稳定元素含量在临界浓度（C_k）附近时，将 β 相从高温快速冷却（淬火）时，将在合金组织中形成一种新相 ω 相。ω 相通常与基体保持共格关系，其尺寸细小，高度弥散，体积分数可达 80% 以上。ω 相的形态是由合金元素的原子与钛原子的半径差别决定的。当合金元素的原子半径与钛原子半径较接近时，ω 相和 β 相晶格的吻合程度较好。此时，对 ω 相形态起主要作用的是界面能，ω 相呈椭圆形；当合金元素的原子与钛原子半径相差较大时，对 ω 相形状起作用的是界面应变能，ω 相呈立方体形，如图 3-15 所示。

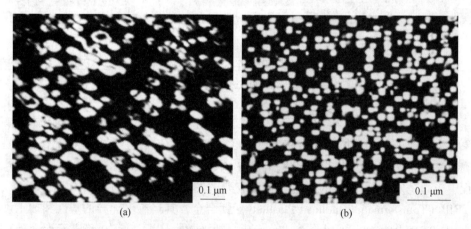

图 3-15 钛合金中的 ω 相
（a）Ti-15Mo 中的椭球状 ω 相；（b）Ti-8Fe 中的立方 ω 相

当合金元素含量较低时，ω 相为六方结构，随着合金元素含量增加逐步过渡到菱方晶系。ω 相与 β 相的位相关系为 $[0001]_\omega // [111]_\beta$，$(11\bar{2}0)_\omega // (1\bar{1}0)_\beta$。β→ω 的转变是无扩散相变，极快的冷速也不能抑制其进行，以无扩散的共格切变方式由体心立方改组为六方晶格，但 ω 相长大要依靠原子扩散。

　　当 β 合金元素成分范围达到某一临界值时（大致同室温下能保留 β 相的临界成分相近），淬火可形成 ω 相，称为淬火 ω 相（ω$_{淬火}$）。淬火过程中 β→ω 的转变属于无扩散型转变，极快的冷却速度也不能抑制其进行。对于含 β 稳定元素较多的合金，淬火时可以得到亚稳定 β 相，在随后的时效过程中，也发生 β→ω 的转变。发生 β→ω 转变的时效温度对于不同合金是不同的，通常在 100~500 ℃ 范围内。在时效过程中，亚稳定 β 相内部发生溶质原子的偏聚，使许多微观区域内溶质原子富集，相邻的区域贫化。再继续加热时，贫化区即转变为 ω 相，称为时效 ω 相，即 ω$_{时效}$。

　　将 ω$_{时效}$ 相加热到较高温度，ω 相会消失。ω 相是 α 相和 β 相之间的一种过渡相。ω 相的形核是无扩散型相变，以无扩散的共格切变方式由体心立方改组为六方晶格。但 ω 相的长大要依靠原子的扩散。因此认为，回火 ω 相的形成是介于扩散与无扩散型相变之间的一种转变。

　　合金中出现 ω 相时，强度、硬度、弹性模量都将显著提高，塑性和韧性将急剧降低。ω 相对合金力学性能的影响程度与其在合金中的体积分数有关。当 ω 相的体积分数达到 80% 以上时，合金将完全失去塑性；如果 ω 相的体积分数控制适当，合金仍具有较好的强度和塑性配合。

　　通常，ω 相是钛合金的有害组织，在淬火和时效时，都应避开它的形成区间。合金中 ω 相的体积分数可通过改变化学成分或时效规范的方法予以控制。最新的研究表明，虽然 ω 相对合金的力学性能尤其是塑性、韧性不利，但由于 ω 相是介于 α 相和马氏体相之间的一种过渡相，研究者开发出 ω 相辅助 α 相形核的热处理工艺，可显著细化 α 相，获得弥散、纳米尺度的 α 片层组织（图 3-16），使得合金具有极高的强度和一定的塑性[9-10]。在 β-21S 合金中，首先进行低温时效形成大量细小时效 ω 相，随后在稍高温度进行二次时效，α 相在原有 ω 相界面或附近形核。由于 ω 相的辅助形核作用，使得 α 相尺寸细小，合金具有超高的抗拉强度（约 1810 MPa）和一定的断裂应变（约 6.2%）。

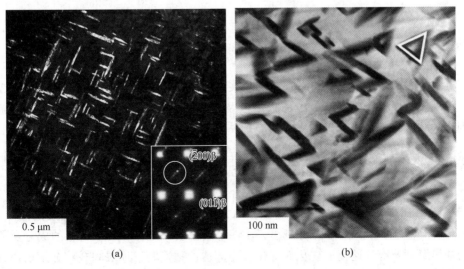

(a)　　　　　　　　　　　　　　(b)

图 3-16　ω 辅助形核析出的纳米 α 相 TEM 组织

（a）明场像；（b）暗场像

3.3.3 β相在缓慢冷却过程中的相变

钛合金慢冷过程中，当 β 稳定元素含量小于 C_α（图 3-11），无论从多少温度开始炉冷，组织均为单相 α。当冷速增加时，由于 β→α 的相变来不及进行到底，合金组织中有少量残留的亚稳 β 相。当 β 稳定元素含量介于 C_α、C_β 两相区之间，自 β 相区缓慢冷却时组织为 α + β。随温度的降低，析出 α 相增多，β 相的相对数量减小。

α 相的析出过程是一个形核和长大的过程，形核的位置、晶核数量、长大速率与合金的成分及冷却条件有关。当冷却速度很慢时，由于产生的过冷度很小，晶核首先在晶界形成，并在晶界长大成为网状晶界 α 相，这种连续网状晶界 α 相强度低于基体，在变形过程中优先发生集中塑性变形，降低合金强度及塑性，工业上应予以避免。同时 α 相向晶内生长，形成位向相同、相互平行排列的长条状组织，称为平直 α 组织（或 α 侧片）；冷却速度不够慢，α 相在晶粒内部形核，形成 α 丛域，如图 3-17 所示。冷却速度极慢，α 在晶界形核，向晶内生长，甚至可以贯穿整个晶粒。

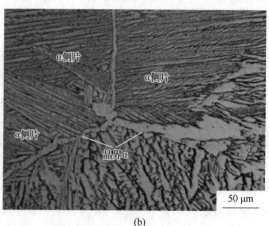

(a)   (b)

图 3-17 Ti-6Al-4V 合金炉冷过程组织
（a）晶界 α 相及 α 丛域形貌；（b）α 侧片形貌

α 丛域的大小受许多因素的影响。一般来说，加热温度越高，保温时间越长，β 稳定元素含量越多，β 相变点越低，冷却越慢以及在 β 相区的变形加工量越小，α 丛域将越大。因为这些因素都会降低形核率。当冷却速度较快时，不同位向的 α 形核率增加，α 丛域的尺寸减小，α 条变宽变短，且互相交错，形成编织状 α 组织。

在 α 片之间存在剩余的 β 相薄层，如图 3-18 所示。合金中 β 稳定元素含量越少，则剩余的 β 相的相对含量越少。在 α + β 型钛合金中，剩余的 β 相在 α 片之间形成连续的网状薄层（图 3-18(a)），在 α 型钛合金及近 α 型钛合金中形成更薄的不连续的网状薄层。β 稳定元素含量越多，剩余 β 相亦越多，β 相薄层越厚。这种片层 β 薄层的成分及数量随合金的加热温度及冷却速度的变化而变化。冷却速度很慢时，片层间 β 将分解析出 α（图 3-18(b)）。

钛合金从 α + β 两相区慢冷时，由于冷却前组织中已存在 α 颗粒（称为初生 α），冷

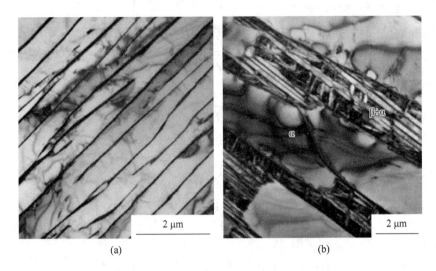

图 3-18　α + β 型钛合金中片层组织 TEM 形貌

（a）片层 α 相间连续 β 薄层；（b）β 薄层分解形成 β 转变组织（β + αₛ）

却过程中 α 相沿初生 α 颗粒边界析出，也可在初生 α 边界形核后向 β 相内生长形成 α 丛域。在 α 界面上形核析出的 α 相的位向与原先存在的 α 相的位向不同，其厚度与冷却速度有关，冷却速度越慢，厚度越大。在晶内形核析出的 α 相与残余 β 相形成机械混合物，称为 β 转变组织。

3.3.4　时效过程中亚稳定相的分解

钛合金淬火形成的亚稳相 α′、α″、ω 及过冷 β 相，在热力学上是不稳定的，加热会发生分解，其分解过程比较复杂，不同的亚稳相的分解过程不同，同一亚稳相因合金成分和时效工艺的不同分解过程也有所不同。但最终的分解产物均为平衡组织 α + β 相。若合金有共析反应，则最终产物为 α 相 + Ti_xM_y。

$$\left.\begin{array}{l} \alpha \\ \alpha'' \\ \omega \\ \beta_{亚} \end{array}\right\} \longrightarrow \alpha + \beta(或 \alpha + Ti_xM_y)$$

在时效分解过程的一定阶段，可以获得弥散细小析出的 α 相，使合金产生析出强化，这就是钛合金淬火时效强化的基本原理。其本质是细小弥散析出 α 相对基体位错运动的强烈阻碍作用。研究表明时效 α 相的高强度由两个原因引起：（1）细小的 α 尺寸，时效 α 相通常为纳米尺寸，根据 Hall-Petch 公式，晶粒强度与其尺寸的 $-1/2$ 次方成正比，因此时效 α 相具有高强度；（2）内部高密度位错，研究发现低温时效析出的 α 相内部含有大量缺陷，其高密度位错亚结构进一步提高了 α 相强度。

3.3.4.1　马氏体的分解过程

钛的马氏体相是亚稳定状态，在室温以上加热，就会发生分解。钛的马氏体相的分解机理比较复杂，它取决于马氏体相的晶体结构、合金成分、合金元素的性质和类型等。对成分不同的钛合金，应制定适当的热处理工艺，使马氏体分解后获得弥散的 α + β 组织，即可产生很大的强化效果。

A   六方马氏体 α′ 的分解

在 β 同晶合金中，α′ 通过形核和长大过程直接分解为平衡状态的 α + β 相。如果合金中 β 稳定元素含量较少，合金的马氏体转变温度较高，则在形成马氏体相的最初阶段有可能直接析出 α 相，分解过程一般为：

$$\alpha' \longrightarrow \alpha' + \alpha \longrightarrow \alpha + \beta$$

α′ 首先析出 α，随着 α 的析出，α′ 内 β 稳定元素浓度不断增大，最终改组为 β 晶格。α 相既可在 α′ 中形核，也可在已形成的 β 相中继续形核。α 相形核的主要位置在相界、位错等处。

如果合金中 β 稳定元素含量较高，则 α′ 的分解过程一般为：

$$\alpha' \longrightarrow \alpha' + \beta \longrightarrow \alpha + \beta$$

α′ 首先析出 β，随着 β 的析出，α′ 中的 β 稳定元素浓度不断降低，最后其晶格常数变为与 α 相相同，即转变成 α 相。

在 β 共析合金中，含活性共析元素的钛合金 α′ 的分解方式为：

$$\alpha' \longrightarrow 过渡相 \longrightarrow \alpha + Ti_x M_y$$

时效分解过程与铝合金时效分解过程相似，先形成与母相共格的富集 GP 区，然后过渡到半共格的中间相（过渡相），最后形成非共格的 $Ti_x M_y$。整个分解过程发生明显的沉淀硬化效应。

含非活性共析元素的钛合金中马氏体的分解方式为：

$$\alpha' \longrightarrow \beta \longrightarrow \beta + Ti_x M_y$$

时效初期从 α′ 相直接析出 β 相，然后从 β 相中再析出化合物 $Ti_x M_y$。这一时效分解过程进行得十分缓慢，在一般时效处理后组织仍为 α + β 相。

B   斜方马氏体 α″ 的分解

斜方马氏体在 300～400 ℃ 即发生快速分解，在 400～500 ℃ 可获得弥散度高的 α + β 的混合物，使合金弥散强化。斜方马氏体在分解为最终的平衡状态产物 α + β（Ti-β 同晶型合金）或（α + $Ti_x M_y$）（Ti-β 共析型合金）之前，要经历一系列复杂的中间过渡阶段。在不同成分及状态的合金中斜方马氏体 α″ 分解的具体过程有以下类型：

第一种分解过程是先从 α″ 中析出亚稳 β 相，使 α″ 中的 β 稳定元素贫化，变成 $\alpha''_{贫}$，再转变成 α′，最后转变为 α，即：

$$\alpha'' \longrightarrow \beta_{亚} + \alpha''_{贫} \longrightarrow \beta_{亚} + \alpha' \longrightarrow \alpha + \beta$$

第二种分解过程是先从 α″ 中析出 α，使 α″ 中的 β 稳定元素富化，变成 $\alpha''_{富}$，再转变成 $\beta_{亚}$，最后转变为 β，即：

$$\alpha'' \longrightarrow \alpha + \alpha''_{富} \longrightarrow \beta_{亚} + \alpha \longrightarrow \alpha + \beta$$

第三种分解过程是先从 α″ 中形成 β 稳定元素富化区和贫化区，富化区转变成 $\beta_{亚}$，再转变成平衡的 β，而贫化区最终形成 α 相，即：

$$\alpha'' \longrightarrow \alpha''_{贫} + \alpha''_{富} \longrightarrow \beta_{亚} + \alpha''_{贫} \longrightarrow \alpha + \beta$$

3.3.4.2   ω 相的分解过程

ω 相是 β 稳定元素在 α-Ti 中的一种过饱和固溶体，其在回火时发生的分解过程与马氏体的分解过程基本相同。但分解过程受相成分、合金元素性质和热处理条件的影响，分

解的最终产物是 α + β 相。

ω 相可能以几种方式析出 α 相：α 相在原来 β 晶界和 ω/β 相界上不均匀形核、长大并吞食 ω；ω 相首先溶解，然后从 β 相中析出 α 相；延长时效时间或提高时效温度，ω 相逐渐失去稳定性而直接转变为 α 相或 α′ 相。

关于 ω 相的分解过程，学术界至今未形成统一的认识。有学者指出 α 相可在 ω/β 相界面析出，并不断消耗 ω 相，最终形成 α + β 平衡组织。最新的研究表明，α 相并非在 ω/β 相界面形成，而是在 ω 相附近析出。

3.3.4.3 亚稳 β 相的分解过程

亚稳 β 相的分解过程也很复杂。当加热温度较低时，β 相将分解为无数的溶质原子贫化区 β′ 与其相邻的溶质原子富集区 β。随着加热温度升高或加热时间延长，根据 β 相化学成分不同，从溶质原子贫化区中析出 ω 相或 α″ 相，然后分解为平衡的 α 相和 β 相。

在 500 ℃ 范围内加热时，亚稳定 β 相的分解过程为：

$$\beta_{亚} \longrightarrow \beta' + \beta \longrightarrow \beta + \omega' + \alpha'' + \beta \longrightarrow \alpha + \beta$$
$$\beta_{亚} \longrightarrow \beta' + \beta \longrightarrow \omega + \beta \longrightarrow \alpha + \beta$$

出现这种逐步分解的原因是在低温时效过程中，密排立方点阵的 α 相在体心立方点阵的 β 相基体中直接形核的阻力很高，而中间分解产物虽然相变驱动力较低，但形核阻力小，更容易形核。因此，亚稳定 β 相不直接分解形成平衡的 α 相，而是经过一些中间分解过程，生成的中间分解产物（过渡相）再转变为平衡的 α 相。至于形成哪一种过渡相，取决于加热温度和合金成分。由于平衡的 α 相是在 β 相的溶质原子贫化区的位置上形核析出，而溶质原子贫化区均匀地分布在整个基体上，故可利用低温回火细化或控制合金的组织，改善合金的力学性能。

3.3.5 共析反应及 β 相的等温转变

3.3.5.1 共析反应

钛与 β 共析元素（铬、锰、铁、钴、镍、铜、硅）组成的合金系，在一定的成分和温度范围内发生共析反应，即：

$$\beta \rightarrow \alpha + Ti_x M_y$$

影响共析反应速度的因素有合金元素的特性、合金成分、共析反应温度及合金中杂质元素含量等。不同合金系的共析反应速度差别很大，共析转变温度较高的合金系（钛与硅、铜、银等活性元素组成的合金系），共析反应容易进行而且反应速度极快，淬火不能抑制其发生。因此，此类合金淬火能得到马氏体与金属间化合物，不能得到过冷 β 亚稳相。共析转变温度低的合金系（钛与锰、铁、铬等非活性元素组成的合金系），原子扩散系数低，其共析反应速度很慢，一般在共析温度下保温几小时，甚至几周才开始转变。共析温度越低，在该温度下原子的活动能力就越差，共析反应速度就越慢。共析分解产物 $Ti_x M_y$ 一般会降低合金的塑性、韧性。如合金在高温下长时间工作，逐渐分解出来的 $Ti_x M_y$ 金属间化合物会使合金逐渐脆化，降低合金的热稳定性。

3.3.5.2 等温转变

高温 β 相和亚稳 β 相都可进行等温分解，分解动力学可用图 3-19 的 C 曲线表示，等温转变分高温和低温两部分。

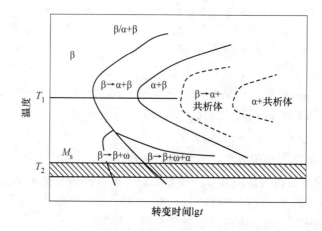

图 3-19　钛合金过冷 β 相等温转变示意图

　　在高温区保温时，β 相直接析出 α 相。随等温分解温度降低，分解产物越细，α 相弥散度越大，合金的硬度越高。在低温区（＜450 ℃保温时），由于原子扩散比较困难，β 相不能直接析出 α 相而先形成 ω 过渡相，然后随等温时间的延长再转变为 α 相。

　　影响相等温转变动力学即 C 曲线的主要因素有合金的成分、固溶温度及应力状态等。随着加入的 β 稳定元素含量的增加，C 曲线向右下方移动；若加入 α 稳定元素（铝、氧、氮）则促进 α 相形核，加速 β 相分解，C 曲线左移。合金元素不仅影响 C 曲线的位置，还改变 C 曲线的形状。提高固溶温度将增加过冷 β 相中的空位浓度，促进 β 相分解；塑性变形则有利于 α 相在滑移带上析出，加速 β 相分解，C 曲线左移。

本 章 习 题

　　（1）简述钛合金分类及各类钛合金的主要性能特点是什么？

　　（2）钛合金中常加入哪些合金元素？简述这些合金元素在钛合金中的作用。

　　（3）什么是 α 稳定元素？什么是 β 稳定元素？简述其对钛合金相图及 α→β 相变的影响规律。

　　（4）简述 Mo、V、Nb 等 β 同晶型元素及 Fe、Cr、Cu 等 β 共析型元素对钛合金相变及力学性能影响规律及异同。

　　（5）钛合金有哪四类相图，分别具有什么特征？

　　（6）钛合金中马氏体有哪些形态，各有什么特点？为什么钛合金中达马氏体不能显著强化合金？

　　（7）钛合金同素异构转变过程中新相和母相满足哪种晶体学关系，新相呈现哪种形态？

　　（8）钛合金淬火后可形成哪些亚稳相？简述这些亚稳相时效后的分解形式及产物。

参 考 文 献

［1］雷霆. 钛及钛合金［M］. 北京：冶金工业出版社，2018.

［2］张翥，王群骄，莫畏. 钛的金属学和热处理［M］. 北京：冶金工业出版社，2005.

［3］莫畏，邓国珠，罗方承. 钛冶金［M］. 2 版. 北京：冶金工业出版社，2008.

［4］李洪桂. 稀有金属冶金学［M］. 北京：冶金工业出版社，1992.

［5］ 赵永庆，陈永楠，张学敏，等. 钛合金相变及热处理［M］. 长沙：中南大学出版社，2012.

［6］ Zhao G, Xu X, Dye D, et al. Facile route to implement transformation strengthening in titanium alloys ［J］. Scripta Materialia, 2022(208)：114362.

［7］ Chen N, Kou H, Wu Z, et al. Design of metastable β-Ti alloys with enhanced mechanical properties by coupling α_s precipitation strengthening and TRIP effect ［J］. Materials Science & Engineering A, 2022, 835：142696.

［8］ Fu Y, Gao Y, Jiang W, et al. A review of deformation mechanisms, compositional design, and development of Titanium alloys with transformation-induced plasticity and twinning-induced plasticity effects ［J］. Metals, 2024, 14(1)：97.

［9］ Mantri S A, Choudhuri D, Alam T, et al. Tuning the scale of α precipitates in β-Titanium alloys for achieving high strength ［J］. Scripta Materialia, 2018, 154：139-144.

［10］ 夏晓洁，吴国清，黄正，等. 固溶时效处理对高强高韧钛合金显微组织与力学性能的影响［J］. 北京航空航天大学学报，2015，41(7)：1294-1299.

4 钛及钛合金的熔炼

20 世纪 50 年代以来，真空电子束炉、等离子炉及电渣炉也相继开发应用，为钛合金、高温合金及难熔金属熔炼提供了条件。钛合金的熔炼方法主要有传统真空自耗电弧熔炼（VAR）和较为先进的电子束冷炉床熔炼（EBCHM）和等离子冷炉床熔炼（PCHM）。目前真空自耗电弧熔炼 + 冷炉床熔炼的双联工艺，结合了两种熔炼方法的优点，成为航空航天等高质量钛合金铸锭的首选熔炼方法。

4.1 钛合金真空自耗电弧熔炼

钛是一种高活性金属，在熔炼温度下能和许多元素，包括耐火材料（各种氧化物）发生化学反应[1]。因此，钛熔炼必须在真空中或惰性气氛保护下进行。在真空熔炼的过程中，可同时除去一些低蒸气压易挥发杂质，提高钛的纯度。

在真空熔炼时，还需要解决的另一个难题是需寻找一种合适的冷凝器（或结晶器）。从钛的化学性质可知，在高温熔炼时，各种材料都与钛发生反应，包括各种氧化物耐火材料。实践中，采用水冷铜坩埚作为熔炼时的冷凝器，顺利地解决了这一难题。真空熔炼时，用真空或氩气气氛进行保护，同时用水冷铜坩埚控制坩埚的温度，使熔炼时钛不与铜发生反应[2]。真空熔炼尽管在工艺上存在设备复杂、工艺复杂和生产成本高的特点，但要制取优质的钛锭，这是唯一可行的途径，这也导致钛工业生产投资大、生产流程复杂、生产成本高、钛锭价格高。

4.1.1 真空自耗电弧熔炼简介

真空自耗电弧熔炼法（Vacuum Arc Remelting，简称 VAR 法），是在真空或保护性气氛条件下，依靠电弧的热能把金属电极熔化，在坩埚内重熔成锭。电极熔化过程中，金属液经过电弧区被加热到高温，在真空条件下，金属中的气体和杂质得到进一步去除，使金属的质量得到提高。

VAR 法是熔炼钛及钛合金的成熟的技术，钛及其合金铸锭绝大部分是使用此方法生产的[2]。在真空或在惰性气氛中，钛电极棒在直流电弧的高温作用下迅速熔化，并在水冷铜坩埚内形成熔池。熔炼过程的实质是借助于直流电弧的热能，合金电极在真空或者惰性气氛中进行熔炼，在电弧高温加热下形成熔池并受到搅拌，一些易挥发杂质将加速扩散到熔池表面被去除，使合金的化学成分均匀。VAR 法的显著特点是功率消耗低、熔化速度高、铸锭质量稳定。通常，成品铸锭应由 VAR 法熔炼制得，高品质铸锭至少要经过两次 VAR 熔炼[3]。

现代 VAR 炉的技术特点和优势如下：（1）全同轴功率输入，也就是说整个炉体高度上的完全同轴性，同轴供电，减少偏析现象的产生；（2）坩埚内电流可在 X 轴/Y 轴方向微调；（3）具有精确的电极称重系统，熔炼速率得到自动控制，实现了恒速熔炼，保证了熔炼质量；（4）保证每次熔炼的重复性和一致性；（5）灵活性，即一台炉子能够生产多种锭型以及铸锭的大型化，可大幅度提高生产率；（6）具有良好的经济性。"同轴供电"方式可以避免因坩埚供给电流不平衡所造成的磁偏漏，减弱或消除感应磁场对熔炼产品的不利影响，并且提高了电效率，从而获得质量稳定的铸锭。"恒速熔炼"的目的是提高铸锭质量，通过先进的电控系统和称重传感器来确保熔炼过程中电弧的长度和熔化速率的恒定，可以有效地防止偏析现象，保证铸锭质量。现代钛熔炼用 VAR 炉还实现了大型化，可熔炼直径为 1.5 m、质量为 32 t 的大型铸锭。

VAR 熔炼工艺作为现代钛及钛合金铸锭基本生产方法，还有以下技术需要解决：第一，电极制备方法工艺优化。制备电极工艺非常烦琐，需要用昂贵的压力机将海绵钛、中间合金和返回残料压制成整体电极或单块小电极。单块电极还需要焊接成自耗电极，同时为了保证自耗电极成分的均匀性，还需要配置布料、称料、混料等相应的设施[4]。第二，偶尔存在的偏析等冶金缺陷，如成分偏析和凝固偏析。前者是由于杂质元素或合金元素在电极中分布不均匀，熔炼时来不及平衡分布而凝固所产生；后者是由于合金元素平衡分配系数 K_0 大于或者小于1，导致凝固过程中固液界面前沿产生溶质元素富集/贫化，形成凝固偏析。同时，熔炼过程中还可能形成高低密度夹杂等冶金缺陷。原料或工艺过程偶尔带入了 W、WC 等高密度、高熔点杂质，熔炼时不能充分熔化，形成高密度夹杂物（HDI）。由于污染的原料或不当的熔炼工艺，导致原料中 O、C、N 等含量超标，熔炼过程中形成钛的氧化物、碳化物以及氮化物。其密度与钛相当，但熔点远远高于钛，从而形成低密度夹杂物（LDI）。钛的氧、氮化物的均为脆而硬的第二相，且都是 α 稳定元素，所以该类夹杂还被形象地称为硬 α 夹杂。零件在服役过程中，由于硬 α 夹杂和基体对应力反应的显著差异，容易在夹杂区过早形成裂纹，从而极大地降低了钛合金的高、低周疲劳寿命，成为钛合金中最为危险的冶金缺陷。

4.1.2　真空自耗电弧熔炼原理

钛合金真空自耗电弧熔炼是在真空下利用电极和坩埚两极间电弧放电产生的高温作为热源，将金属材料熔化，并在坩埚内冷凝成铸锭的过程。

4.1.2.1　熔炼电弧特性

A　电弧的产生

电弧的产生是一个电极间放电过程，主要有辉光放电和弧光放电两种形式。辉光放电特点是电流小，仅有少量电子和正离子参与导电过程，发出较弱的光。弧光放电特点是气相中有大量的电子和正离子参与导电过程，电流密度大，并发出耀眼的亮光。如果在两电极间施加外电压，当电流逐渐增大时，电极间的放电会逐渐增强，并从辉光放电转变到弧光放电。自耗电弧炉中正极性熔炼时将压制的钛锭当阴极，铜坩埚当阳极。熔炼时对电弧炉施加一定电压，当两极间拉开一定间隙时，产生弧光放电，阴极电子迅速向阳极（铜坩埚）发射。一旦坩埚内形成熔池后，电子直接轰击钛熔池。此时，电子的动能会释放并转化为热能，不断使钛锭熔化，液滴落入熔池中。与此相反，阳极产生的正离子会迅速射向阴极。此时，两极间电弧放电产生等离子体的运动。尽管它的电离程度较低，但它产生了高的温度场，使熔炼时达到需要的温度。

电弧外形与阴阳两极面积有关。为了达到熔炼钛锭的质量和安全要求，工艺上要求坩埚比（即电极直径和坩埚直径之比）在 0.63 ~ 0.88，以保证熔炼时电极直径和坩埚壁间有一定间隙。此时电极底端为阴极面，坩埚底为阳极面，阴极面远小于阳极面。所以弧光放电时，电子从阴极面向阳极面发射时呈发散状，电弧外形呈钟罩状。

B　电弧的结构

真空自耗电弧熔炼的热能来自电弧。熔炼过程的电弧行为直接影响到熔炼产品的质量。简单地讲，电弧是由阴极区、弧柱区和阳极区这三部分组成。阴极区由两部分组成：一部分是在电极端面附近和弧柱交界之间的正离子层，它与电极端面之间构成很大的电位降，该电位降低促使电子从电极端面自发射，用以维持电弧的正常燃烧；另一部分位于阴极表面的一个光亮点，称为阴极斑点，在正离子形成的正电场作用下，电子集中在这里向外发射产生电弧放电。阴极斑点的大小与电弧放电所在空间的气体介质的压力有密切的关系。气体介质压力高，阴极斑点的面积就小。在熔炼过程中，阴极斑点在阴极表面游动，它的大小直接反映电弧的稳定性，斑点越小越易游动，电弧越不稳定。斑点的温度与电极材料的熔点和熔化电流密度有关。电极材料熔点越高，熔炼电流密度越大，斑点的温度就越高。

弧柱区位于阴极区和阳极区之间，呈钟形分布，是一个电子和离子混合组成的中性的高温等离子体。它是电弧的主体，亮度最高，温度也最高。随着熔炼电流的增加，弧柱面积增大，温度升高，燃烧更稳定。熔炼过程物质的分解、挥发等都是在此区进行的。弧柱断面积的大小与周围气体压力有关。气体压力大，弧柱断面积变小。当对电弧施加一个纵向磁场时，在磁场力的作用下，电弧受到压缩，致使电弧断面积变小，电弧长度相应增加，提高了电弧的稳定性。

阳极区位于阳极表面，它有一个斑点。阳极斑点是集中吸收来自阴极的电子和弧柱区的离子的地方，电位降很大。在高速运动的电子和负离子流的连续轰击下，阳极斑点加热到很高的温度。它的温度主要取决于阳极区气体介质的压力，压力增大时阳极斑点的面积缩小。

C　电弧的特征

真空自耗电弧熔炼利用的是弧光放电，这种放电是在低电压（十几伏到几十伏）和大电流（几千安到几万安）条件下产生的放电，放电过程产生强烈的白炽光和高温。弧光放电时两极间的电压降称为电弧电压。电弧电压 U 由阴极压降 U_K、弧柱压降 U_C 和阳极压降 U_A 组成：

$$U = U_K + U_C + U_A \qquad (4-1)$$

式中，$U_K + U_A = U_S$，称为表面压降。

电弧电压的变化取决于弧柱压降 U_C，但 U_C 值很小，两极间距离的变化对电弧电压的影响很小，不呈直线关系（图 4-1）。

电弧电压 U 主要受极性、电流、坩埚比、电极材料和电弧长度的影响。真空自耗电弧熔炼钛时，在一定的弧长（电极下端与熔池表面间的距离）范

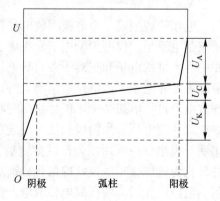

图 4-1　电弧电压分布

围内,弧长每变化 10 mm 便会引起 0.5 V 的电压变化。熔炼不同金属,电弧长度的变化也不一样,真空自耗电弧熔炼钛和钢的电弧电压与弧长的特性曲线如图 4-2 所示。实践表明,真空自耗电弧熔炼钛的电弧压降为 30~40 V。

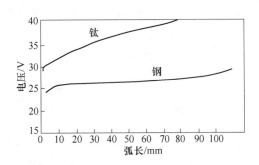

图 4-2 真空自耗电弧熔炼钛和钢的电弧电压和弧长的特性曲线

当电极材料和尺寸一定时,电弧压降 U 随电流大小而变。电流较小时,增加电流,电弧压降变小;当进一步增加电流时,电弧压降几乎呈直线增加。

电弧中温度场的分布情况很复杂,具体的温度值与电极材料、电流大小和气相组成有关。一般来说,当以钛阴极作自耗电极(称为正极性熔炼)时,阴极端的温度约为 1775 ℃,金属熔池表面的工作温度约为 1850 ℃,而弧柱区的温度最高,可达 4700 ℃。从其温度分布可知,电弧的能量一部分消耗于弧柱,其余大部分则消耗于两极。消耗在弧柱区的能量值约为弧柱压降与电流的乘积。消耗于两极的能量与电极熔点有关。试验结果表明,金属熔点越高,分配于阳极的能量与阴极的能量之比越高。对熔炼钛而言,此比约 1:3。

气相压力对电弧的稳定性有很大影响。当气相压力和其他工艺参数控制不好时,电弧便不稳定,易产生边弧和扩散弧,严重时会烧穿坩埚,造成严重事故。因此,在工艺设计和熔炼过程中都必须设法确保电弧的稳定性。实践表明,气相压力在 $6.7 \times 10^3 \sim 6.7 \times 10^5$ Pa 范围内电弧是稳定的;压力在 $67 \sim 6.7 \times 10^3$ Pa 时,电弧在坩埚内严重漂移,易产生边弧和散弧;气相压力降低至 67 Pa 以下,电弧又恢复稳定,此时气相压力为临界压力。在真空熔炼作业中,气相压力必须避开危险区,常保持在临界压力以下。

虽然钛的自耗电弧熔炼可以在惰性气体的保护下于常压中进行,但与常压熔炼相比,真空熔炼加热温度更均匀,弧柱压降小,因而具有热效率高的优点,正常生产中多采用真空熔炼工艺。

为了使电弧工作稳定,通常在坩埚外加稳弧线圈。稳弧线圈的作用是当通入直流电(或交流电)时便会产生纵向磁场,减少边弧,稳定电弧。纵向磁场除能减少边弧外,也能使熔池中液态钛旋转产生搅拌作用,有利于合金组元或杂质的扩散,使钛锭质量均匀化。外加纵向磁场对金属熔池的影响如图 4-3 所示。

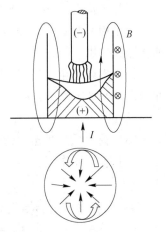

图 4-3 外加纵向磁场
对金属熔池的影响
(↑为熔炼电流 I 的方向;
⤵ 为磁场力 F 的方向;
B 为磁场方向(由纸面向外))

4.1.2.2　金属熔滴在弧区的过渡

金属端面受到电弧的高温作用加热熔化,当熔化的金属在电极端面累积到一定的大小后,就以熔滴的形式脱离电极穿过弧柱区落到熔池中去。金属熔滴穿过电弧空间的过程被称为熔滴在弧区的过渡过程,如图4-4所示。此过程对产品的质量有很大的影响。

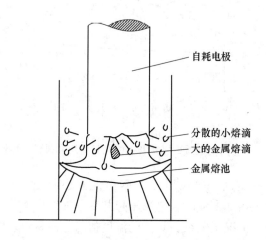

图4-4　金属熔滴在电弧区中的过渡示意图

A　金属熔滴在过渡过程中的受力状态

自耗电弧熔炼过程中,电极末端的金属熔滴受到各种力的作用,开始时颈部收缩,接着是伸长,最后克服了表面张力而断落,造成在弧区的扩散。它主要受到下列5种力的作用:

(1)重力作用,使熔滴脱离电极向熔池过渡。

(2)表面张力作用,使熔滴收缩成球状并黏附在电极末端,阻止熔滴向熔池过渡。

(3)电磁力作用,电极和电弧周围产生一个横向磁场,对熔滴产生一个径向压力,加速熔滴细化。

(4)电弧放电,使气体流动产生冲击力的作用。电弧放电时,瞬间形成的气体流动冲击力将熔滴击散,碎裂成许多小滴。其中大滴落入熔池,部分小滴飞溅到结晶器壁上,凝固成冒口。

(5)荷电质点轰击力的作用,其阻止熔滴向熔池过渡。

在上述5种作用力中,熔滴的重力、电磁感应压力和电弧放电的作用力起主要的作用。

B　研究熔滴过渡过程的意义

熔滴过渡过程与产品质量密切相关,对熔滴过渡过程的研究有以下重要意义:

(1)影响熔炼效果,熔滴颗粒越小其比表面积越大,熔炼效果越好。

(2)影响电弧长度的控制,当熔炼电弧长度过短时,会引起电极和熔池之间的短路,导致电弧熄灭而使熔炼中断,破坏正常熔炼的进行,也影响钛锭组织的均匀性。因此,熔炼的电弧长度一般控制在15 mm以上。

（3）影响钛锭表面质量。金属熔滴的分散结果，使得一小部分金属喷溅并黏附到坩埚上；电弧对金属熔池的作用也会引起喷溅；加上熔池的旋转作用以及金属挥发物和杂质在坩埚器壁上黏附，就构成了铸锭的冒口。

4.1.2.3 熔炼过程

熔炼本身是一个定向连续过程，在钛的真空自耗电弧熔炼中，发生了熔化和凝固两个可逆的相变过程。这两个过程都属于多相反应，并伴随发生了一系列物理化学变化，熔炼过程有以下几步。

A 熔化

钛从海绵钛变为液体，是体积变小和比表面积缩小的过程，也是比表面能降低的过程。在相变过程中，自由能的变化包括体积自由能变化 ΔG_V 和表面积变化 ΔG_S。此时，$\Delta G_V < 0$，$\Delta G_S < 0$，所以有：

$$\Delta G = \Delta G_V + \Delta G_S < 0 \tag{4-2}$$

只要达到熔化温度，此过程便能自发进行。因为不存在克服表面能垒的问题，所以熔化时不需要过热度。在熔炼纯钛时，只要达到钛的熔点（1668 ℃）即可。在熔炼钛合金时，熔化过程在一个温度范围内进行，必须高于液相线温度才能开始熔化。

B 液态金属的扩散

熔池里的液态金属在磁场的搅拌作用下，大大增加了熔池内合金组元和杂质的扩散作用，有利于成分的均匀化。

C 凝固和结晶

凝固结晶出新的晶粒时，有新相生成，此时液固相反应的自由能变化 ΔG 为：

$$\Delta G = \Delta G_S + \Delta G_V = \frac{4}{3}\pi r^3 \Delta G_b + 4\pi r^2 \sigma \tag{4-3}$$

式中，r 为晶粒半径；ΔG_b 为单位钛或钛合金体积的自由能变化；σ 为单位钛或钛合金表面积的自由能。

计算表明，晶粒半径只有超过临界半径时，晶粒方能长大。此时的粒子半径称为临界半径 r_c。r_c 的计算式为：

$$r_c = -2\sigma / \Delta G_b \tag{4-4}$$

凝固过程有新相生成，属于非均相成核过程，需要克服成核时的表面能垒。开始结晶的核心是在铜坩埚壁处的粗糙表面上。结晶的一般过程是由形核和长大两过程交错重叠而成的。对于单个晶粒而言，存在明显的形核和长大阶段。但就液态金属整体凝固过程而言，两者是交织在一起的。形核驱动力与钛液结晶时的过冷度大小有关。过冷度越大，形核概率越大，形核数目也越多，可以生成晶粒细小的钛锭。

结晶成核属非均相成核，成核中心即为活化中心。最初的活化中心为熔池内结晶器壁某些凸出部位。一旦条件允许，初次成核后的晶体便迅速向熔池纵深生长，而形成枝晶的主干，也称一次枝晶。随着一次枝晶的生长而不断出现新枝芽，新枝芽发展为新枝晶称为二次枝晶，它的空间位置与一次枝晶互相垂直。接着又出现三次枝晶、四次枝晶等。最终的结晶物为树枝状结构。

钛的真空自耗电弧熔炼是一个快速并产生大批结晶体的过程，不同条件下形成的微观结构是不一样的。图4-5为典型液态金属凝固组织示意图。钛锭结构一般分为三个区域。锭表层由一层极细的排列不规则的等轴晶粒组成，为急冷区，是凝固早期高速形核所致。临近的第二区晶粒细长而方向垂直于坩埚壁，称为柱状晶区，它是散热速度较稳定，导致定向凝固所致。最内区为排列不规则但远比急冷区大的等轴晶粒。晶粒的增大是由于凝固后期散热速度较低所致。

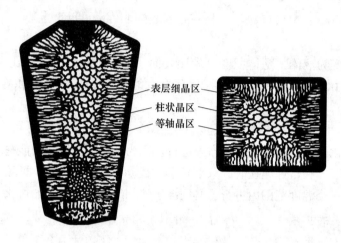

表层细晶区
柱状晶区
等轴晶区

图4-5　钛合金凝固组织示意图

D　凝固过程中的成分偏析

钛锭内部化学成分不均匀或甚至含有夹杂物的现象称为偏析，往往导致钛材力学性能不均匀。偏析是在结晶过程中形成的。偏析大体分两类，一类是区域偏析或宏观偏析，经过酸浸蚀后肉眼可见；另一类是微观偏析或显微偏析，只能在显微镜下才能观察到[5-7]。

合金在凝固过程中都是在一定温度范围内完成的，不同时刻析出不同成分的固体。由于固态物质扩散很慢，结果造成溶质在凝固过程中的重新分配而形成偏析。偏析的大小与溶质在固液相中的分配有关，可用平衡分配常数 K_0 表示。K_0 直接受到物质凝固速度的影响，并随着温度不同而异。K_0 定义为平衡时固液两相中溶质浓度比：

$$K_0 = \frac{C_s(溶质在固相中的浓度)}{C_l(溶质在液相中的浓度)} \qquad (4-5)$$

式中，K_0 为平衡分配常数，也称为偏析度，$K_0 > 1$ 称为正偏析，$K_0 < 1$ 称为负偏析。而偏析系数为：

$$1 - K_0 = \frac{C_l - C_s}{C_l} \qquad (4-6)$$

偏析系数越大，偏析程度越大。不同元素在钛中的溶解度不一样，溶解度大的元素偏析小，溶解度小的元素偏析大。

在钛合金的熔炼当中，当添加的合金组元与钛的熔点和密度相差悬殊时也容易发生偏析。钛合金添加元素分类及主要性质见表4-1。

表 4-1 钛合金添加元素分类及主要性质

类别	元素名称	熔化温度/℃	密度/g·cm^{-3}	熔化热/kJ·mol^{-1}
I	W	3380	19.24	35.20
	Mn	2620	10.20	27.59
	Ta	3000	16.60	31.35
	Nb	2420	8.57	26.75
	V	1920	6.10	17.56
II	Zr	1850	6.50	16.72
	Cr	1820	7.15	13.80
	Mn	1250	7.41	7.94
	Fe	1539	7.88	15.05
	Si	1410	2.30	4.60
III	Al	660	2.70	10.45
	Sn	232	7.29	7.11
Ti		1668	4.50	15.47

4.1.2.4 熔炼过程中的提纯

海绵钛的纯度为 99.0% ~99.7%，其中杂质含量为 0.3% ~1.0%。杂质可以分为三类：第一类为游离的水、金属镁、$MgCl_2$ 和 $TiCl_2$，它们和钛呈混合物状态存在；第二类为氧、氮、氢和碳（化合物）等杂质，它们在钛中以间隙固溶体形式存在；第三类如铁、硅、锰、钒、钼等金属杂质，在钛中以固溶体的形式存在。

真空自耗电弧熔炼是在真空高温下进行的，每次熔炼都相当于进行一次真空蒸馏和一次区域熔炼，对钛起到一定的精制提纯作用。但这种精制的作用是有限的，区域熔炼的精制作用尤其有限。

A 真空蒸馏的作用

在镁还原生产海绵钛工艺中，对还原物进行真空蒸馏的目的是除去海绵钛中大部分 $MgCl_2$ 和镁，工艺作业制度是一个温度高（1000 ℃）、中真空和周期长（120 ~200 h）的过程。而真空自耗电弧熔炼的真空蒸馏过程的工艺作业制度是温度更高（1800 ℃）、中真空和周期较短（几小时），它是前者的继续，可以除去海绵钛中残留的杂质，获得纯度更高的金属钛。

真空自耗电弧熔炼按反应器的真空度，可以简化认为蒸发的气体流型属于分子流。分子蒸馏仅有被蒸馏物表面的自由蒸发，没有沸腾现象，从理论上说这种自由蒸发是不可逆的。蒸发的气体流型不同，其蒸馏分离系数 α 也不一样。

普通蒸馏分离系数为：

$$\alpha_p = \frac{p_i r_i}{p_{Ti} r_{Ti}} \approx \frac{p_i}{p_{Ti}} \tag{4-7}$$

分子蒸馏分离系数为：

$$\alpha_m = \alpha_p M_{Ti}^{0.5} M_i^{-0.5} \tag{4-8}$$

式中，p_i 为 i 组元蒸气压；M_i 为 i 组元物质的量；r_i 为 i 组元活度。

    钛中各种杂质按其与钛的分子蒸馏分离系数相比，可以简单分成三种类型：第一种是 $\alpha_m > 1$ 的杂质，这种杂质可能分离，而且 α_m 越大越易分离除去，特别是当 $\alpha_m > 100$ 时，杂质较易分离除去；第二种是 $\alpha_m = 1$ 或接近 1 的杂质，这种杂质无法除去；第三种是 $\alpha_m < 1$ 时的杂质，这种杂质在熔炼中无法除去，只能浓缩。钛和其他一些金属杂质的饱和蒸汽压和温度的关系如图 4-6 所示。一些杂质对钛的分离系数见表 4-2。

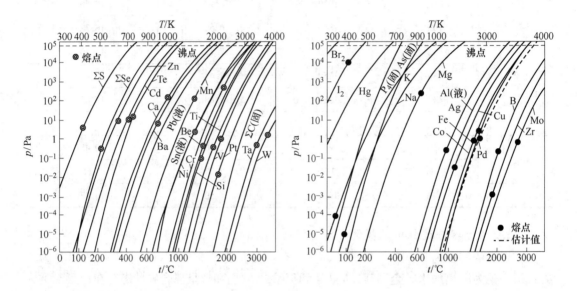

图 4-6   某些金属的饱和蒸汽压和温度的关系

表 4-2   一些杂质对钛的分离系数

项 目	分 离 组 元								
	Mg/Ti	MgCl$_2$/Ti	TiO/Ti	Mn/Ti	Al/Ti	Fe/Ti	Si/Ti	V/Ti	Mo/Ti
温度 t/℃	1000		2000						
α_m	4.1×10^{12}	1.8×10^{11}	0.87	1680	267	15.7	21	0.24	1.8×10^{-5}

    海绵钛中属于第一类的游离杂质是容易分离除去的。如 Mg 和 MgCl$_2$ 挥发性大，α_m 也大，500~600 ℃时开始挥发，到达 2000 ℃时基本上都能除去。又如吸附的水在更低的温度下便开始挥发除去。海绵钛中第二类间隙固溶体氧、氮和碳，它在钛中以钛的化合物 TiO、TiN、TiC 形态存在。而这些化合物分解压很低，很难离解。如 TiN 的分解压在 2331 ℃ 时只有 0.31 Pa。这些钛化物只能以 TiO、TiN 和 TiC 形态脱除。但是，它们和钛的分离系数为 1 或接近于 1，如 TiO/Ti 的 α_p 为 1，无法通过熔炼分离。

    间隙性杂质氢是唯一能解析脱除的。氢的解析也经过一连串过程，先是氢原子向金属界面扩散，随后在界面上结合成氢分子，氢分子最后在界面脱附，随气流排除。氢化钛的分解压很大，其中的氢很容易被分解脱除。钛锭的最终氢含量可以低至 0.002%。

海绵钛中第三类金属杂质，和钛分离系数 $\alpha_m > 1$ 的有铁、硅等，在熔炼中能挥发除去一些；和钛分离系数 $\alpha_m < 1$ 的有钒、钼等低挥发性金属，这类杂质在熔炼中只能浓缩，但因含量甚微，不会引起明显变化。而海绵钛中 Cl^- 含量为 $0.05\% \sim 0.20\%$，可以以此来分析除气动力学。

在上述易挥发组分中，H_2O、H、$TiCl_2$、$TiCl_3$ 和 Mg 最易除去，而 $MgCl_2$ 的 α_m 比较小且含量多，是熔炼中要除去的关键组分。$MgCl_2$ 从液态钛中的挥发，由下述三个步骤组成：（1）$MgCl_2$ 从钛液内部通过边界层迁移到熔池表面层；（2）熔池表面层气相 $MgCl_2$ 脱附并挥发；（3）气相 $MgCl_2$ 通过气相界面层迁移到气相内部。

在真空条件下，第（3）步的速度很快，不会成为控制步骤，但在氩气气氛中熔炼时有可能成为控制步骤。

当 $MgCl_2$ 的表面挥发速度（即第（2）步）成为控制步骤时，有：

$$\frac{\mathrm{d}W_A}{\mathrm{d}t} = \sqrt{\frac{M_A}{2\pi RT}}\, \alpha_A r_A p_A x_A \tag{4-9}$$

式中，$\dfrac{\mathrm{d}W_A}{\mathrm{d}t}$ 为 $MgCl_2$ 的挥发速度；α_A 为 $MgCl_2$ 的凝聚系数；p_A 为纯 $MgCl_2$ 的饱和蒸汽压；x_A 为 $MgCl_2$ 在钛中含量（摩尔分数）；M_A 为 $MgCl_2$ 的物质的量。

钛中合金元素的挥发速度也同样可以用式（4-10）进行计算。当控制步骤为第（1）步时，出现表面 $MgCl_2$ 贫化现象，使之产生偏差，此时式（4-9）可写成：

$$\frac{\mathrm{d}W_A}{\mathrm{d}t} = k_A C_{AS} \tag{4-10}$$

式中，k_A 为气相表面挥发系数；C_{AS} 为熔池表面处 $MgCl_2$ 的浓度。

液相边界层的传质速度由下式表示：

$$\frac{\mathrm{d}W_A}{\mathrm{d}t} = k_d (C_A - C_{AS}) \tag{4-11}$$

式中，C_A 为熔池内部 $MgCl_2$ 的浓度；k_d 为液相边界层传质系数。

达到稳定时表面挥发速度和界面层传质速度相等，联立式（4-10）和式（4-11），消去 C_{AS} 值可得到：

$$\frac{\mathrm{d}W_A}{\mathrm{d}t} = \frac{k_A k_d}{k_A + k_d} C_A = K_{C_A} \tag{4-12}$$

式（4-12）表明，不论挥发过程由气相扩散控制或由液相界面层扩散控制，或者混合控制，挥发速度均和 $MgCl_2$ 浓度成正比，属一级反应。一般情况下，蒸气压大的 $MgCl_2$ 等杂质的蒸发脱除属于扩散步骤控制。由于 $MgCl_2$ 对 Ti 的分离系数 α_m 较大，扩散速率也大，钛中的 $MgCl_2$ 比较容易除尽。

B　分凝效应的作用

从前面内容可知，自耗电弧熔炼时，钛锭的凝固是从锭底部依顺序逐步向上凝固，属于顺序凝固。钛锭的一些合金元素或杂质在整个锭各部位有规律地分布，产生了分凝效应，使钛锭中合金元素或杂质在锭中分布呈现区域偏析。

分凝效应的发生，与钛锭中的杂质（或合金元素）的平衡分配常数 K_0 有关。现对某根钛锭自左至右逐步凝固后产生的分凝效应从理论上加以论述，如图4-7所示。

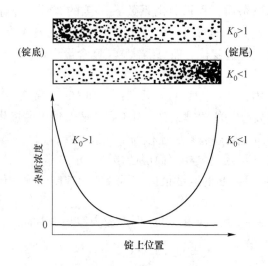

图 4-7　液相自左向右凝固后，$K_0 < 1$ 和 $K_0 > 1$ 的杂质在锭中的分布

从图 4-7 中得知，平衡分配常数 $K_0 < 1$ 的溶质，在凝固的过程中，会富集于锭的尾端（右端）；与此相反，$K_0 > 1$ 的溶质，在凝固的过程中则富集在锭的头部（左端）。K_0 接近 1 的杂质在金属的凝固过程中几乎不发生变化，即很难被脱除。K_0 越小或 K_0 越大的杂质越易脱除，即提纯效果越好。实际钛锭中各元素的 K_0 值见表 4-3。

表 4-3　实际钛锭中各杂质元素的 K_0 值

杂质	C	N	O	Mg	V	Cr	Mn	Fe	Ni	Cu	Zr	Nb	Mo
K_0	2.58	6.0	1.5	0.067	0.80	0.56	0.39	0.3	0.44	0.27	0.82	1.58	1.83

按此推断，真空自耗电弧熔炼获得的钛锭，$K_0 > 1$ 的元素，如碳、氮、氧和铌、钼富集在锭的头部；而 $K_0 < 1$ 的元素，如镁、锰、铬、铁、镍和铜富集在锭尾部的管口处；而 K_0 接近 1 的杂质，如钒、锆几乎保持原状。

熔炼过程属于快速定向凝固过程，杂质在液固两相间扩散无法达到平衡态，所以它的分配常数并非 K_0，分凝效应较小一些。钛熔炼时，分凝效应有一定的提纯作用。

4.1.3　VAR 熔炼工艺的制定

VAR 熔炼工艺主要包括炉料准备、电极块压制、电极焊接、一次熔炼、二次熔炼等过程，其工艺流程如图 4-8 所示。

4.1.3.1　自耗电极制备

（1）配料。配料时需要充分考虑以下因素：

1）合金组元在熔炼中的烧损率和偏析情况；

2）合金组元和杂质含量允许波动范围和均匀度要求；

3）合金最佳性能要求的合金成分和杂质含量；

4）合金添加方式，是纯金属还是中间合金；

5）熔炼方法和熔炼次数。

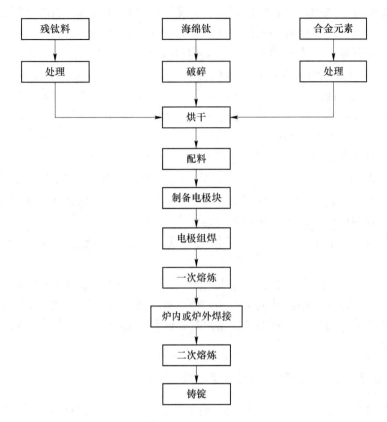

图 4-8 真空自耗电弧熔炼工艺流程示意图

（2）电极块的压制。自耗熔炼对电极的要求主要是：

1）足够的强度；

2）足够的导电性；

3）平直度；

4）合金元素在电极中的分布合理；

5）不受潮、不污染。

（3）电极的组焊。电极的组焊是将压好的单块电极块组焊成自耗电弧熔炼所需截面和长度的电极。工业上，常用氩气保护等离子焊、真空等离子焊和电子束焊。为了防止混入高密度夹杂，一般不使用钨极氩弧焊接。

4.1.3.2 真空自耗电弧熔炼工艺要求

（1）自耗电极的质量要求及直径。自耗电弧熔炼对电极的主要要求有足够的强度、足够的导电性、平直度、合金元素在电极中的分布合理。在生产过程当中，自耗电极要求粗细均匀、干燥、含气量或挥发性杂质少、表面光洁无油污，同时要严格控制原料的品级。

（2）熔炼电流。熔炼电流是真空熔炼所有参数中对熔炼过程和产品质量影响最大的一个参数。为避免影响铸锭质量，必须选择合理的熔炼电流。熔炼电流大小除决定金属的熔化速率和熔池的温度外，还直接影响熔池形状和深度。电流越大，金属熔化速率越大，铸锭表面质量越好。然而，随着电流的增加，金属熔池深度增加，引起铸锭组织粗大、疏松和偏析程度增加。熔炼电流小，则熔化速率低，金属熔池浅，柱状晶细小且轴向发展，有利于获得疏松程度小、成分偏析小、结晶构造致密的铸锭。

（3）熔炼电压。熔炼电压是真空自耗电弧熔炼中另一个主要参数，通过调节电压来控制弧长。电弧也不能过长，否则电弧热量不集中，熔池热损失大且易产生边弧而损坏结晶器。在生产中采取的是短弧操作。真空自耗电弧熔炼钛的电压通常为28~40 V，惰性气体保护熔炼的电压比真空熔炼高6~8 V。

（4）坩埚比。坩埚比是影响铸锭质量和安全生产的重要参数之一。一般情况下，坩埚比取0.65~0.85。在实际生产中，总的趋势是尽可能采用粗的电极，促进电弧热能均匀地分布在整个熔池表面，使金属熔池呈扁平状，这增加了熔池固液两相区的温度梯度，有利于获得成分偏析小、致密度高的优质铸锭[8]。

（5）稳弧电流。稳弧电流的作用是稳定电弧，细化均匀成分。熔炼时要选择合适的稳弧电流[9]。

（6）补缩。熔炼完毕后，锭冠处的熔池即成为锭端的缩孔。缩孔越大，钛锭成品率越低。为了提高钛锭成品率必须减少缩孔，该作业工序简称补缩。通常采取多级降电流补缩。补缩的具体工作曲线应根据电极预留量和熔池情况做适当的调整，以期在补缩终了时电极恰好耗尽。

4.1.4 熔炼铸锭时常见的缺陷及其对使用性能的影响

真空自耗电弧熔炼（VAR）的常见缺陷主要是夹杂和偏析，具体分类如图4-9所示。

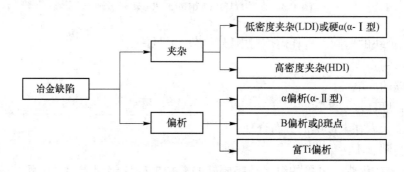

图4-9　VAR熔炼中缺陷的具体分类

熔炼铸锭时常见缺陷有：

（1）高密度夹杂。高密度夹杂常常是熔炼时夹杂了W、Mo等高熔点金属造成的。它是自耗炉熔炼无法克服的冶金缺陷。为了避免高密度夹杂物，熔炼时必须严格控制它们可能带入的途径，或者采用冷炉床熔炼。

（2）低密度夹杂。低密度夹杂常常是熔炼时气体偏析，夹杂了金属氧化物和氮化物。它也是自耗炉熔炼时无法克服的缺陷。因此，工艺中应该常采取措施防止气体的偏析，或者采用冷炉床熔炼。

（3）成分偏析。成分偏析是钛合金锭熔炼过程中常见的冶金缺陷。造成这一缺陷的原因是钛和添加的合金元素的沸点（及熔点）相差很大以及合金元素的平衡分配系数不等于 1。这也是熔炼的必然规律。

为了避免钛合金的偏析，在工艺中常采用下列措施：

（1）对于易挥发组元偏析，如锰、铬等元素，真空熔炼时大量挥发，部分排出炉外，大部分富集在锭四周和顶部，造成偏析。二次熔炼后的 TCl 锭，表层含锰比中心高达 15 倍。其他易挥发组元也有类似现象。消除这类偏析主要措施是充氩熔炼，采用中间合金配料，必要时提高配入量弥补损失。

（2）对于低熔点组元偏析，如添加大量锡的钛合金，锡的熔点低，进入熔区前即被熔化，提前进入熔池造成无规律的锡量偏析。消除此类偏析的主要措施是采用含锡的中间合金配料，在电极制备时防止低熔点元素外露并小段隔开，或电极配料时有意配成上段高、下段低以减少偏析。

（3）对于高熔点、高密度合金组元，如钨、钼、铌等，由于熔炼温度低于该组元熔点，其易呈固态掉入熔池，而熔池的温度低或在熔池中停留时间短，不足以将其合金化造成偏析或夹杂，含钼或铌的钛合金常易出现这类偏析。消除措施主要是采用中间合金配料或使用较细颗粒的高熔点元素等。

（4）对于区域偏析，即顺序凝固过程中，不同合金组元具有不同的平衡分配系数，在轴向和径向呈规律性变化。对于 $K_0 > 1$ 的正偏析元素（如 Mo），固液界面前沿溶质富集，导致其含量沿铸锭长度方向由底部至顶部递减，而 $K_0 < 1$ 的负偏析元素铬则完全相反。

熔炼缺陷会导致零件的提前断裂，从而引发一系列的安全事故。据美国航空局（FAA）的报道，从 1962—1990 年，美国共有 25 起飞行事故是由于和熔炼工艺有关的缺陷引起零件的失效或早期断裂造成的，这些事故几乎达到每年一次。而其中影响最为严重的冶金缺陷是硬 α 夹杂和高密度夹杂。有数据统计表明，能被检测出的硬 β 夹杂只占总数的 1/100000，大部分的硬 α 夹杂没有被检测出来。因此，提高钛合金的冶金质量成为钛发展和研究的关键技术之一，直接影响航空发动机和飞机的使用可靠性。

经过十余年的研究及工业实践发现，冷炉床熔炼技术对于消除硬 α 夹杂和高密度夹杂效果显著。目前，一些公司在其企业标准中规定：关键性的发动机转子零件用钛合金必须经过一次冷炉床（电子束或等离子体）熔炼。美国在航空宇航级钛合金熔炼标准中也明确规定，必须经过一次冷炉床熔炼、一次 VAR 熔炼，以保证产品质量。

4.2 钛合金冷炉床熔炼技术

冷炉床熔炼技术（Cold Hearth Melting，CHM）是为满足航空航天用钛合金高质量、高可靠性的迫切需求而发展的新工艺。相较于真空自耗电弧熔炼（VAR），冷炉床熔炼技术在解决钛合金的高密度夹杂、低密度夹杂及成分均匀性方面具有独特优势。与真空感应熔炼相比较，CHM 也更适合于工业生产，并具有雾化制粉和精密铸造等多种功能。CHM 将成为未来高性能、多组元，高纯度钛合金生产必不可少的技术。

4.2.1 真空自耗电弧熔炼的局限性

真空自耗电弧熔炼（VAR）炉局限性是由于其自身特殊的结构，使得电极材料熔化后在高温段保留的时间很短，温度不够高，不足以使硬 α 和 HDI 夹杂充分熔化，也难以将熔池与不熔物分离，从而无法完全消除硬 α 和 HDI 夹杂。硬 α 夹杂极大地降低了材料的高、低周疲劳性能。同时，TiN、TiO_2 等 α 夹杂密度与基体合金接近，对超声波反应的声学性能没有明显差别，很难用超声波探伤检测出，从而给航空航天等重要领域钛合金零部件安全安服役带来重大隐患。

产生上述冶金缺陷的主要原因在于 VAR 熔炼炉的结构及其工艺特征。Reddy 测试 TiN 颗粒在 1650 ℃的钛熔池静止条件下的熔解速度大约为 0.004 cm/min。据 Zanner 的分析，直径为 6.4 mm 的 TiN 颗粒，在过热度 83~110 ℃的钛熔池中分解所需的时间 15~21 min，这在真空自耗的条件下是很难达到的。因此，应该从熔炼技术本身的改进来降低钛合金中的缺陷率。冷炉床熔炼技术独特的精炼过程，可以较充分地消除钛合金中的各类夹杂物，缓解长期困扰钛工业界和航空企业的一大难题。

4.2.2　冷炉床熔炼技术简介

根据热源的不同，冷炉床熔炼设备可以分为两种，一种是电子束冷炉床熔炼（Electron Beam Cold Hearth Melting，EBCHM），另一种是等离子体冷炉床熔炼（Plasma Arc Cold Hearth Melting，PACHM）。冷炉床示意图如图 4-10 所示。大量实验表明，冷炉床在消除合金高、低密度夹杂方面效果明显。目前，冷炉床熔炼技术已广泛应用于高品质钛合金铸锭熔炼及残钛料的回收过程中。CHM + VAR 的组合工艺已成为航发转子部件的首选工艺。

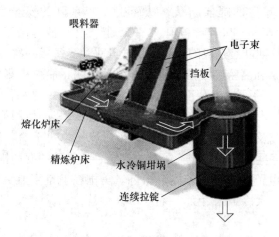

喂料器　电子束　挡板　熔化炉床　精炼炉床　水冷铜坩埚　连续拉锭

图 4-10　冷炉床示意图

4.2.3　冷炉床熔炼技术特点

与 VAR 相比，冷炉床熔炼可以看作是一个开放系统，其在设计上将水冷铜炉床和坩埚分开，输入功率和熔炼速率可独立控制，从而实现了原材料熔化和铸锭熔炼凝固过程的分离控制。在水冷铜炉床中，原料在高能电子束或等离子束作用下熔化并形成熔池。与 VAR 不同，熔池中熔液的保留时间可以自由控制，并进行精炼。经过精炼、搅拌后的熔液流入水冷铜坩锅中，坩埚上方的等离子枪或电子束枪可再次加热和搅拌，最后凝固后形成铸锭。炉床中的熔液可以获得一个非常大的过热度及保温时间，从而促进高熔点夹杂物的熔解；同时，高熔点夹杂与钛液的密度差异较大，会沉入水冷炉床底部而沉淀在凝壳中。熔池保温时间长、熔液温度高可以保证合金化元素充分熔解和扩散，通过在冷炉床和坩埚两级熔炼，铸锭的成分偏析能得以有效地改善。

冷炉床熔炼的优点概括为：（1）停留在熔融状态的钛合金时间可以单独控制，从原则上说为夹杂物的熔解提供了可能性；（2）回收料引入的高密度夹杂（如 WC 刀具的碎块、钨极氩弧焊的钨电极头）可以沉淀到凝壳中，保证了铸锭的纯净度；（3）铸锭的形状可以是圆形，也可以是矩形或扁锭，为板材直接轧制提供原料，省去锻造过程；（4）冷炉床熔炼可重熔各种形式的回收料，如各种边角料、废旧零件等，工艺简单方便；（5）与 VAR 相比，炉室更便于安装各类传感器，自动化水平高。

4.2.4 电子束冷炉床熔炼技术

电子束冷炉床是由普通的电子枪和水冷铜炉床组成。熔炼在高真空条件下进行，利用高压电场将阴极发射的热电子束加速并轰击被熔化的金属，达到加热、熔融的目的。电子束的运动轨迹可以通过计算机实现控制。这种炉子的特点是：（1）功率密度大，熔炼温度高，有利于难熔金属的熔炼；（2）为了避免电子束与气体分子碰撞而损耗能量，要求在高真空条件下工作（一般真空度为 5 ~ 0.015 Pa），所以熔炼金属的提纯效果好，易于杂质元素挥发；（3）熔炼功率和熔炼速度调节方便。电子束熔炼也有不足之处，主要表现为：由于真空度高，被熔金属元素也有不同程度的挥发，造成成分的不准确，特别是对高铝、高锰等易挥发组员钛合金的熔炼。此外，整套设备投资大，能源消耗大，能源利用率较低。

A. Mitchell 等对电子束冷炉床熔炼过程中大量易挥发的元素的蒸发开展了很多研究。对于蒸发充分的估算，一方面要考虑杂质的熔解和熔质蒸发时间之间的平衡和折中，使熔池表面积、熔液的体积和熔炼停留的时间三者最佳化；另一方面，要考虑蒸发量与合金锭最佳凝固速率的平衡。

4.2.5 等离子束冷炉床熔炼技术

等离子束冷炉床是通过等离子弧的能量轰击并熔化金属的一种装置。当电流通过气体时，使气体电离，形成等离子弧，利用弧光发出的热量熔炼金属或合金。等离子体由电子、离子及中性粒子组成。形成等离子弧的气体介质一般用氩气，氩气电离功率较小，价格比较低廉，在钛合金熔炼过程中又起到保护的作用。

等离子冷炉床熔炼具有以下的优点：（1）等离子体作为热源熔炼钛合金时，等离子枪是在接近大气压的惰性气氛下工作，可以防止 Al、Sn、Mn、Cr 等高挥发性元素的挥发，现高合金化和复杂合金化钛合金元素含量的精确控制；而电子束冷炉床必须在高真空条件下熔炼，熔炼含高挥发性元素的钛合金时，化学成分无法精确控制。（2）等离子枪产生的 He 或 Ar 等离子束是高速和旋转的，对熔池内的钛液能起到搅拌作用，有助于合金成分的均匀化。（3）等离子体冷炉床熔炼时熔池大，深度相对较深，可以实现熔液的充分扩散。（4）等离子体是在接近大气压下工作，因此不受原材料种类的限制，可以利用散装料，如海绵钛、钛屑、浇道切块等，也可以用棒料送入。而电子束炉需要在高真空度下（小于 0.1 Pa）工作，在熔炼由海绵钛组成的进料时，因海绵钛中释放的气体会使得真空度下降，无法保证电子束枪的正常工作。

虽然等离子体熔炼有很多的优点，但也有它的不足之处。首先，等离子体熔炼的硬件比真空自耗电弧熔炼（VAR）更为复杂，而且等离子枪需要三个方向的运动，而 VAR 熔炼仅是电极的一个方向的运动。此外，由于等离子体熔炼可以在 25～300 kPa 下进行工作，所以其熔炼合金的纯度受到所选用的气体质量的影响，在这方面就不如电子束熔炼。最后，由于等离子体熔炼需要一个连续的气流，在大规模生产中需要一套气体的回收装置，对氦气或氩气进行回收。

4.2.6　冷炉床熔炼技术的应用与发展

冷炉床熔炼技术在 30 多年的时间内得到了迅猛发展。目前世界上能生产冷炉床的公司主要有四家，即美国的 Retech 公司、Consarc 公司，德国的 ALD 公司和乌克兰的巴顿焊接研究所等。其中，Retech 公司装备了世界上大部分的 PAM 炉子。目前美国拥有世界上大部分的 PAM 炉子且开发时间早，如 GEAE 发动机公司在 1991 年就与 Allvac 公司采用 PAM + VAR 工艺生产钛合金，用于发动机部件等关键应用领域。经过十几年的大力发展，美国具备了批量生产优质钛合金铸锭的能力，目前装备的冷炉床熔炼能力已占美国钛总熔炼能力的 45%，其中 20% 是采用等离子体冷炉床生产的。单台设备的功率也在提高，如美国 RMI 公司在 2001 年安装了一台 2 支枪的等离子体冷炉床，总功率为 1000 kW，可生产圆锭和扁锭，质量可达 7000 kg。俄罗斯的上萨尔达冶金生产联合体（VSMPO）于 2003 年安装了美国 Retech 公司生产的 8 t 级的等离子体冷炉床熔炼炉。该设备有 5 支等离子枪，功率为 4.8 MW，可生产圆锭，也可生产扁锭，圆锭的最大直径可达 810 mm，扁锭的最大截面尺寸为 1260 mm×320 mm，质量可达 8000 kg。随着 VSMPO 新的等离子体冷炉床的投产，目前世界范围内等离子体冷炉床的总生产能力每年可达 11 kt。

采用冷炉床熔炼技术生产的钛合金已经应用于 F/A-18 飞机的 F404 和 F414 发动机上，并将逐步扩大应用于 V-22 直升机的 T406 发动机、F-15 和 F-16 飞机的 F100 发动机、B-2 飞机的 F118 发动机及 F-22 飞机的 F119 发动机中。

冷炉床熔炼无论在设备还是在工艺技术方面都得到了迅速的发展。在结构方面，根据熔炼原材料的不同（如颗粒料、块料或压制的电极棒），采用不同的进料方式和进料口（如电子束冷炉床有两个进料斗和一个加长的电极棒进料器）并按不同的产品（锭型），配置不同的铸锭结晶器。但是冷炉床最重要的改进是采用双室（或多室）结构扩大炉床，把熔化和精炼部分适当分开，从而适当延长金属（合金）在液态停留的时间，使精炼、净化进行更充分。工艺方面，目前应用中比较成熟的熔炼工艺路线是 CHM + VAR，以充分发挥冷炉床和真空自耗电弧熔炼各自的优点，改善在等离子熔炼过程中可能存在提高惰性气体含量的情况，以及铸锭的表面质量。数值模拟方面，为了改进和优化冷炉床熔炼工艺，美国 NCEMT 公司开发了一个冷炉床熔炼模拟 COMPACT 软件系统，该系统可以模拟熔体流动、热量和物质转移、电磁场、等离子束、夹杂物熔化、铸锭凝固和宏观偏析、晶粒长大和微观偏析等。同时，根据目前的研究结果来看，单一的冷炉床熔炼工艺对于航空结构件用钛合金也是可行的。通过减少熔炼次数和炉床熔炼生产扁锭的优势，可以节约加工成本 20%～40%。美国 THT 公司采用 3.2 MW 电子束冷炉床一次熔炼成直径为 760 mm 的 Ti-6Al-4V 合金锭，铸锭成分均匀，Al、V 质量分数的标准偏差不大于 0.15%。

本 章 习 题

（1）作为加工钛材的铸锭有哪些要求？

（2）什么是真空自耗电弧熔炼？真空自耗电弧熔炼的优点有哪些？

（3）什么是电子束熔炼？简述电子束熔炼的工作原理。

（4）真空自耗电弧熔炼过程中成分偏析与 K_0 的关系是什么？

（5）真空熔炼的提纯原理是什么？哪些元素易蒸馏分离，为什么？

（6）电子束冷炉床熔炼的特点是什么，与真空自耗电弧熔炼相比具有什么优点？

（7）等离子束冷炉床熔炼与电子束冷炉床熔炼的区别和联系是什么？

参 考 文 献

［1］ 张树林. 真空技术物理基础［M］. 沈阳：东北工学院出版社，1988.

［2］ 张继玉. 真空电炉［M］. 北京：冶金工业出版社，1993.

［3］ 戴永年，赵忠. 真空冶金［M］. 北京：冶金工业出版社，1988.

［4］ 贺卫卫，汤慧萍，刘海彦，等. 真空自耗电弧熔炼制备大尺寸 TiAl 基合金铸锭［J］. 钛工业进展，2010，27(5)：36-39.

［5］ Hayakawa H, Fukada N, Udagawa T, et al. Solidification structure and segregation in cast ingots of titanium alloy produced by vacuum arc consumable electrode method［J］. ISIJ International, 1991, 31 (8)：775-784.

［6］ Mitchell A, Kawakami A, Cockcroft S L. Beta fleck and segregation in titanium alloy ingots［J］. High Temperature Materials Processes (London), 2006, 25(5/6)：337-349.

［7］ Liu Y Y, Chen Z Y, Jin T N, et al. Present situation and prospect of 600 ℃ high-temperature titanium alloys［J］. Materials Reports, 2018, 32(11)：1863-1869, 1883.

［8］ Davidson P A, He X, Lowe A J. Flow transitions in vacuum arc remelting［J］. Materials Science and Technology, 2000, 16(6)：699-711.

［9］ Kou H, Zhang Y, Yang Z, et al. Liquid metal flow behavior during vacuum consumable arc remelting process for titanium［J］. International Journal of Engineering & Technology, 2014, 12(1)：50.

5　钛及钛合金的塑性成形

利用金属材料产生塑性变形而不破坏性能对其进行成形加工的方法称为金属塑性成形。塑性成形可改善材料的组织、性能，从而获得尺寸和性能满足要求的成品、半成品金属制品，常见的塑性成形方法包括锻造、轧制、挤压、拉拔、冲压等。

钛和钛合金塑性成形具有变形抗力高、室温塑性差、热导率低、弹性回弹大、缺口敏感性高、易与模具黏结且加热时易与环境介质发生反应等特点，导致钛合金较钢铁材料、铜合金、铝合金等金属材料塑性成形困难[1]。

5.1　金属塑性成形理论基础

金属塑性成形理论包括塑性成形金属学、塑性成形力学和塑性成形摩擦学等3方面内容。塑性成形金属学主要研究成形过程中金属的塑性变形机制（位错滑移与湮灭、动态回复及动态再结晶）与微观组织演化；塑性成形力学，基于弹性力学、弹塑性力学、黏塑性力学理论，揭示塑性变形过程中材料的应力、应变响应并建立本构方程；塑性成形摩擦学主要研究成形过程中工件与模具之间的摩擦、润滑等问题。三者互为依存，共同解释塑性加工过程中的各种物理冶金现象[2]。

5.1.1　塑性成形金属学

塑性成形金属学主要研究金属及其合金塑性加工过程中的相变、变形及再结晶规律，揭示成形过程中的组织演化规律及热/动力学条件，提高成形性能、降低变形抗力、避免产生成形缺陷，使得金属材料变形后达到最佳组织状态和力学性能的工艺条件，以获取质量优良的产品[3]。主要内容包括[4-6]：

（1）金属塑性变形机理。研究塑性变形过程中的变形机理、变化规律及其对材料组织性能的影响，在材料学科有关晶体学、位错理论、回复及再结晶的基础上，深入研究塑性成形过程的微观机制及组织演化规律。

（2）金属塑性变形的热力学条件。金属必须在一定的力学条件与热力学条件下受外力作用才能发生所希望的变形。热力学条件包括变形时的温度、变形量和应变速度，选择合适的变形温度范围、变形量大小及变形速度，对改变金属内部组织意义重大。

（3）金属塑性变形过程中的组织性能变化。金属塑性加工的目的是创造最佳条件，促进工件在变形过程中发生预期的形状和组织改变，最终获得良好的综合力学性能。不同的显微组织形貌（晶粒尺寸、相含量与形貌）及晶粒取向（织构）对材料的性能有着显著的影响，研究塑性变形及后续热处理过程中材料显微组织的演化规律，揭示变形过程中动态回复/再结晶机制及织构演化机制，对于实现金属材料显微组织调控、力学性能优化至关重要。

（4）不均匀变形。由于温度场、应力场的非均匀分布，任何塑性成形过程均处于一种非均匀的状态，变形的发生、发展以及所产生的应力/应变及性能等存在不同程度的非均匀性。因此，必须研究不均匀变形发生和扩展的原因、不良后果及防止措施，获得尽可能均匀的微观组织。

5.1.2 塑性成形力学

塑性成形力学结合材料流变特性，分析塑性成形中的应力应变状态、建立变形过程中的几何方程及力学平衡方程，预测塑性变形时的力学性能参数及应力、应变分布，从而为正确选择塑性成形方式、制定合理的工艺规程、优化模具设计、确定成形界限等提供理论依据。

塑性成形力学的主要内容包括应力理论、应变理论以及金属材料的屈服条件和本构方程。随着计算机技术的不断发展，有限元模拟在塑性成形力学研究方面取得了巨大的发展，诞生了 DEFORM、ABAQUS、DANAFORM 等金属塑性成形专用有限元模拟软件，可模拟轧制、锻造、挤压、冲压等多种塑性成形过程，可根据具体成形参数模拟出成形过程中的应变场、温度场分布，为成形工艺优化及模具设计提供理论指导[7]。

5.1.3 塑性成形摩擦学

塑性成形摩擦学是研究金属塑性成形过程中工件与模具接触表面的力学、物理化学规律的理论学科。在塑性变形过程中，摩擦对变形金属中的应力应变分布有重要影响，而且直接影响工件的表面质量、模具的磨损和模具寿命。塑性加工摩擦学的基本任务是按照摩擦学的原理，结合塑性加工时的摩擦特点，研究塑性变形中的摩擦、磨损和润滑问题，不断提高产品质量和成形效率。

塑性成形过程中，作用于摩擦面上的压强远大于机械摩擦，加上金属的延伸变形使金属表面露出洁净的新金属面，易促成变形金属与工具面的局部黏结，使摩擦力增大、磨损加大，导致塑性成形过程中的摩擦系数远大于普通机械摩擦。摩擦机制的阐明、润滑剂的研制和选用都是金属塑性成形摩擦学的重要研究方向。

5.2 钛的塑性变形方式

工业纯钛及大部分钛合金在室温下具有密排六方晶体结构。由于密排六方金属对称性低，独立滑移系少，因此其塑性变形相对于立方金属更加困难。位错滑移仍然是密排六方金属最重要的塑性变形方式，而孪生变形通常是在滑移难以进行时，作为一种辅助的变形机制出现。滑移和孪生对塑性变形的作用取决于晶粒的相对位向、形变温度和晶粒的局部受力状态等。

5.2.1 滑移变形

图 5-1 为钛的密排六方结构 α 相的不同滑移面和滑移方向[3]。其主要滑移系是沿（0002）晶面、$\{10\bar{1}0\}$ 晶面和 $\{10\bar{1}1\}$ 晶面的 $<11\bar{2}0>$ 方向进行。这三种不同的滑移面和可能的滑移方向组成了 12 个滑移系（表 5-1）。实际上，它们可简化为 4 个独立的滑移

系。根据 von-Mises 准则，多晶体的塑性形变至少需要 5 个独立的滑移系，因此塑性变形过程中还会开启 ［0001］ 方向的 c 型或是 <1123> 滑移方向的 c + a 型滑移。对于 α-Ti，具有 <c + a> 型伯格斯矢量的滑移系中最可能被激活的是 {1122} <1123> 滑移系，见表 5-1 中第 4 类滑移系。由于 <c + a> 滑移的临界分切应力 （CRSS） 远远高于 <a> 滑移，即便在应力轴与 c 轴偏离大约为 10° 的范围内， <a> 滑移也容易激活，合金变形过程中启动 <c + a> 位错滑移的晶粒比例很小。

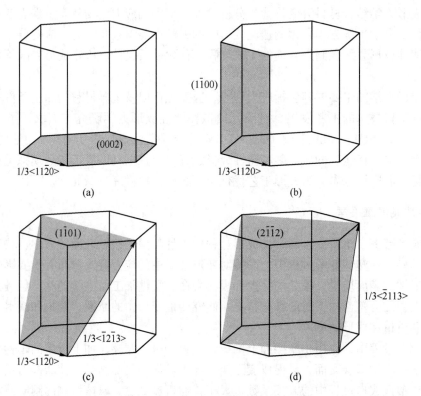

图 5-1　α-Ti 中的主要滑移系

（a）基面滑移系；（b）柱面滑移系；（c），（d）锥面滑移系

表 5-1　六方 α 相中的滑移系

滑移系类型	伯格斯矢量类型	滑移面	滑移方向	独立滑移系数
1	<a>	（0002）基面	<1120>	2
2	<a>	{1010} 柱面	<1210>	2
3	<a>	{1011} 锥面	<1120>	4
4	<c + a>	{1212} 锥面	<1123>	5

5.2.2　孪生变形

孪生变形是 HCP 金属中重要的塑性变形方式。由于 HCP 金属的对称性低，其独立滑移系较少，在变形过程中常常激活孪生来协调变形。孪生变形使孪生区域和未孪生

区域相对于孪生面呈严格的镜面对称关系。孪生不仅可以通过剪切应变协调塑性变形，还可造成较大的晶体旋转，使晶粒由不利于滑移的取向旋转至有利于滑移的取向，激发进一步滑移。在体心、面心结构金属中，孪生一般在低温或高应变速度下发生，而在六方结构金属中，孪生可以在一个很宽的温度范围内发生，并且发生孪生的应变速度也有所降低。

孪生时原子在剪切应力作用下沿平行于孪生面和孪生方向运动，原子的最终位置与基体中的原子构成映像关系，即孪生面两侧的原子以孪生面呈晶面对称。平行于孪生面的各层原子沿孪生方向均匀切变。孪生切变可以使得球状单晶体转变为椭圆状，该形状改变如图 5-2 所示。由图 5-2 可知，孪生过程中有两个不畸变面，该面上的角度、晶向在孪生前后不发生改变。第一个不畸变面是孪生面 K_1，第二个不畸变面是 K_2，K_2 经孪生切变后旋转到 K_2'。此外还有两个不畸变方向，一个是孪生方向 η_1，另一个是 K_2 面和切变面之间的交线 η_2。K_1、K_2、η_1、η_2 被称为孪生四要素。

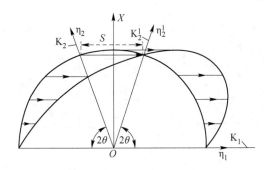

图 5-2　孪生剪切 η_1 引起的球状单晶形状变化

（S 是沿 OX 方向上单位距离内的位移量）

若 K_1、K_2 面已知，就可算出任一孪生的切变值：

$$S = 2\cot 2\theta \tag{5-1}$$

式中，2θ 为 K_1、K_2 之间的夹角。由此可知，凡是位于 K_1、K_2 相交成锐角区域的晶向，孪生后必缩短，同理，凡位于 K_1、K_2 相交成钝角区域内的晶向，孪生后必伸长，这就称之为孪生长度变化规律。

在纯 α-Ti 中观察到的主要孪晶模式为 $\{10\bar{1}2\}$、$\{11\bar{2}1\}$ 和 $\{11\bar{2}2\}$。α-Ti 三种孪晶系的晶体要素列于表 5-2。低温下，如应力轴平行于 c 轴，孪生对塑性变形和延展性极为重要，常见的孪晶为 $\{10\bar{1}2\} < 10\bar{1}1 >$ 型，具有最小的孪晶切应力等级（表 5-2）。

表 5-2　α 钛的孪晶要素

孪晶面 K_1	孪生方向 η_1	孪晶面 K_2	K_2 面和切变面之间的交线 η_2	垂直于 K_1 和 K_2 的切应力面	孪晶的切应力等级 S
$\{10\bar{1}2\}$	$< 10\bar{1}\bar{1} >$	$\{\bar{1}012\}$	$< 10\bar{1}1 >$	$\{1\bar{1}10\}$	0.167
$\{11\bar{2}1\}$	$< 11\bar{2}\bar{6} >$	$\{0002\}$	$< 11\bar{2}0 >$	$\{\bar{1}100\}$	0.638
$\{11\bar{2}2\}$	$< 11\bar{2}\bar{3} >$	$\{11\bar{2}4\}$	$< 22\bar{4}3 >$	$\{\bar{1}100\}$	0.225

5.3　钛及钛合金的锻造

5.3.1　钛及钛合金的自由锻工艺

5.3.1.1　自由锻工序

自由锻是一种应用最为普遍的锻造工艺，它使用简单的锻压设备和一些通用工具，使坯料产生塑性变形，从而获得需要的形状和尺寸以及合乎要求的组织性能。自由锻生产周期短，应用范围广，不需要专用模具，生产成本较低，对工人的技术水平要求较高[8]。

自由锻的基本工序包括：镦粗、拔长、冲孔、扩孔、切断、弯曲等。

镦粗是使坯料高度减少、面积增加的一种锻造工序，如图 5-3 所示。它常用于原始坯料直径较小而要锻制横截面积较大的锻件（齿轮毛坯、饼坯、法兰盘毛坯等），也用于锻环冲孔前的辅助工序[9]。

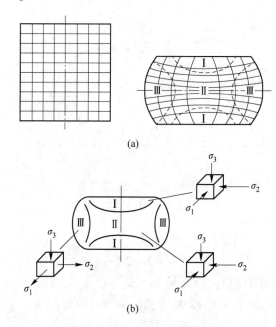

图 5-3　镦粗时的不均匀变形
（a）网格变化；（b）变形区分区及其变形力情况

镦粗时，变形区内金属的应力状态与金属流动可分为 3 个区域：

Ⅰ区：难变形区，位于接触表面中心部位。由于受摩擦力影响最大，变形最难发生。当摩擦阻力达到某一极值时，变形金属可能与工具接触表面出现黏结，不发生变形。

Ⅱ区：易变形区，位于变形金属的中心位置。与锻压力呈 45°角的附近区域，受三向压应力作用，且离接触表面较远，受摩擦力的影响较小，处于最有利的变形部位，晶粒最易发生再结晶。

Ⅲ区：自由变形区，靠近变形金属的侧面而处于Ⅱ区以外的区域。此区由于不受摩擦影响以及处于易变形区的外围，所以变形较自由，其变形量较Ⅰ区大，但比Ⅱ区小。该区受压缩后易形成凸鼓形，鼓形的出现标志着镦粗时产生了不均匀变形。

拔长是使横截面积减小而长度增加的锻造工序。变形程度 ε 的选择应保证工步系数 Ψ 不超过 2，以免形成压折；最后一次压缩的相对压缩量应小于这个温度下的临界变形量，以防止晶粒长大。

冲孔是用来制作空心或盲孔坯料的一种锻造工序，分为双面实心冲孔法、垫环冲孔法和空心冲孔法等。实心冲孔时，坯料的形状变化与坯料直径 D 和孔径 d 的比值有关。如图 5-4 所示。

当 $D/d \leqslant 2 \sim 3$ 时，拉缩现象严重，外径明显增加，如图 5-4（a）所示。

当 $D/d = 3 \sim 5$ 时，几乎没有拉缩现象，而外径仍有所增加，如图 5-4（b）所示。

当 $D/d > 5$ 时，由于环壁较厚，扩径困难，多余金属挤向端面形成凸台，如图 5-4（c）所示。

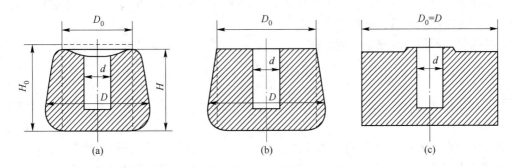

图 5-4　冲孔时料形状变化的情况

（a）外径明显增加；（b）外径仍有增加；（c）形成凸台

坯料冲孔后的外径 D 可按下式进行估算：

$$D_{max} = 1.13 \times \sqrt{\frac{1.5}{H}\left[V + f(H-h) - 0.5F_0\right]} \tag{5-2}$$

式中，V 为坯料体积，mm^3；f 为冲头横截面面积，mm^2；H 为冲孔后高度，m；h 为冲底的高度，m；F_0 为坯料横截面面积，mm^2。

扩孔是使空心坯料壁厚减小而内径、外径增加的锻造工序，分为有冲头扩孔（图 5-5）和马架上扩孔（图 5-6）两种。扩孔时环的高度增加不大，主要是直径不断增大，金属的变形情况与拔长相同，是拔长的一种变相工序[10]。

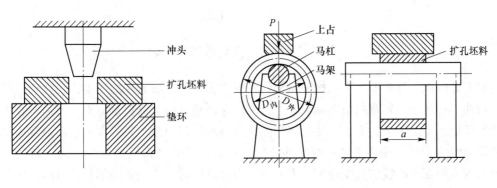

图 5-5　冲头扩孔　　　　　　　　图 5-6　马架上扩孔

冲头扩孔时坯料上端面略有拉缩的现象，因此扩孔前坯料高度 H_0 应为 $1.05H$（H 为锻件高度）。为了防止扩孔时坯料胀裂，每次扩孔量不宜过大，一般冲孔后可直接扩孔 $1 \sim 2$ 次，当需多次扩孔时，应增加中间加热工序。冲头扩孔量可参照表 5-3 选择。冲头扩孔适用于 $D/d > 1.7$ 的厚壁环件。

表 5-3　冲头扩孔量

坯料冲孔直径/mm	扩孔量/mm
$30 \sim 115$	25
$120 \sim 270$	30

芯棒扩孔时变形区金属受三向压应力，所以不易产生裂纹，但操作时应注意每次转动量与压下量应尽量一致，确保壁厚均匀。

扩孔前坯料尺寸应满足下列条件：

$$\frac{D_0 - d_0}{H_0} \leqslant 5 \tag{5-3}$$

$$d_0 = d_1 + (30 - 50) \tag{5-4}$$

$$H_0 = h - \mu(d - d_0) \tag{5-5}$$

式中，D_0、d_0、H_0 分别为扩孔前坯料的外径、内径、高度，mm；h 为锻环高度，mm；d_1 为芯棒直径，mm；d 为锻环内径，mm；μ 为摩擦系数，光滑新平砧 $\mu = 0.06$，旧平砧 $\mu = 0.1$。

将坯料弯曲成所要求的形状的锻造工序称为弯曲，常用于各种弯轴类锻件。在毛坯的弯曲过程中，其弯曲区的内侧受压缩，可能形成折叠缺陷；外侧受拉伸容易产生裂纹[11]。弯曲后毛坯横截面形状的变化如图 5-7 所示。

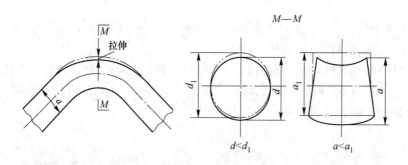

图 5-7　弯曲后毛坯横截面形状的变化

在弯曲区内，伴随发生毛坯横截面形状的畸变和弯曲区域面积的减小，长度稍微越增大。弯曲半径越小，则弯曲角度越大，上述现象越严重。为了避免这一点，弯曲半径不应小于其截面厚度的一半，为了补偿毛坯弯曲区域截面面积的减小，可在毛坯需要弯曲的部位加厚 $10\% \sim 15\%$，毛坯上的不弯曲部分应先拔长，然后再将毛坯弯曲成形。弯曲件的展开长度应根据中心线的长度确定。当锻件需多处弯曲时，应先从端部开始弯曲，接着弯曲与其直接相连的部分，然后再弯曲其余部分。

5.3.1.2　自由锻工艺

钛及钛合金锻造的基本工艺流程如图 5-8 所示。根据合金可锻性的难易、锻件形状复杂程度、技术要求，某些工序可能要重复进行，但为保证质量，一定要按加热规程和锻造规程进行。

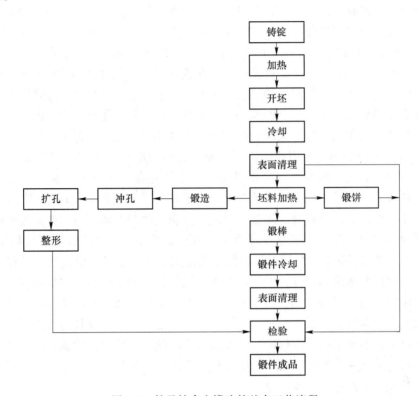

图 5-8　钛及钛合金锻造的基本工艺流程

自由锻工艺过程的制订主要包括以下内容：（1）确定原始毛坯质量和尺寸；（2）确定锻造方案，画出锻造工步简图；（3）选择锻压设备和加热设备；（4）确定火次、锻造温度范围及加热规范；（5）确定锻件的检验要求和检验方法；（6）编写工艺规程卡。

5.3.2　钛及钛合金的模锻工艺

模锻是一种通过模具施力于加热的工件，使之逐步充满型槽，形成形状和性能合格的锻件的压力加工方法。模锻时，锻件成形过程通常可分为镦粗成形和挤压成形两种基本形式。设计锻件和制订工艺时，应该充分利用两种成形方式的特点，以求创造最佳的变形条件，获得满意的成形效果。

模锻通常是用来制造外形和尺寸接近于成品。锻造温度和变形程度是决定合金组织、性能的基本因素。钛合金模锻的最后一步的工艺规范具有特别重要的作用。为了使钛合金模锻件获得较高的强度和塑韧性，必须保证毛坯的整体变形量不低于 30%，且变形温度一般不超过相变温度，并且应力求温度和变形程度在整个变形过程中尽可能分布均匀。

钛合金模锻件组织和性能的均匀性不及钢锻件。在金属激烈流动区，经再结晶热处理后，其低倍为模糊晶，高倍为等轴细晶；在难变形区，因变形量小或无变形，其组织往往保留变形前的状态。因此在模锻一些重要的钛合金零件（如压气机盘、叶片等）时，除了控制变形温度在相变点以下和控制适当的变形量外，控制模锻前坯料的组织也是十分重要的。否则，粗晶组织或某些缺陷会遗传到锻件，而且其后的热处理无法消除这些缺陷，导致锻件报废。

模锻外形复杂的钛合金锻件时，在热效应局部集中的剧烈变形区域内，即使严格控制加热温度，金属的温度可能还是会超过合金的相变点。例如，模锻横截面为工字形的钛合金毛坯时，因变形热效应的作用，中间（腹板区）部分的温度比边缘部分高约 100 ℃。另外，在难变形区和具有临界变形程度区域，在模锻之后加热过程中易形成塑性和持久强度都比较低的粗晶组织。降低模锻加热温度虽然可以消除毛坯产生局部过热的危险，但将导致变形抗力急剧提高，增加工具磨损和动力消耗，还必须使用更大功率的设备。

模锻形状比较简单的锻件，且对变形金属的塑性和持久强度指标要求又不太高时，采用锤锻为佳。但 β 合金不宜采用锤锻，因为模锻过程中的多次加热会对其力学性能产生不利影响。与锤锻相比，压力机（液压机等）的工作速度大大降低，能减小合金的变形抗力和变形热效应。在液压机上模锻钛合金时，毛坯的单位模锻力比锤上模锻低约 30%，从而可提高模具的寿命。热效应的降低还有减小金属过热和升温超过相变温度的危险。

用压力机模锻时，在单位压力与锻锤模锻相同的条件下，可降低毛坯加热温度 50 ~ 100 ℃。这样，被加热的金属与周围气体的相互作用，以及毛坯与模具之间的温差也相应地降低，从而提高变形的均匀性，模锻件的组织均匀性、力学性能一致性提高。降低变形速度，导致断面收缩率显著增加，因为断面收缩率对过热造成的组织缺陷最敏感。

提高钛合金流动性、降低变形抗力最有效的办法之一是提高模具的预热温度。国内外近二三十年以来发展起来的等温模锻、热模模锻，为解决大型复杂的钛合金精密锻件的成形提供了可行的方法，这些方法已广泛用于钛合金锻件的生产[12]。

5.3.2.1　模锻工艺及其成形特点

模锻按金属变形时的流动条件可分为开式模锻和闭式模锻；按模锻时毛坯的温度可分为热锻、温锻和冷锻。此外，还可按锻压设备分为锤上模锻、平锻机模锻、曲柄压力机模锻、螺旋压力机模锻和液压机模锻等。

A　开式模锻

开式模锻成形过程中金属的流动大致可分为以下 4 个阶段（图 5-9）：

第一个阶段是自由变形或镦粗变形阶段，如图 5-9(a) 所示。在这一阶段，毛坯在模具中受压发生镦粗变形，高度减小 ΔH_1，径向尺寸逐渐增大，直到毛坯与模具侧壁接触为止，镦粗所需的变形力不大。有些对应力敏感或表面易产生纵向缺陷（如发纹、带状组织）的材料，应减小镦粗比。

第二个阶段是金属开始形成毛边阶段，如图 5-9(b) 所示。在这一阶段，毛坯继续受压，压下量为 ΔH_2，逐步充满型槽形成少许毛边。此时，金属径向流速减慢，所需变形力明显增大。

第三个阶段是金属充满型槽阶段，如图 5-9(c) 所示。由于毛边的阻碍作用，在变形金属内部形成更强烈的三向压应力，随着压下量 ΔH_3 的增大，毛边厚度减小、宽度增大、温度下降和变形抗力增大，使型槽内部棱角、肋条处得到充满，而变形力则剧增。

第四个阶段是锻模完全闭合，锻件最终成形阶段，如图 5-9(d) 所示。实践证明，由于工艺因素的影响，型槽充满时，上、下模并未闭合，因此必须继续压下，将多余金属排入毛边槽。但要尽量缩短这一过程，控制 ΔH_4 不超过 2 mm。这一阶段对锻件质量和生产率均有很大影响。

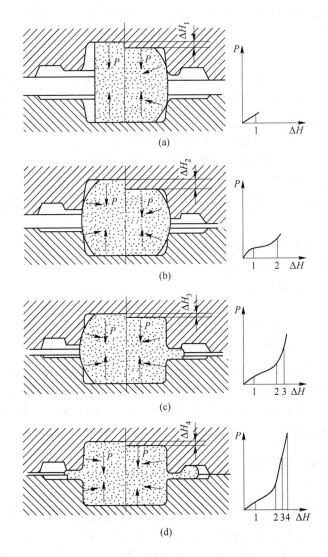

图 5-9　开式锻模时的金属成形过程

B　闭式模锻

闭式模锻即金属变形全过程是在封闭的型槽中进行。闭式模锻具有以下特点：

除变形开始时毛坯受压稍有镦粗现象外，基本上是靠挤压法成形的；毛坯在更加明显的三向压应力状态下变形，所以消耗的能量大；锻模不带毛边槽，因而不能容纳多余的金属。如果毛坯尺寸精度低，则将影响锻件厚度或高度尺寸。

当采用闭式模锻方法模锻钛合金时，由于压力大而降低了模具的寿命。因此，闭式模锻必须严格限定原始毛坯的体积，这使得备料工序复杂化。是否采用闭式模锻，要从成本和工艺可行性两方面考虑。

开式模锻时，毛边损耗占毛坯质量的 15% ~ 20%，夹持部分的工艺性废料（如果按模锻条件必须留有此部分）占毛坯质量的 10%，毛边金属相对损耗通常是随毛坯质量的减少而增加，某些结构不对称，截面积差较大以及存在难以充填的部分的锻件，毛边消耗可高达 50%。闭式模锻虽无毛边损耗，但制坯工艺复杂，需要添加较多过渡性型槽，无疑会增加辅助费用。

5.3.2.2 钛及钛合金的锻造润滑

钛合金与模具表面的黏结比其他金属强烈，黏结发生在金属沿接触面剧烈流动的区域。钛合金的黏结倾向给热模锻和挤压造成了很大困难。为了预防在变形过程中产生黏结和减小摩擦，必须正确地选择锻造工艺，合理设计模锻毛坯尺寸形状并进行有效的润滑剂。

模锻钛合金所用润滑剂必须满足下述基本要求：

（1）在整个变形过程中能够形成牢固而连续的保护膜。

（2）在加热和变形过程中能够保护毛坯，防止氧化和气体污染。

（3）具有良好的隔热性能，使毛坯从炉子转移到模具过程中以及在变形过程中减少热量损失。

（4）不与毛坯和模具的表面发生化学作用。

（5）容易涂到毛坯表面上，并便于该工序机械化。

（6）容易从锻件表面上清除。

（7）能在较长时间内保持润滑性能。

常规润滑剂不能满足上述全部要求。石墨与水玻璃和润滑油混合的膏状润滑剂会使钛合金表面产生裂纹，其原因是表面上存在脆性，在变形时被破坏。这些裂纹是应力集中源，继续变形时可能向金属内部扩展。对于钛合金来说，玻璃润滑剂是目前所研制的润滑剂中最好的。在模锻和局部挤压变形条件下，若玻璃涂料的成分选择得当，则能保持液态摩擦。玻璃润滑剂只有在熔融状态才能保持润滑性能。不同玻璃润滑剂的黏度与温度密切相关。润滑剂保持最佳黏度的温度范围越宽，润滑效果越好。

5.3.3 钛及钛合金的等温锻造

与普通模锻技术不同，等温锻造将模具和坯料同时加热到锻造温度，这使得坯料可以在较窄的温度变化范围内完成变形过程。钛合金等温锻造的经济性是影响其能否大量应用的重要问题。钛合金等温锻件精度高，机加工少，组织均匀，性能稳定。但是模具材料昂贵，生产效率低。但如果精心设计等温锻件和整个锻造工艺，完全可以做到钛合金等温锻件的成本与普通锻件的成本相当，甚至更低。

5.3.3.1 等温锻造的优点

（1）等温锻造可生产近净形锻件。热模/等温锻造的变形抗力低，塑性好，金属的可锻性可以达到最大，不存在表面低温层，锻件形状可以更精密，材料利用率大大提高，后续机械加工工时大大减少，实现良好的经济性。

（2）等温锻造锻件的组织和性能可以最优化。等温锻造时锻件各部位变形均匀，锻造工艺参数容易精确控制，所以锻件的显微组织可以达到最理想的状态，从而得到最好的性能水平，并且锻造工艺重复性最好，锻件的性能非常稳定。

（3）等温锻造可生产大型和特大型锻件。热模/等温锻造时不存在表面低温层，金属变形抗力接近材料的真实塑性性能，慢速变形使材料的流变应力很低。工件与模具间还有一层润滑层，使摩擦力降到最低，通常热模/等温锻造变形所需压力只用常规模锻 1/10 ~ 1/5 的吨位，实现了小设备生产大锻件。等温锻造仅用 3000 t 压力就生产了投影面积达 0.48 m² 的精锻件，如用普通锻造，10000 t 压力都有困难。等温锻造仅用 10000 t 压力就生产了投影面积达 1.3 m² 的精锻件，如用普通锻造，至少需要 80000 t 压力。这为钛合金大型锻件的生产提供了一条新的技术路线。

5.3.3.2 等温锻造模具材料

等温锻造的基本方法是把模具的温度保持在锻件的变形温度。锻件的变形速度相当慢，整个锻造时间处于 2 ~ 20 min，甚至可达到 1 h。不同牌号钛合金的锻造温度为 750 ~ 980 ℃，在如此高温下应该选择什么材料作为模具是很重要的问题。

变形高温合金的强度尤其是 900 ℃ 以上的长高温性能明显低于铸造高温合金。等温锻造模具主要是因为长期处于高温受力状态，所以长期高温性能特别重要。因此等温锻造模具应该选择铸造高温合金。

另外，高温合金的切削加工性能较差，通常采用制成模块再切削加工生产模腔的方法，这种方法耗费工时。因此，减少高温合金的切削加工量变得十分重要。采用铸造出型腔的方法生产等温锻造模具，可以大大减少高温合金机械加工量，这成为钛合金等温锻造模具的重要方法。

5.3.3.3 等温锻造模工艺

等温锻造工艺设计的目标有两个：一个是利用材料的高流动性和低流变应力，设计最短的工艺流程，生产近净形锻件，也就是精密锻造，减少工序成本，减少材料消耗，减少机械加工工作量；另一个是利用等温锻造过程控制可靠的高度自动化，设计合理的变形参数和生产过程，生产高质量锻件，也就是优质锻造。

等温锻造工艺的设计思想如下：

（1）锻件设计为精密锻件。

（2）几个小锻件组成一个锻件一次成形，提高效率，提高质量。

（3）用简单的坯料一火次或二火次锻造成形状复杂的精密锻件，实现短流程锻造。

（4）采用闭式模锻造，取消飞边，提高材料利用率。

（5）采用机械顶出。

（6）采用良好的玻璃润滑。

（7）精心设计变形过程的工艺参数，有效控制锻件的组织和性能，生产优质锻件。

（8）锻造、矫形和热处理联合操作。

5.4 钛及钛合金的轧制

5.4.1 钛合金板带材轧制

5.4.1.1 轧制原理

轧制是借助旋转轧辊的摩擦力将轧件拖入轧辊间，依靠轧辊间的压力使轧件发生塑性流变的一种材料加工方法。轧制过程中金属的组织与性能得到改善和提高，可获得的形状、尺寸及性能符合要求的产品。热轧能使铸锭的粗晶破碎、组织致密化；冷轧能使晶粒进一步细化，材料强度提高，塑性降低。

轧制过程中两个轧辊均为主传动，且直径相等，辊面圆周速度相同。轧件在入辊处和出辊处速度均衡，上下辊面接触摩擦作用相同，沿轧件断面高向（即厚度）和宽向的变形与金属质点流动完全对称，轧件组织性能均匀。

轧制过程经历了开始咬入、曳入、稳定轧制和轧制抛出 4 个阶段，如图 5-10 所示。咬入阶段是建立正常轧制的前提条件，稳定轧制是轧制过程的主要阶段。曳入和抛出过程对轧件质量的影响不大。

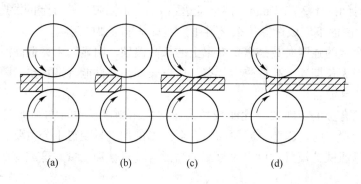

图 5-10　轧制过程的 4 个阶段
（a）咬入；（b）曳入；（c）稳定轧制；（d）轧件抛出

轧制时，当轧件前段与旋转轧辊接触时，在接触处轧件受到辊面正应力和切向摩擦力的作用，如不考虑轧件咬入时的惯性力，要实现咬合轧件，就必须满足咬入角小于摩擦角的条件。当轧件被咬入并逐渐填充辊间以后，由于合力的作用点内移，其最大咬入角与摩擦角之间的关系也随之发生变化。实际上，咬入弧上轧制压力的分布不均匀，稳定轧制时的摩擦系数总是小于咬入初始瞬间的摩擦系数。可见，稳定轧制时的最大可能咬入角一般小于摩擦角的 2 倍。

轧制时轧件在轧辊中间发生塑性变形的区域称为轧制变形区。大量的实验研究和理论分析表明，轧制变形区内金属的流动和变形是不均匀的。常将轧制变形区划分成 4 个小区域（图 5-11）：Ⅰ区内几乎没有发生塑性变形，称为难变形区；Ⅱ区为主要变形区，易于发生高向的压缩和纵向（轧向）的延伸变形；Ⅲ区和Ⅳ区由于受到前后刚端反作用力作用所致，产生了一定的纵向压缩和高向变厚变形。

研究发现，变形区的形状系数（l/h_{cp}）对轧制断面高向上变形不均与分布的影响很大。如当 $l/h_{cp} > 0.5 \sim 1.0$，即轧件相对较薄时，压缩变形将渗透到轧件芯部，出现中心层变形大于表层的现象。而当 $l/h_{cp} < 0.5 \sim 1.0$，即轧件相对较厚时，随着变形区形状系数的减小，外端对变形过程的影响变得突出，压缩变形难以深入到轧件芯部，只限于表层附近区域发生变形，出现表层变形大于芯部的现象。

轧制过程中轧制温度又包括开轧温度、终轧温度以及卷取温度。这些温度对钛材轧制时的变形抗力、轧制力、成品的组织、晶粒度、力学性能以及板带材的表面状态等都有直接影响。特别是对钛材热轧，轧制温度是一个极为重要的参数，如 1% 的温度预测差异，

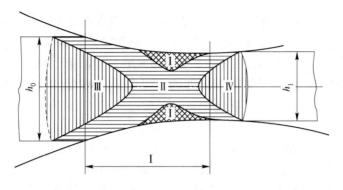

图 5-11　轧制变形区示意图（$l/h_{cp} > 0.8$）

可能导致 2% ~ 5% 的轧制力预报差异。因此，需了解轧制过程中轧件的热量损失情况以及温度变化规律。

5.4.1.2　轧制工艺

建立钛及钛合金板带材的生产工艺流程时，必须考虑到钛及钛合金的特殊性能，即低塑性、高变形抗力、高温氧化及在加热时高的吸气倾向等。在 β 单相区结束变形，会在金属中保留粗大的 β 晶粒，降低板材的塑性。因此，为了获得均匀的细晶组织，必须保证在 α 相或 α + β 相区变形约 40% 以上。

热轧是钛板带生产过程的重要工序。制定钛合金板带材热轧工艺制度时，为了减少加热时吸气层和氧化皮的形成，纯钛和低合金化钛合金采用较低的加热温度，且在热透情况下尽可能缩短保温时间。然而降低温度会使轧制时变形抗力急剧增加，同时塑性也下降，这对于高合金化钛合金来说往往是不允许的。为了获得组织细小且性能优异的板带材，生产中常常采用多次热轧、包覆叠轧和换向轧制等工艺，以保证板带材充分均匀变形，获得良好组织。

钛板带材的热轧可采用带卷取机的可逆式四辊热轧机、四辊可逆式炉卷轧机和多机架四辊热连轧机等。与热连轧机组相比，带卷取机的可逆式四辊热轧机设备投资少，占地面积小，非常适用于钛合金板带的生产。

板厚小于 2 mm 的钛合金板通常采用冷轧法生产。同热轧相比，冷轧板具有表面质量好、尺寸精度高、尺寸公差小等优点。冷轧通常在四辊可逆式冷轧机上进行，也可采用多机架串列式冷轧机组。厚度小于 0.5 mm 的带材在 20 辊轧机上轧制。为了获得不同厚度钛合金板带材，冷轧、中间退火和精整工序可反复多次进行。当生产高合金化钛合金板带时，为了提高材料的塑性和降低轧制时的变形抗力，也可以在 600 ~ 850 ℃ 进行温轧。

钛及钛合金板带材生产主要包括以下重要工序：板坯准备、板坯加热、热轧、温轧和冷轧。

（1）板坯的准备。真空自耗电弧熔炼的钛合金铸锭需经过自由锻造制备轧制坯。板坯的化学成分和杂质含量以及组织结构应符合国家标准要求。板坯的形状应规整，同一板坯上的厚度差不大于 2%，宽度差不大于 1%，长度差不大于 1.5%。板坯长度方向的四条棱边应加工成 45° 倒角或圆角。

（2）板坯的加热。钛及其合金化学性质活泼，在高温状态下易被有害气体 N、O、H 等污染。为减少污染，钛板坯采用感应加热、电炉加热为宜；中间坯料采用电阻炉加热较为合理。板坯加热温度的选择应综合考虑板坯的工艺塑性和表面气体污染情况，并要确保最终产品的组织和性能。高温 β 相区加热的工艺塑性好，变形抗力低。有害气体对钛及钛合金板坯的污染程度，随坯料的加热温度升高而增大。有害气体的污染所形成的吸气层降低板坯表面的塑性，严重地影响着轧件的表面质量。例如，TA7 等近 α 合金热轧时，由于相变温度高、工艺塑性差，轧制加热温度较高（约 1150 ℃），导致吸气深度增大，在不均匀变形的作用下，往往产生严重的表面裂纹。

（3）热轧。钛材的热轧采用四辊往复式轧机进行开坯轧制，开坯轧制温度在 β 相变温度以上 100~200 ℃，轧制总变形量应尽可能大（>80%）。对于道次变形量，其是影响材料变形均匀性的重要参数，应综合考虑金属塑性、板坯质量、设备能力等因素。为了提高生产率和保证所要求的终轧温度，必须提高操作速度和采用高速轧制。对于可调速轧机来说，不同的轧制阶段，轧机速度应有所不同。开轧的最初阶段，一般采用低速轧制。在中间轧制阶段，随着轧件厚度变薄可提高轧制速度。

由于钛合金塑性低、各向异性明显，工业上开发出包覆叠轧工艺，生产各向同性钛合金薄板。钛合金的包覆轧制可用钢、纯钛做包覆层。钢材包覆层主要用于轧制过程，轧制完成后，需将钢板去除。换向轧制是钛合金板材生产过程中又一重要特点。换向轧制可以降低 T 型织构强度，增加 B 型织构强度，从而降低板材横向、纵向力学性能差异。板材的织构类型、织构强度与换向轧制温度、换向轧制前后变形量以及初始组织等因素有关。对于高合金化的钛合金板材来说，换向厚度不宜太薄。如果板材厚度太薄，换向轧制时，不仅会增加变形抗力，而且会产生严重的裂纹。TC4、TC7 等合金在 10 mm 以下换向轧制，在随后的冷轧中会产生严重的裂纹、掉渣甚至整批报废。钛合金板材的换向轧制是在热轧时进行，要绝对避免冷轧时换向。若冷轧时换向，还会大大提升平均单位压力，引起开裂等轧制缺陷。

（4）冷轧。除包覆叠轧可生产厚度低于 1 mm 的钛合金热轧板外，厚度小于 2.0 mm 的钛合金板材主要用冷轧的方法生产，冷轧可获得表面质量好、厚度公差最小的板材。国内生产的钛及钛合金的冷轧板材多是在四轮可逆式轧机上采用单张块式法生产的。冷轧过程中，随着变形量增加，板材加工硬化明显，变形抗拉力显著增加，塑性降低，如图 5-12 所示。因此，冷轧一般采用多道次、小变形量工艺，且须进行中间退火。

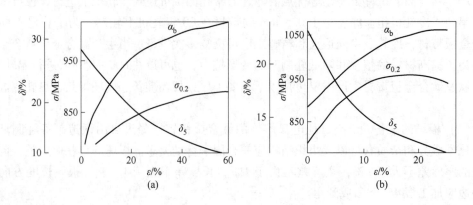

图 5-12 钛合金冷变形过程中性能变化曲线
（a）TA7；（b）TC2

两次中间退火之间的总变形率称为轧程变形率。纯钛的轧程变形率可控制在 40% ~ 60%。TCl 等低合金化钛板轧程变形率可控制在 25% ~35%；TC2、TC3、TC4、TA5 等板材轧程变形率可控制在 20% ~25%；TA6、TA7 难变形合金板材轧程变形率可控制在 15% ~25%。冷轧时的道次加工率分配应考虑其变形抗力和轧机能力。在实际生产中，轧制道次往往很多，特别是厚度小于 0.5 mm 的薄板。

钛及钛合金冷轧时，板材、带材轧制常用的润滑剂有透平油、变压器油、轧制油；箔材轧制常用的润滑剂有 5 号轧制油、白油等。因为乳液黏度低，它在轧轮与材料之间只能形成断续的润滑膜，轧轮与材料之间经常保持部分接触的状态，润滑效果不好。为了降低能耗，在带材轧制中也可以使用乳液，但乳液不能用于二十轮轧机，可用 5 号轧制油或白油。

5.4.2 钛合金管、棒材的轧制

5.4.2.1 斜轧穿孔

斜轧穿孔是轧制法生产无缝管材的第一道工序，自 1885 年发明二辊斜轧穿孔机以来，至今仍为穿孔的主要方法之一。其工作示意图如图 5-13(a) 所示。这种穿孔方法的优点是对称性好，毛管壁厚较均匀，一次延伸系数为 1.25 ~4.5，可以直接从实心圆坯穿成较薄的毛管。二辊斜轧穿孔方法存在的问题是变形复杂，容易在毛管内外表面产生和扩大缺陷。由于对钛管表面质量要求的不断提高，这种送进角小于 13°的二辊斜轧机已不能满足无缝管生产在生产率和质量上的要求。

三辊斜轧穿孔热轧法在国内外钢管和铜管生产中早已是成熟工艺。俄罗斯已成功地把该工艺应用于厚壁钛合金管材的生产中。实践表明，三辊斜轧穿孔热轧法及其工艺对钛合金管材的生产是可行的。三辊斜轧穿孔机原理如图 5-13(b) 所示。采用三辊斜轧穿孔热轧法轧制钛管更加适用。

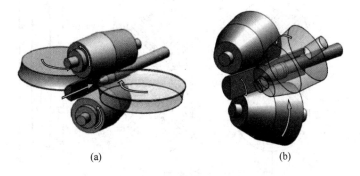

(a) (b)

图 5-13 钛合金斜轧穿孔机工作示意图
(a) 二辊；(b) 三辊

斜轧穿孔过程中存在着两次咬入，轧件和轧辊刚接触的瞬间由轧辊带动轧件运动而把轧件曳入变形区中，称为第一次咬入。当金属进入变形区和顶头相遇时，克服顶头的轴向阻力而继续前进，称为第二次咬入。满足第一次咬入的条件并不一定就能实现第二次咬入。在生产实践中，常有第二次不能咬入的情况发生，如因轴向阻力太大，管料前进运动就会停止。

第一次咬入条件：如果能保证管坯旋转和随后的轴向曳入条件，第一次咬入就能实现。

第二次咬入条件：第二次咬入的实现，就要有一定的顶头前压缩率，因此顶头前压缩率是一个重要的变形参数。在生产中，为实现二辊穿孔机上的第二次咬入，顶头前压缩率一般不应小于4%。

按变形区几何特点，斜轧穿孔时的变形区主要分为3个区段：第Ⅰ段，表层变形、坯料直径压缩段。这段上主要产生径向压缩变形，使直径变小。由于压下量与坯料直径相比是很小的，所以变形主要集中在实心坯的表层，因而横断面上的变形严重不均匀。在该段上，毛坯中心将出现三向拉应力状态，为中心空腔的形成准备力学条件。第Ⅱ段，穿孔段。穿孔时管坯中心部位在顶头前，由于应力的作用，金属整体性破坏，这种现象称为中裂或形成空腔。第Ⅲ和第Ⅳ段，整形段。该阶段将管坯外径稍大、壁厚较厚的管坯，通过整形使管坯的外径与壁厚尺寸均达到生产工艺要求。

　A　管材轧制方法

常用的管材轧制方法有二辊冷轧、二辊温轧、多辊冷轧和多辊温轧四种。

二辊式轧管机是一种周期式轧机，主传动齿轮通过曲柄和连杆机构带动工作机架做往复运动，轧机机架上装有一对轧辊，轧辊通过固定在机座上的齿条、主动齿轮和被动齿轮，将机架的往复运动同时转变为轧辊的周期性转动，如图5-14所示。冷轧管机主要由一个带有一定锥度的芯头和一对带有逐渐变化孔槽的孔型构成。工作机架往复运动的同时，轧辊同时转动。轧制管坯在芯头和孔型的间隙内反复轧制，实现了管坯外径的减小和壁厚的减薄。管材轧制分四个过程：送料过程、前轧过程、回转过程、回轧过程。

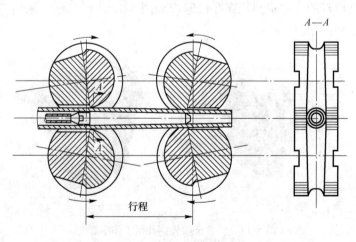

图5-14　管材轧制示意图

多辊冷轧管机具有往复周期轧制的特点。三辊冷轧管机主要的工具为1个圆柱形的芯头、3个轧辊和3个Ⅱ形滑道。轧辊上有断面不变的孔槽，3个轧辊的孔槽组成一个圆形的孔型，与中间的芯头共同构成一个环形的间隙。当孔型在滑道的左端时，滑道曲线的高度最小，3个轧辊离开的距离最大，孔型组成的圆的外径最大，与圆柱形芯头组成的环形的断面也最大。当轧辊由左向右运动时，由于滑道高度逐渐增加，3个孔型组成的圆的外径逐渐减小，管坯在孔型和芯头的压力下发生塑性变形，达到外径的缩小和壁厚的减薄。轧辊前进到最前端后，开始反方向运动，进入到回轧过程。轧辊返回到左端极限位置后，管坯通过回转机构和送料机构，对管坯进行翻转和给入一定的送料量，开始下一个轧制周期。管坯在反复的周期轧制下获得成品管材的尺寸要求。

B 轧制工艺

热轧加冷轧技术，具有轧制效率较高、设备自动化水平高等特点。前苏联用温轧技术研制了中强钛合金管材（OT4-0、OT4、BT14、BT3-1）及高强钛合金管材（BT6、BT22）等。美国研制生产的钛合金管材主要牌号有 Ti-6Al-4V、Ti-3Al-2.5V、Ti-6242、Ti-6-4 和 Ti-15-3 等。国内研制生产的钛及钛合金管材主要是纯钛（TA0、TA1、TA2）及（Ti-3Al-2.5V、TA9、TA10）等。

钛管的热轧：目前国际上研制生产的热轧管主要规格是外径为 70 ~ 100 mm、壁厚为 9 ~ 20 mm 的厚壁管材。国内也是用热轧法生产厚壁管和冷轧管用坯。轧制坯加热制度是，轧制坯先在高频感应炉内加热，然后在电阻炉内均匀温度。

管材的冷轧：冷轧工艺有以下几个影响因素：（1）变形程度。变形程度大小根据钛及钛合金的塑性大小确定。如 TA1 和 TA2 的道次变形率为 20% ~ 60%，两次退火间的总变形率为 40% ~ 75%；TA3 的道次变形率为 20% ~ 55%，两次退火间的总变形率为 40% ~ 65%。在轧制钛及钛合金管材时，除考虑变形程度外，还必须考虑减径量与减壁量的比值对产品质量的影响。（2）工艺润滑与冷却。俄罗斯在 XIIT 轧机上轧制钛管时，通常采用的润滑剂是：35% ~ 40% 硝酸钠、20% ~ 25% 滑石粉、35% ~ 45% OII-10。这种润滑剂可防止金属黏结工具，并且可用水去除。

5.4.2.2 钛合金棒材轧制

轧制棒材生产工艺流程包括下列工艺环节：坯料车削、坯料加热、坯料轧制、拉伸、机械加工。棒材轧制的坯料一般用锻造、精锻或挤压方法制得。为了保证轧制产品的质量，应对坯料进行车削或磨削。对于 α + β 型钛合金轧前加热温度稍低于 (α + β)/β 相变温度，轧制过程在 α + β 相区完成。α 型钛合金在 α + β 相区内加热，β 型钛合金的加热温度高于 β 转变温度。加热时间按 1 ~ 1.5 mm/min 计算。

本 章 习 题

（1）作为加工钛材的铸锭有哪些要求？
（2）在钛及钛合金的锻造生产中，怎样改善原始材料的组织和性能？
（3）钛及钛合金的锻造工艺特点是什么？
（4）简述各类钛材轧制的特点。

参 考 文 献

[1] 许国栋，王桂生. 钛金属和钛产业的发展 [J]. 稀有金属，2009，33(6)：903-912.

[2] 雷霆. 钛及钛合金 [M]. 北京：冶金工业出版社. 2018.

[3] 吴全兴. 高纯钛的特性 [J]. 钛工业进展，1996(6)：20-21.

[4] 张喜燕，赵永庆，白晨光. 钛合金及应用 [M]. 北京：化学工业出版社，2005.

[5] 王超群，王宁，庄卫东，等. 高弹钛合金板材的织构与弹性各向异性 [J]. 稀有金属，2000 (2)：123-127.

[6] 徐萌. TiAl 合金相变行为及组织变形行为研究 [D]. 太原：太原理工大学，2018.

[7] 杨锐. 钛铝金属间化合物的进展与挑战 [J]. 金属学报，2015，51 (2)：129-147.

[8] 薛鹏举. Ti6Al4V 粉末热等静压近净成形工艺研究 [D]. 武汉：华中科技大学，2014.

[9] 杨守山. 有色金属塑性加工学 [M]. 北京：冶金工业出版社，1995.

[10] 曾苏民. 世界锻造工业的现状与发展前景 [J]. 铝加工，1996 (4)：54-57，59.

[11] 林永新. 锻造设备制造技术的发展 [J]. 稀有金属快报，2004，23 (12)：7-9.

[12] 李青，韩雅芳，肖程波，等. 等温锻造用模具材料的国内外研究发展状况 [J]. 材料导报，2004，18 (4)：9-11，16.

6 钛及钛合金的热处理

热处理是指金属材料或工件经过加热、保温和冷却处理，改变其组织结构和性能的加工工艺。与其他加工工艺相比，热处理一般不改变工件的形状和整体的化学成分，而是通过改变工件内部的显微组织或改变工件表面的化学成分，赋予或改善工件的使用性能。热处理是提高金属材料性能并延长使用寿命的有效措施[1]。

6.1 热处理的基本原理

6.1.1 退火

退火的目的是消除加工硬化而恢复材料的塑性、韧性并降低强度。退火还可改善钛合金的切削加工性能，提高其在较高温度工作时的尺寸稳定性和组织稳定性。钛合金常见的退火方式包括去应力退火、完全退火、双重退火、等温退火和再结晶退火等，各种退火方式应根据材料或零件的不同要求选用。图 6-1 为各种退火方式所对应的温度范围。

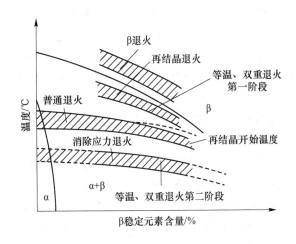

图 6-1 钛合金各种方式退火温度范围示意图

6.1.1.1 回复

钛合金经冷变形加工后，其内部晶粒为拉长的纤维状组织形态，如图 6-2 所示。晶格发生畸变，位错大量增殖，内部产生大量的缺陷，使体系能量升高，此时合金处于亚稳状态，畸变能是它容易发生内部结构变化的驱动力。

对于处于亚稳定态的冷变形钛合金，当采用较低温度加热时，回复过程可以自发进行，使钛合金内部空位密度降低，同时位错发生重新组合，释放多余的畸变能。当加热温度较低时，晶粒内的点缺陷和位错密度显著降低，但晶粒形状未发生明显变化，该过程定

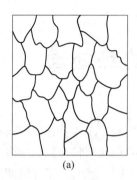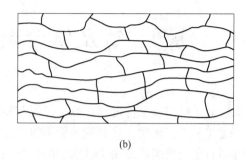

$$(a) \qquad\qquad\qquad\qquad (b)$$

图 6-2　钛材冷拔后纤维组织示意图

（a）变形前组织；（b）变形后组织

义为回复。经过回复后，钛合金虽仍保持原有的晶粒状态，但冷加工硬化基本消除。钛合金发生回复的温度低于再结晶温度，根据合金成分、加工变形量、加工类型的不同，回复温度一般在 500～650 ℃ 波动。

6.1.1.2　再结晶

当冷变形加工后钛合金加热至一定温度，原来的变形组织消失，产生无畸变的等轴晶粒，并且内部空位、位错密度显著降低，恢复到完全软化状态，这一过程称为再结晶。钛合金再结晶后塑性提高、强度降低。再结晶过程也是一个晶粒的成核和长大过程。为了获得均匀而细小的再结晶晶粒，需要尽可能增加成核数量并抑制晶粒的长大。

再结晶晶粒的大小主要受以下因素影响：（1）钛合金成分。钛及钛合金中合金元素含量和杂质含量越高，则越容易获得细小的再结晶晶粒。钛中合金元素或杂质会阻碍晶界迁移，抑制再结晶晶粒长大。（2）钛合金的变形程度。变形程度越大，组织内部积蓄的畸变能越大，再结晶形核的驱动力越高，这有利于提高形核速率，进而获得细小再结晶晶粒。（3）加热温度和保温时间。一般来说，加热温度越高、保温时间越长，越有利于再结晶晶粒的生长，获得粗大的晶粒。

图 6-3 给出了加热温度和变形程度对结晶晶粒尺寸的影响。钛合金的再结晶温度一般是一个范围，故存在再结晶开始温度和终了温度。在钛及其合金中，再结晶过程往往还伴随相变过程（由于再结晶温度和相变温度重合）。冷变形 TA2 合金的再结晶温度约为 550 ℃，TA7 再结晶温度约为 600 ℃，TC4 再结晶温度约为 700 ℃，TB2 再结晶温度约为 750 ℃。

6.1.2　固溶-时效处理

固溶-时效处理是对钛合金进行热处理强化的主要手段，是由固溶处理和时效处理两种热处理工艺的组合。固溶-时效处理的原理是采用加热保温并快速冷却的方法得到亚稳 β 相或马氏体相（α'、α''），在时效过程中亚稳相分解并析出弥散细小的 α 相，使材料得以强化[2-3]。合金的强化程度取决于时效后所形成 α 相的尺寸、分布及形貌。合金中 β 稳定元素含量越多，淬火获得的亚稳 β 相的数量越多，时效强化效果也就越大。当 β 稳定元素含量达到临界浓度时，淬火可全部得到亚稳 β 相组织，此时时效强化效果最优。β 稳定元素含量进一步增大，由于 β 相的稳定性增大，时效时析出的 α 量减少，强化效果反而下降，如图6-4所示。多种 β 稳定元素的综合强化效果大于单一元素的强化效果。基于上述时效强化规律，国内相关学者提出了临界浓度 C_k 下的多元复合强化理论，即控制合金成分位于淬火临界成分附近（钼当量 $Mo_{eq} \sim 11$），通过复合添加 Al、Mo、V、Cr、Fe、Zr、Sn 等元素使得钛合金获得最优强化效果[4]。

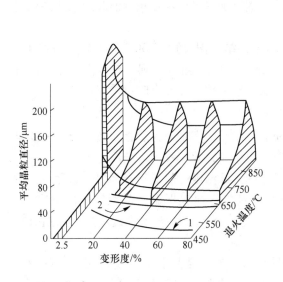

图 6-3 工业纯钛的再结晶图
1—再结晶开始温度；2—再结晶终了温度

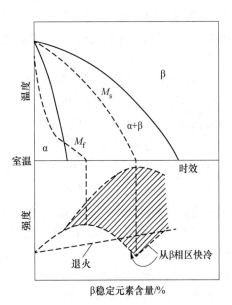

图 6-4 β 稳定元素含量与热处理强化效果关系

6.2 钛合金的热处理工艺

6.2.1 钛合金的热处理特点

（1）钛中的马氏体属于置换型过饱和固溶体，其引起的点阵畸变小，强化效果有限。钛合金的热处理强化主要依赖淬火形成亚稳定相（包括马氏体相）的时效分解。

（2）应避免形成 ω 相。形成 ω 相会使合金变脆，正确选择时效工艺（如采用较高时效温度），即可使 ω 相分解为弥散 α + β 相。

（3）由于钛的两个同素异构体的比容差较小，所以同素异构转变难以细化晶粒。

（4）钛的导热性差，可导致钛合金淬火热应力大，淬火时零件易翘曲。

（5）钛的化学性质活泼，热处理时易与氧、氮和水蒸气反应，在工件表面形成一定深度的富氧层和氧化皮。并且钛合金热处理时容易吸氢，引起氢脆。

（6）钛合金 β 相变点差异大。即使是同一成分，但冶炼炉次不同的合金，其 β 转变温度有时差别很大（一般相差 5~30 ℃），这是制定工件加热温度时要特别注意的，通常每一炉次合金都需要测定相变点，然后再制定热处理加工。

（7）β 相区加热时钛合金晶粒长大倾向大。β 晶粒粗化可使塑性急剧下降，产生所谓

β脆性。故应严格控制加热温度与时间，并慎用在β相区加热的热处理。

6.2.2　钛合金的热处理种类

6.2.2.1　去应力退火

去应力退火又称不完全退火，能够在不降低材料强度的条件下，去除或降低由于压力加工、切削加工以及焊接等引起的残余内应力。去应力退火主要的工艺参数是退火温度和保温时间，这两者之间相互影响，可以通过适当提高加热温度和缩短保温时间来达到相同的效果。

一般情况下，去应力退火加热温度应控制在再结晶温度以下50～200 ℃，为450～650 ℃。若温度过低，则残余内应力不能充分去除；若温度过高，则会导致再结晶、过时效而降低钛合金的强度。去应力退火的冷却方式一般采用空冷，有时也采用炉冷。

6.2.2.2　完全退火（再结晶退火）

钛及钛合金的完全退火使其组织内发生充分再结晶。完全退火后，钛及钛合金内部组织均匀，具有合适的塑性和韧性，晶粒发生充分再结晶，故又称为再结晶退火。

完全退火温度一般高于或接近再结晶终了温度。此温度一般低于合金相变温度。若超过相变点温度，则形成粗大的魏氏组织，导致β脆性。退火保温时间跟工件厚度有关。厚度小于5 mm的工件，保温时间少于0.5 h；厚度大于5 mm，随着厚度增加，保温时间延长，但一般不超过2 h。

对于α型钛合金和低合金化的α+β型钛合金，其再结晶退火温度为650～800 ℃，冷却方式采用空冷；对于合金化程度较高的α+β型钛合金，应注意退火后的冷却速度，因为冷却速度会影响β相的转变方式，空冷后的强度明显高于炉冷；对于亚稳β型钛合金，退火温度较高，冷却方式采用快冷，因为慢冷会导致α相的析出，降低合金的塑性。再结晶退火过程中，变形晶粒转变为等轴晶粒，同时α相和β相在组成、形态和数量上也会产生变化，大部分α型钛合金和α+β型钛合金都是在完全退火状态下使用。退火后合金的性能取决于晶粒尺寸、初生α相数量及再结晶程度等。

6.2.2.3　等温退火和双重退火

α+β双相钛合金有时会采用等温退火和双重退火。等温退火可获得良好的塑性和热稳定性。等温退火是将钛合金加热至再结晶温度以上、低于（α+β）/β相变点30～100 ℃的温度范围内，然后转入另一个炉中保温（一般为600～650 ℃），最后在空气中冷却。第二阶段的保温目的是使β相充分分解，提高钛合金的组织稳定性，使合金具有比较高的塑性、热稳定性和持久强度。故等温退火适用于含β钛元素较高的α+β型钛合金。

双重退火由二次加热、二次保温和二次空冷构成。第一次加热到低于（α+β）/β相变点20～160 ℃的温度，保温一定时间后空冷；第二次加热到（α+β）/β相变点以下300～450 ℃（高于使用温度）保温并空冷。双重退火的优点是，在第一次退火后保留的部分亚稳β相在经过第二次退火时可以充分分解，从而引起强化效应，改善合金综合力学性能和组织稳定性。

6.2.2.4　真空退火

为防止退火时表面发生氧化，钛合金成品退火有时采用真空退火。同时，在钛合金表面处理中，不能缺少的一种工艺是酸洗。但经过酸洗，会使得钛合金的氢含量超标，导致力学性能下降。为了去氢，也必须采用真空退火[5]。

在制定真空退火工艺制度时，首先要确定的是退火温度和保温时间。常采用的真空退火温度为 600~850 ℃，保温时间为 1~1.5 h，真空度要小于 0.33 Pa，这样可使钛合金中氢含量不大于 0.015%。

6.2.2.5　β 退火

β 退火目的是得到具有较高断裂韧性和蠕变抗力的魏氏组织。β 退火工艺是将工件加热至比 β 相变点高 20~30 ℃ 的温度，保温后空冷或油冷，然后在 500~600 ℃ 温度下保温较长时间。可见，β 退火与 β 相区的固溶时效相近。因 β 相区加热会降低合金的塑性，故此工艺应慎用，尤其应严格控制加热温度，以免 β 晶粒过度长大。

6.2.2.6　固溶处理

固溶处理是把钛合金加热保温并快速冷却获得过饱和固溶体的热处理工艺。为了达到快速冷却，通常采用水冷方法，故有时也称为淬火。

固溶的目的是获得并保留亚稳相，以便确保随后时效过程中合金得以强化。对于近 α 型钛合金和 α+β 型钛合金，固溶处理目的是保留 α′、α″ 马氏体或少量 β 相。固溶处理的温度通常选择低于 (α+β)/β 相变点 40~100 ℃，冷却方式一般采用水淬，也可采用油淬。近 α 型钛合金和 α+β 型钛合金在淬火时一定要迅速进行。淬火转移时间增加会使得 α 相在原始 β 相晶界形核并长大，影响淬火状态的力学性能（强度和塑性同时降低）。一般要求淬火转移时间不得超过 10 s，对薄板则要求更高。此外，对形状复杂的工件或薄板还要注意防止淬火变形。

近 β 型钛合金、亚稳 β 型钛合金固溶处理的目的是保留亚稳定 β 相。固溶处理通常选择在 (α+β)/β 相变点以下 40~80 ℃ 进行。冷却方式可采用空冷或水冷，为了防止淬火变形和提高经济效益一般采用空冷。由于 β 型钛合金 (α+β)/β 相变点较低，其在单相区加热时晶粒长大速度显著低于近 α 型钛合金和 α+β 型钛合金。

此外，与钢铁材料不同的是，钛及钛合金的淬透性不是指淬火后获得的马氏体层的深度，而主要是指保留亚稳定 β 相的深度。固溶处理温度的选择很重要，因为它对钛合金性能影响很大，如图 6-5 所示。

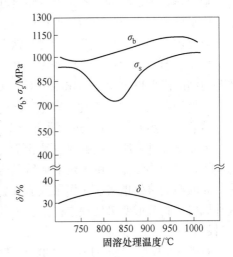

图 6-5　固溶温度对 TC4 合金性能的影响

6.2.2.7　时效处理

钛合金固溶处理所得到的 α′、α″、ω 和 β′ 相都是亚稳定相。一旦加热（时效），这些相即发生分解，析出新相，该过程称为脱溶转变。对于同晶型 β 钛合金，其分解产物为 α+β。对于共析型 β 钛合金，其分解产物为 α+Ti$_x$Me$_y$（金属间化合物）。因此，脱溶转变对这些亚稳定相的分解过程概括如下：

$$\alpha',\alpha'',\omega,\beta' \xrightarrow{\triangle} \alpha+\beta(\text{或 } \alpha+Ti_xMe_y)$$

在脱溶分解的某一阶段，合金可以获得细小

弥散的 α 相均匀分布于 β 基体中，使合金显著强化。时效温度和时间的选择应以获得最佳的综合力学性能为准。时效工艺的选择可通过描述时效过程"时间-温度-转变"的 C 曲线确定。该曲线的形状因合金成分而改变，图 6-6 给出了两种钛合金的 C 曲线。

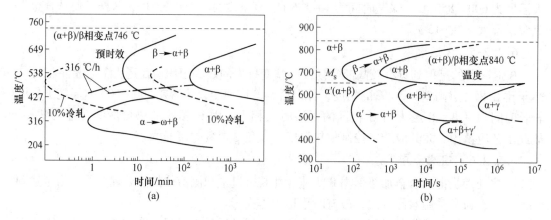

图 6-6　两相钛合金和 β 型钛合金的 C 曲线
(a) Ti-11.5Mo-6Zr-4.5Sn；(b) Ti-4.5Cr

　　一般 α + β 型钛合金时效温度为 500~600 ℃，时间为 4~12 h；β 型钛合金时效温度为 450~550 ℃，时间为 8~24 h。冷却方式均为空冷。为了控制析出相的大小、形态和数量，某些合金还可采用多级时效处理。如 TB1 合金，时效工艺为先在 450 ℃下预时效，再在 560 ℃下时效。低温下长时间保温，相变驱动力高，原子扩散能力弱，易形成细小、弥散 α 相，且不易形成连续晶界 α 相；高温下短时间保温，使 α 相长大。最终获得均匀析出的 α 相，可以改善合金的塑性，而强度略有降低。为了使钛合金在使用温度下有较好的热稳定性，往往采用在使用温度以上的温度进行时效。有时为了使合金获得较好的韧性和抗剪切性能，也采用较高温度的时效，这种时效有时也称为稳定化处理。

6.2.2.8　形变热处理 (TMP)

　　形变热处理是将变形和热处理结合起来的一种热处理工艺。形变热处理在钛合金的热处理中早已得到广泛的应用，这是因为形变热处理在提高其强度的同时，还可以提高其塑性。研究表明，形变热处理还能提高钛合金的疲劳强度、热强度、持久强度和抗蚀性。

　　根据变形温度的不同，形变热处理可分为：(1) 高温形变热处理，它是将钛合金加热到再结晶温度以上，变形 40%~85% 后迅速淬火，再进行常规的时效处理；(2) 低温形变热处理，它是将钛合金在固溶处理后进行冷变形 50% 左右，随后再进行时效处理；(3) 复合形变热处理，它是将高温形变热处理和低温形变热处理结合起来的一种工艺[6-7]。

　　形变热处理之所以能够改变钛合金的综合性能，不仅是变形强化的结果，也是热强化的结果，这种热强化是由于热变形后迅速冷却所固定下来的亚稳定相的分解所造成的。因此，高温形变热处理的显著作用只有在钛合金中含有足够的亚稳 β 相时才能实现。由于这种原因，高温形变热处理应在接近 T_β 温度下进行，因为在此温度下进行淬火会形成最大量的 β 相。

　　对于 α + β 型（如 BT3-1、BT8、BT14）钛合金，采用 β 区温度下的变形，随后快速淬火和时效，其效果与在 α + β 相区进行高温形变热处理一样，会使合金的强度有显著的提高（从 1100 ~ 1130 MPa 提高到 1400 ~ 1450 MPa），但会降低合金的塑性特性，其断后伸长率下降约 5%，截面收缩率下降 5% ~ 10%。

高温形变热处理的效果随变形程度增加，开始时是增大的，当变形程度增大到某范围时出现最大值。随后，由于在变形过程中动态再结晶的发生，高温形变热处理的效果逐渐下降（图 6-7 中在 α + β 相区上限温度区间，加工率 ε 对 BT3-1 合金力学性能的影响）。α + β 型钛合金的高温形变热处理最佳工艺制度是在 α + β 相区的上限温度区间进行 40% ~ 70% 的变形，随后在变形温度下淬火和时效。

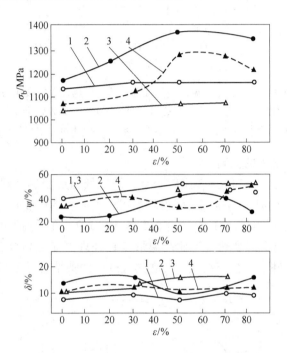

图 6-7　变形量 ε 对 BT3-1 合金力学性能的影响
1—水冷；2—水冷 1 h 时效；3—空冷；4—常规强化

对于 BT3-1 合金，高温形变热处理工艺为：在 850 ~ 870 ℃ 进行 50% ~ 70% 的塑性变形，随后在 500 ℃ 下进行时效处理。变形时所产生的缺陷有效地影响着时效相的体积、形态、尺寸和分布的均匀性。与常规处理相比，高温形变热处理不仅提高了 α + β 型钛合金的强化效果，而且提高了其塑性、断裂韧性、疲劳抗力以及持久强度。

图 6-8 为钛合金高温形变热处理和预变形热处理时的最佳温度。研究表明，对 α 型钛合金 BT-1、Ti-3Al，以及对 β 型钛合金 Ti-3Al-(15 ~ 30)Mo、BT15 在高温形变热处理时变形必须在 α 相温度区间内进行，而 BT6、BT14、BT3-1、BT23 合金必须在 α + β 区进行。对具有临界 β 稳定元素浓度的合金（BT16、BT22）必须进行预变形热处理。

低温形变热处理：钛合金的低温形变热处理包括淬火以及随后的冷塑性变形或温塑性变形和时效。此塑性变形是在低于再结晶温度（$T_{再}$）下并且 β 固溶体有足够稳定性的条件下进行的。

这种对已淬火的钛合金进行的温形变或冷形变会促使亚稳 β 相的快速分解。在低温形变热处理中，时效工艺可按一般热处理的常规制度进行。此时效会使合金在保留足够塑

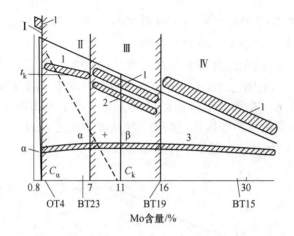

图 6-8　钛合金高温形变热处理和预变形热处理的最佳温度
1—热变形；2—淬火；3—时效；Ⅰ，Ⅳ—在 β 相区进行高温形变热处理；
Ⅱ—在 α + β 相区进行高温形变热处理；Ⅲ—在 α + β 相区进行预形变热处理

性的情况下，强度有很大的提高。

　　β 型钛合金和低合金化的 α + β 型钛合金，采用低温形变热处理时，其最佳冷变形程度应为 40% ~ 50% 。此时，所得到的强度增量可达 150 ~ 250 MPa，并且会随 β 相含量的增多而增大。对于低塑性的 α + β 型钛合金 BT3-1、BT9，在低温下的变形程度要小些。

　　如图 6-9 所示，低温形变热处理比高温形变热处理更能提高合金的强度水平。但是，在相同的强度水平条件下，合金在低温形变热处理后的塑性会低于高温形变热处理。

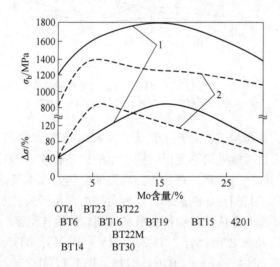

图 6-9　高温及低温形变热处理后钛合金瞬时剪切抗力，
以及相对于常规淬火和时效处理的强度增量
1—低温变形热处理；2—高温变形热处理

　　由于低温形变热处理引起的合金强化可在加热到不太高的温度下消除，因此，它可在非热强合金上得到应用。对于热强钛合金，最好是采用高温形变热处理，以保证钛合金具有高的热稳定性。

复合形变热处理是将高温形变热处理和低温形变热处理的有关工序结合在一起。如前所述，形变热处理之所以得到广泛应用，是因为它在保证合金具有良好塑性的条件下，可使强度指标有较大提高。表 6-1 为钛合金的最佳形变热处理与普通热处理后的性能对比。

表 6-1　钛合金的最佳变形热处理与普通热处理后的性能对比

| 合金成分 | 热处理工艺 | 室　温 | | | | | 高温瞬时 | | | 450 ℃持久 | |
		σ_b /MPa	δ /%	ψ /%	σ_k /MPa	σ_{-1} /MPa	σ_b /MPa	δ /%	ψ /%	应力 /MPa	破坏 /MPa
Ti-6Al-2.5Mo-2Cr-0.3Sn-0.5Fe（BT3-1）	850 ℃淬火，550 ℃×5 h 时效	1150	10	48	3.8	650	770	15	46	650	73
	850 ℃形变热处理，550 ℃×5 h 时效	1460	10	45	3.2	630	920	13	67	650	163
Ti-6Al-4V	850 ℃淬火，550 ℃×2 h 时效	1160	15	43		500	743	18.5	63.5	750	110
	920 ℃形变热处理，550 ℃×2 h 时效	1400	12	50	3.6	590	985	15	63	750	120
Ti-4.5Al-3Mo-1V	880 ℃淬火，480 ℃×12 h 时效	1165	10	37	4.5	550	845	15	67	600	24
	850 ℃形变热处理，480 ℃×2 h 时效	1270	10	39	4.5	620	900	17	65	600	86

注：各合金的形变热处理为加热保温 40 min，变形 50%～70% 后水冷。

6.2.3　热处理工艺条件的选择

6.2.3.1　($\alpha+\beta$)/β 相变点的确定

钛及钛合金的 ($\alpha+\beta$)/β 相变点是热处理工艺中的重要基本参数。只有精准确定 ($\alpha+\beta$)/β 相变点，才能选择合适的热处理工艺，而 ($\alpha+\beta$)/β 相变点与钛合金化学成分有关（表 6-2）。实践表明，对一些 $\alpha+\beta$ 型钛合金和 β 型钛合金，因相变点的上下波动导致在指定的时间和温度下热处理时，往往不同批次钛合金有不同的显微组织和力学性能。所以通常每一批次钛合金均要测定 ($\alpha+\beta$)/β 相变点，并据此确定具体的热处理工艺参数。

表 6-2　合金元素含量对 ($\alpha+\beta$)/β 相变点的影响

| 元素类别 | 元素名称 | 元素含量/% | 对 ($\alpha+\beta$)/β 相变点的影响 | |
			差值	累计值
α 稳定元素	Al	0～2.0	+14.5 ℃/1.0%	+29.0 ℃
		2.0～7.0	+23.0 ℃/1.0%	+143.0 ℃
		7.0～11.0	+15.5 ℃/1.0%	+205.0 ℃
		11.0～20.0	+10.0 ℃/1.0%	+295.0 ℃
	N	0～0.5	+5.5 ℃/0.01%	
	O	0～1.0	+2.0 ℃/0.01%	

元素类别	元素名称	元素含量/%	对（α+β）/β 相变点的影响	
			差值	累计值
α 稳定元素	C	0～0.15	+2.0 ℃/0.01%	+30.0 ℃
		0.15～0.50	+0.15 ℃/0.01%	
	B	0～0.05	+1.0 ℃/0.01%	+5.0 ℃
		0.05～1.00	+0.025 ℃/0.01%	
β 稳定元素	H	0～0.50	−5.5 ℃/0.01%	
	Mo	0～5.0	−5.5 ℃/1.0%	−27.5 ℃
		5.0～30.0	−10.0 ℃/1.0%	
	V	0～10.0	−14.0 ℃/1.0%	−140.0 ℃
		10.0～18.0	−10.0 ℃/1.0%	
	Nb	0～10.0	−8.5 ℃/1.0%	
	Ta	0～20.0	−1.0 ℃/1.0%	
	Fe	0～15.0	−16.5 ℃/1.0%	
	Mn	0～20.0	−16.0 ℃/1.0%	
	Cr	0～7.0	−15.5 ℃/1.0%	
		7.0～15.0	−12.0 ℃/1.0%	
	Cu	0～7.0	−12.0 ℃/1.0%	
	Si	0～0.45	−1.0 ℃/0.1%	−4.5 ℃
		0.45～1.0	−3.5 ℃/0.1%	
中性元素	Zr	0～10.0	−2.0 ℃/1.0%	
	Sn	0～18.0	−1.0 ℃/1.0%	

　　测定钛及钛合金相变点的方法有多种。其中金相法应用较广泛，测量相变温度准确，但要进行多组热处理试验并进行金相分析，测试周期长；热分析法和电阻法是比较快速的测定方法。利用 DSC 差热分析仪可快速测定钛合金相变点；还有一种基于实践经验数据总结出来的数学计算公式，它是按各元素对钛合金相变温度的影响推算出来的：

$$T_{(\alpha+\beta)/\beta\text{相变点}} = 885 ℃ + \sum \text{各元素含量} \times \text{各元素对}(\alpha+\beta)/\beta \text{ 相变点的影响} \qquad (6\text{-}1)$$

式中，885 ℃为计算时纯钛的相变点。

　　根据历来生产钛及钛合金锭的平均杂质含量（表 6-3）以及合金的名义成分计算的（α+β）/β 相变点，与实测值相当接近。例如，对于 TC4 合金：铝的影响为 2.0%（+14.5 ℃/1.0%）+（6.0%−2.0%）（+23.0 ℃/1.0%）=+121 ℃；钒的影响为 4.0%（−14 ℃/1.0%）=−56 ℃；杂质的影响分别是铁为 0.1%（−16.5 ℃/1.0%）=−1.65 ℃；硅为 0.05%（−1.0 ℃/0.1%）=−0.5 ℃；碳为 0.025%（+2.0 ℃/0.01%）=+5.0 ℃；氢为 0.005%（−5.5 ℃/0.01%）=−275 ℃；氮为 0.025%（+5.59 ℃/0.01%）=+13.75 ℃；氧为 0.080%（+2.0 ℃/0.01%）=+16 ℃。则 $T_{(\alpha+\beta)/\beta\text{相变点}}$=885 ℃+121 ℃−56 ℃−1.65 ℃−0.5 ℃+5.00 ℃−2.75 ℃+13.759 ℃+16 ℃=979.85 ℃。

表 6-3 钛锭杂质平均含量 （%）

表 6-3 钛锭杂质平均含量 （%）

杂质元素	Fe	Si	C	N	H	O
含量	0.10	0.05	0.025	0.025	0.005	0.08

计算得出 TC4 的相变点约为 980 ℃，这与实测值 980~990 ℃ 相近。表 6-4 中列出了钛及钛合金的名义 β 转变温度 T_β，即（α+β）/β 相变点，供参考。

表 6-4 钛及钛合金的 β 转变温度（T_β）

合金类型	合金牌号	名义 β 转变温度/℃	合金类型	合金牌号	名义 β 转变温度/℃
工业纯钛	TA0、TA0-1	890	α 型钛合金	TC1	930
	TA1、ZTA1	900		TC2	940
	TA2	910		ZTA5	990
	TA3	930		ZTA15	995
α 型钛合金	TA5	990	α+β 型钛合金	TC3	965
	TA6	1010		TC4、ZTC4	995
	TA7、ZTA	1010		TC6	970
	TA7ELI	1000		TC9	1000
	TA9	910		TC10	955
	TA10	900		TC11	1000
	TA11	1040		TC16	860
	TA12	1005		TC17	885
	TA13	895		TC18	870
	TA15	1000		ZTC3	980
	TA15-1	915		ZTC5	940
	TA15-2	965	β 型钛合金	TB2	750
	TA16	930		TB3	750
	TA18	935		TB5	760
	TA19	995		TB6	800
	TA20	940		TB8	815
	TA21	850			

6.2.3.2 去应力退火

钛及钛合金去应力退火工艺见表 6-5。

表 6-5 钛及钛合金去应力退火工艺

合金类型	合金牌号	加热温度/℃	保温时间/min
工业纯钛	TA0、TA1、TA2、TA3	445~595	15~360
	ZTA1	600~750	60~240
α 型钛合金	TA5	500~600	15~240
	TA6	550~600	15~360

续表 6-5

合金类型	合金牌号	加热温度/℃	保温时间/min
α型 钛合金	TA7	540~650	15~360
	TA7ELI	540~650	15~360
	TA9	480~600	15~240
	TA10	480~600	15~240
	TA11	595~760	15~240
	TA12	500~550	60~300
	TA13	550~650	30~120
	TA15	550~650	30~360
	TA16	500~600	30~360
	TA18	370~595	15~240
	TA19	480~650	60~240
	TA21	480~580	30~360
	TC1	520~580	30~360
	TC2	545~600	30~360
	ZTA5	550~730	60~240
	ZTA7	600~800	60~240
	ZTA15	600~800	60~240
α+β型 钛合金	TC3	550~650	60~360
	TC4	480~650	60~360
	TC6	530~620	30~360
	TC6	800~850	60~180
	TC9	530~580	30~360
	TC10	540~600	30~360
	TC11	530~580	30~360
	TC16	550~650	30~240
	TC17	480~630	60~240
	TC18	600~650	60~240
	ZTC3	620~800	60~240
	ZTC4	600~800	60~240
	ZTC5	550~800	60~240
β型 钛合金	TB2	650~700	30~60
	TB3	680~730	30~60
	TB5	680~710	30~60
	TB6	675~700	30~60
	TB8	680~710	30~60

6.2.3.3 完全退火工艺

钛及钛合金完全退火工艺见表6-6。

表6-6 钛及钛合金完全退火工艺

合金类型	合金牌号	板材、带材、箔材及管材			棒材、线材、锻件、铸件		
		加热温度/℃	保温时间/min	冷却方式	加热温度/℃	保温时间/min	冷却方式
工业纯钛	TA0、TA1	630~815	15~120	空冷或更慢冷	630~815	60~120	空冷或更慢冷
	TA2、TA3	520~570	15~120	空冷或更慢冷	650~750	60~240	
	TAD1（焊丝）				650~750	60~240	真空炉冷
α型钛合金	TA5	750~850	10~120	空冷	750~850	60~240	空冷
	TA6	750~850	10~120	空冷	750~850	60~240	空冷
	TA7	700~890	10~120	空冷	700~850	60~240	空冷
	TA7ELI	700~890	10~120	空冷	700~850	60~240	空冷
	TA9	600~815	15~120	空冷或更慢冷	600~835	60~240	空冷或更慢冷
	TA10	600~815	15~120	空冷或更慢冷	600~835	60~240	空冷或更慢冷
	TA11	760~815	60~480	A	900~1000	60~120	B
	TA12				$T_\beta \sim (15 \sim 30)$	60~120	C
					$T_\beta \sim (30 \sim 50)$	60~120	D
	TA13	780~800	10~60	空冷	780~800	60~240	空冷
	TA15	700~850	15~120	空冷或更慢冷	700~850	60~240	空冷
	TA15-1（焊丝）				650~750	60~240	真空炉冷
	TA15-2（焊丝）				650~750	60~240	真空炉冷
	TA16（管材）	600~815	15~120	真空炉冷			
	TA18	600~815	30~120	空冷或更慢冷	600~815	60~180	E
	TA19	800~925	薄板：10~60 / 厚板：30~120	F / E	$T_\beta \sim (15 \sim 30)$	60~120	E
	TA20（焊丝）				700~750	60~180	真空炉冷
	TA21	600~770	15~120	空冷或更慢冷	600~770	60~180	空冷或更慢冷
	TC1	640~750	15~120	空冷或更慢冷	700~800	60~180	空冷或更慢冷
	TC2	660~820	15~120	空冷或更慢冷	700~820	60~180	空冷或更慢冷
	ZTA7				900~940	120~180	空冷
	ZTA15				910~940	120~180	空冷
α+β型钛合金	TC3	700~850	15~120	空冷或更慢冷	700~850	60~120	空冷或更慢冷
	TC4	700~870	15~120	G	700~850	60~120	空冷或更慢冷

合金类型	合金牌号	板材、带材、箔材及管材			棒材、线材、锻件、铸件		
		加热温度/℃	保温时间/min	冷却方式	加热温度/℃	保温时间/min	冷却方式
α + β 型钛合金	TC6				800 ~ 850	60 ~ 120	空冷
					870 ~ 920	60 ~ 120	H
	TC9				950 ~ 980	60 ~ 120	I
	TC10	770 ~ 850	15 ~ 120	空冷或更慢冷	710 ~ 850	60 ~ 120	空冷
	TC11				950 ~ 980	60 ~ 120	I
	TC16	660 ~ 750	15 ~ 120	I	770 ~ 790	60 ~ 120	J
	TC18	740 ~ 760	15 ~ 120	空冷	820 ~ 850	60 ~ 180	K
	ZTC3				900 ~ 930	120 ~ 210	炉冷
	ZTC4				900 ~ 930	120 ~ 180	炉冷
	ZTC5				900 ~ 920	120 ~ 180	炉冷

注：T_β—合金相应的 β 转变温度。

A—炉冷至 480 ℃以下，双重退火，要求第二阶段在 790 ℃保温 15 min，空冷。

B—空冷或更快冷，随后在 595 ℃保温 8 h，空冷。

C—空冷后再在 600 ℃保温 2 h，空冷。

D—空冷后再在 (T_β ~ (50 ~ 70) ℃) 保温 1 ~ 2 h，空冷；再在 600 ℃保温 3 ~ 5 h，空冷。

E—空冷后再 595 ℃保温 8 h，空冷（TA18 合金线材真空炉冷）。

F—空冷后再在 790 ℃保温 15 min，空冷。

G—空冷或更慢冷。当对 TC4 合金规定进行双重退火（或固溶处理和退火）时，退火处理制度为：在 β 转变温度以下 15 ~ 30 ℃保温 1 ~ 2 h，空冷或更快冷；再在 705 ~ 760 ℃保温 1 ~ 2 h，空冷。

H—冷却方式根据截面厚度选择：截面厚度不大于 20 mm 采用等温退火，炉冷至 550 ~ 650 ℃，保温 2 h，空冷；截面厚度为 20 ~ 50 mm 采用等温退火，转移到炉温为 550 ~ 650 ℃的另一炉中，保温 2 h，空冷；截面厚度大于 50 mm 采用双重退火，空冷后再在 550 ~ 650 ℃保温 2 ~ 5 h，空冷。

I—空冷后再在 530 ~ 580 ℃保温 2 ~ 12 h，空冷。

J—以 2 ~ 4 ℃/min 的速度炉冷至 550 ℃（在真空炉中不高于 500 ℃），然后空冷。

K—复杂退火。炉冷至 740 ~ 760 ℃保温 1 ~ 3 h，空冷；再在 550 ~ 650 ℃保温 2 ~ 6 h，空冷。

6.2.3.4　真空退火工艺

各种钛合金真空退火温度与其对应的完全退火工艺是接近的。其中，钛管材的真空退火制度见表 6-7。

表 6-7　管材真空退火制度

合金牌号	坯料退火和中间退火			成品退火		
	温度/℃	保温时间/min	出炉温度/℃	温度/℃	保温时间/min	出炉温度/℃
TA1、TA2、TA3	700 ~ 750	60	≤200	650 ~ 680	45 ~ 60	100 ~ 150
TA5、TA7	800 ~ 850	60	≤200	800 ~ 850	60	100 ~ 150
TC1、TC2	750 ~ 780	60	≤200	700 ~ 750	45 ~ 60	≤150
TC4	800	60	≤200	700 ~ 750	45 ~ 60	≤450
TC10	800	60 ~ 90	≤200	800	60	≤150

6.2.3.5 固溶-时效处理工艺

钛及钛合金的固溶-时效工艺见表6-8和表6-9。

表6-8 常见钛合金固溶处理工艺

合金类型	合金序号	板材、带材、箔材		棒材、线材、锻件		冷却方式
		加热温度/℃	保温时间/min	加热温度/℃	保温时间/min	
α型 钛合金	TA11			900~1010	20~90	空冷或更快冷
	TA13	780~815	10~60	780~815	30~240	空冷或更快冷
	TA19	815~915	2~90	900~980	20~120	空冷或更快冷
α+β型 钛合金	TC4	890~970	2~90	890~970	20~120	空冷或水淬
	TC6			840~900	20~120	水淬
	TC9			920~940	20~120	水淬
	TC10	850~900	2~90	850~900	20~120	水淬
	TC11			920~940	20~120	水淬
	TC16			780~830	90~150	水淬
	TC17			790~815	20~240	水淬
	TC18			720~780	60~180	水淬
β型 钛合金	TB2	750~800	2~30	750~800	10~30	空冷或更快冷
	TB3			750~800	10~30	空冷或更快冷
	TB5	760~815	2~30	760~815	10~90	空冷或更快冷
	TB6			705~775	60~120	水淬
	TB8	815~900	3~30			空冷或更快冷
				$T_\beta\sim(10\sim60)$	60~120	水淬

表6-9 钛合金的时效工艺

合金类型	合金牌号	时效温度/℃	保温时间/h	合金类型	合金牌号	时效温度/℃	保温时间/h
α型 钛合金	TA11	540~620	8~24	α+β型 钛合金	TC17	480~685	4~8
	TA13	400~430	8~24		TC18	480~600	4~40
	TA19	565~620	2~8	β型 钛合金	TB2	450~550	8~24
α+β型 钛合金	TC4	480~690	2~8		TB3	500~550	8~16
	TC6	500~620	1~4		TB5	480~675	2~24
	TC9	500~600	1~6		TB6	480~620	8~10
	TC10	510~600	4~8		TB8	540~680	7.5~8.5
	TC11	500~600	1~6			670~700	7.5~8.5

6.2.4 热处理设备

6.2.4.1 加热设备

各种电阻炉、感应炉和燃料炉都可以用于钛合金热处理；一般现在用于钢材、铝材和铜材的热处理设备也都适用于钛合金热处理。

热处理加热设备大多是大型设备，有的体积大，有的长度长，如钛管、棒材的退火炉，有的长度达 5~7 m，甚至达 10 m。对于大型退火炉，特别是长的退火炉，如果要达到恒温区温度均匀，有一定技术难度。热处理工艺中温度对产品质量影响甚大，因此不仅要使恒温区温度均匀，而且需要温度控制精确。温度控制应借助于配置电脑控制的温控器，并且要多点测温和多点控制。

6.2.4.2　冷却装置

钛合金固溶处理时，冷却槽内放入水或油，称为水冷却槽或油冷却槽，供淬火用。冷却槽容积和位置放置要合适，一般放在淬火炉边低于炉水平线以下处，便于钛合金出炉后迅速转移，放入冷却槽中。

对于钛板，特别是薄板，为防止变形，淬火时一定要板材竖立入水（或油）中。

6.2.5　热处理加热环境

钛在高温下几乎和绝大多数物质相互作用，不仅可以和加热气氛中的 CO、CO_2、CH_4 等气体相互作用，也可与水相互作用。与水相互作用时，水中的氢和氧原子分别被钛吸收，并向基体内部扩散，使钛增氧和增氢。

如果钛合金表面有油污、汗渍，在高温下也发生反应。因为油污类油脂的化学通式为 C_mH_nO，发生分解反应：$C_mH_nO \rightarrow mC + nH + O$，然后 Ti 和 C 反应生成 TiC，氢原子和氧原子也同时被 Ti 吸收。此时，会造成钛合金同时增碳、增氧和增氢。

因此，要保证加热环境整洁，每次装炉前要清洁加热炉；钛合金入炉时，一定要将钛合金放在垫板上，使其与炉底有间隙，并让钛合金不接触铁壁；还要清除钛合金表面残留油污、水汗渍和手印等污染物。

6.2.6　热处理加热气氛

钛具有耐蚀性能是因为钛的表面能生成一层致密的氧化膜，对钛基体有保护性。随着温度升高，当温度超过极限温度（约 800 ℃）后，氧化膜中的氧持续向钛基体渗透，此时氧化膜会发生破裂，不再致密，不再具有保护性[8-9]。在基体升温过程中，钛基体外表面膜层结构如图 6-10 所示。此时膜层结构是由各种不同价态的氧化钛构成，外表是 TiO_2（高价态），由外向内价态逐渐下降，最内层为 TiO（低价态），可以说，膜层是 $TiO_2 \rightarrow Ti_2O_3 \rightarrow TiO$ 等一系列氧化物构成。此外，在氧化膜和钛基体之间还有一气体的污染层，污染层厚度随加热温度的增加而增加，并受到加热气氛的影响，如图 6-11 所示。

为了避免气氛污染的影响，可采用真空加热气氛，即采用真空退火炉及真空淬火炉进行热处理，真空度需小于 1.3 Pa。有时也可以采用氩气保护气氛热处理，此时要求氩气的纯度达 99.99% 以上。有时也可与热变形加工需要相衔接，采用保护涂层涂玻璃层热处理。

真空热处理效率低、成本高、操作麻烦。多数情况下，钛合金热处理仍然采用大气下热处理。这是因为钛合金的整个塑性加工流程冗长，有些钛合金往往需要加热数次甚至有的中间退火都有数次。一旦生成一定厚度的氧化膜（皮），这层氧化膜黏附很牢，虽然它不能阻止大气渗入基体，但它也是自然形成的障碍层，能够成为气体扩散时的主要阻力，

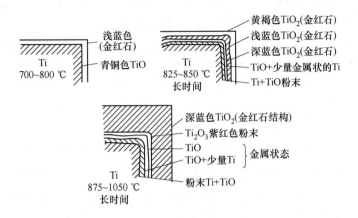

图 6-10 工业纯钛在不同温度下氧化膜结构示意图

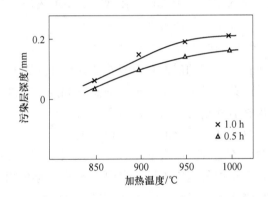

图 6-11 TC4 合金在碳硅棒炉中污染层温度与加热温度关系

使得气体向钛基体渗透速度大为减弱。

　　加热气氛绝不能含氢，因为氢易使钛合金内氢含量增加，进而引起氢脆。为此，加热炉绝不能用氢气加热，也应避免采用还原性气氛，防止钛合金吸氢。为了防止过分氧化或增碳，在采用燃油加热时，要严防火焰直接喷射到钛合金工件表面。总之，在加热炉中要求炉内气氛为中性或微氧化气氛。

6.3　常见钛合金的热处理制度

6.3.1　钛合金半成品的热处理

6.3.1.1　板材的热处理

钛合金板材在生产中可分为单张生产和成卷生产（板卷）。

　　轧制单张板材时需进行中间退火和最终退火。中间退火可完全消除合金在温轧过程中产生的加工硬化。最终退火可以是完全退火，也可以是不完全退火。为了降低钛合金板材表面的氧、氢含量，可采用真空退火或在保护气中退火[10]。

热轧板卷和冷轧板卷的退火可在连续式退火装置或步进式真空电炉中进行。BT1-0 和 OT4-1 钛合金板卷在连续退火装置中的退火制度见表 6-10。

表 6-10 **BT1-0 和 OT4-1 钛合金板卷在连续退火装置中的退火制度**

牌号	厚度/mm	板卷运动速度/m·min^{-1}	炉温/℃	出炉温度/℃
BT1-0	1.5~2.5	3.0~7.0	650~700	640~660
	0.8~1.2	8.0~12.0		
OT4-1	1.5~2.5	3.0~7.0	750~800	720~740
	0.8~1.2	8.0~12.0		

BT1-0 和 OT4-1 钛合金的退火也可在步进式真空炉中进行，退火温度为 580 ℃ 和 650 ℃，退火时间为 7~8 h，残余压力为 0.133 Pa。

钛合金板材的淬火是比较复杂的问题，它必须进行无氧化的加热，快速冷却。淬火前的加热可以在具有惰性气体的加热炉中进行。在真空炉中加热是最有前途的方法，为使板材加热后快冷应向炉内送入冷氦气或冷氩气。

6.3.1.2 锻件和模锻件的热处理

对于锻件和模锻件来讲，不同的锻件和模锻件都有其自己的生产工艺，因为它们的几何形状、尺寸、成分以及工艺要求和使用要求一般是不同的。在锻件和模锻件的生产中，对中间退火没有要求。但在有些情况下需要进行 2~3 次再加热，虽然这不算退火，但由于再结晶的发生，也可使具有加工硬化的金属得到软化。

在轧制过程中，坯料表面层的温度会下降到 A_{c3} 点以下，从而在表面层发生 β→α 相变。由于变形的结果，使合金内的组织不均，在中心区域内为 β 相，在周边区域为 α+β 组织。这种组织不均可用退火方法或用在高于 A_{c3} 点 30~50 ℃ 的温度区间变形的方法来消除。之后轧制坯料的组织更为均匀，也不太影响其轧制的棒材的力学性能。

锻坯和轧坯经完全退火，可用来生产所需尺寸和轮廓的模锻件和锻件。在生产模锻件和锻件时，通常不需要进行中间退火，但常要进行 2~3 次中间加热，产生再结晶，使合金软化。

成品模锻件和锻件按规则要进行完全退火。因为这些半成品在下道工序中还要进行机械加工，所以在一般情况下，不再进行酸洗来去掉其氧化层。因为模锻件和锻件的形状和尺寸是各式各样的，所以对每一种制品都要进行专门的退火和强化热处理。

模锻件和锻件的淬火和时效在工艺上比板材要更容易。因为这些半成品在淬火和时效后还要进行机械加工，留有足够的工艺余量，所以淬火前的加热和以后的时效可以在空气中进行，不需要任何保护介质。

对于像螺栓、精模锻件等，不需要留存后续机加工中所需的工艺余量，因此必须在真空炉内进行热处理强化。

6.3.1.3 型材、管材、棒材及线材的热处理

生产型材、管材、棒材的原料是热轧坯或热锻件。不同尺寸的棒材是用锻造、轧制、挤压的方法生产的。钛合金半成品的不良组织是不能通过热处理方法改善的。棒材最佳的组织和性能可通过具有正确工艺参数的热加工方法来实现。

对 α + β 合金的型材可以进行强化热处理。强化热处理的方法有两种：第一种方式是淬火前加热、保温、按规定速度冷却、矫直、时效和酸洗；第二种方式是淬火前快速加热、按规定速度冷却、用拉伸方式矫直、时效和酸洗。

管材需进行完全退火，这种退火可以用作中间退火，也可以用作最终退火。

对某些合金，自冷轧终了到退火的间隔时间不能超过 24 h，否则会由于残余应力的存在，冷轧管会开裂。钛合金管材和棒材退火时的加热可在真空中或惰性气体中进行。无论采用何种方式加热，都应保证合金加热终了后得到快速冷却。

在钛合金的线材生产中，中间退火在较高的温度下进行，退火次数多于工业纯钛。在加热和变形以及在酸洗过程中会使氢的含量增多，最后可能使之超过允许值。因此，成品线材应在真空炉中进行退火。

6.3.2 常见钛合金的热处理

6.3.2.1 TA7 合金

TA7 和 TA7ELI 合金是典型的 α 型钛合金，名义成分为 Ti-5Al-25Sn，铝和锡起稳定 α 相和固溶强化的作用。

TA7 合金不能热处理强化，只能通过再结晶退火实现 α 相固溶强化。再结晶开始温度为 580 ℃，β 相变点温度为 1020 ~ 1030 ℃；板材再结晶退火温度为 700 ~ 750 ℃，棒材和锻件为 800 ~ 850 ℃；消除应力退火温度为 550 ~ 600 ℃。

TA7 合金具有中等强度，其蠕变抗力热稳定性也较好。长期工作温度可达 450 ℃，短时工作温度可达 800 ~ 850 ℃。

6.3.2.2 TC4 合金

TC4 常用的热处理制度是退火和时效。普通退火加热至 750 ~ 800 ℃ 保温 1 ~ 2 h 空冷，得到不完全再结晶组织，故又称不完全退火。再结晶退火加热温度较高（930 ~ 950 ℃）以保证 α 相发生充分再结晶，随炉冷至 540 ℃ 以下空冷。淬火时效工艺一般是加热到 930 ~ 950 ℃，水冷随后在 540 ℃ 时效 4 ~ 8 h。试验表明，对 TC4 合金进行不同热处理后，再结晶退火的断裂韧性比普通退火高，这与组织形态有关，前者 β 相以网状分布在晶粒之间，对裂纹扩展阻力较大，后者组织中的 β 相独立分布在 α 基体中，且 α 基体保持高的位错密度，这样的组织有利于纹的扩展。此外，TC4 合金淬火时效后，其疲劳寿命和蠕变性能也都高于退火，其原因是淬火加热温度较高，容易获得比较均匀的组织，有助于改善塑性和疲劳性能，时效又产生了弥散强化，提高了常温和 400 ℃ 以下的热强度。

TC4 合金淬透性低（小于 25 mm），从而限制了时效硬化的应用。对某些用途来说它还存在着强度、塑性和断裂韧性偏低的问题。

6.3.2.3 Ti-4.5Al-5Mo-15Cr（简称 Ti-451）合金

Ti-451 合金的突出特点是在保持一定强度的前提下具有高的韧性，其断裂韧性 K_{IC} 比 TC4 高 50% ~ 80%。在相同的 K_{IC} 条件下，其强度比 TC4 高约 30%。适用于制作高可靠性的承载零件或制作高应力下的冲击构件。该合金的 T_β 为 910 ~ 920 ℃，比 TC4 低约 70 ℃，有利于超塑性成形。

Ti-451 合金因含有较多的 β 稳定元素，故可通过热处理较大幅度地调整性能。合金性能对加热温度非常敏感，相的形态和分布影响着合金的性能。Ti-451 合金经过 845 ℃ × 4 h 空冷 +710 ℃ ×6 h 空冷双重处理后断裂韧性可达 139 MPa·m$^{1/2}$，这是因为 α 相是扁豆状（α 片较粗短且方向多变），当滑移带或裂纹遇到较厚的 α 片时会改变方向，沿着 α 相的边界扩展，或使裂纹产生分枝，故其断裂韧性较高。

本 章 习 题

（1）钛合金热处理的基本种类有哪些？分别叙述其特点。

（2）钛合金成品板材为什么要进行真空退火？

（3）钛合金热处理的加热气氛为什么需要中性或弱氧化气氛，而不选择还原气氛？

（4）钛合金进行退火处理的主要作用是什么？

（5）什么是钛合金固溶和时效处理，其对组织性能有什么影响？

参 考 文 献

［1］张翥，王群骄，莫畏. 钛的金属学和热处理 ［M］. 北京：冶金工业出版社，2009.

［2］辛社伟，赵永庆. 关于钛合金热处理和析出相的讨论 ［J］. 金属热处理，2006，31（9）：39-42.

［3］辛社伟，赵永庆. 钛合金固态相变的归纳与讨论（Ⅳ）——钛合金热处理的归类 ［J］. 钛工业进展，2009，26（3）：26-29.

［4］朱文光，辛社伟，吴迪，等. 高性能 β 钛合金设计研究进展——从经验试错到集成计算 ［J］. 稀有金属材料与工程，2021，50（6）：2229-2236.

［5］邢淑仪，王世洪. 铝合金和钛合金 ［M］. 北京：机械工业出版社，1987.

［6］赵永庆，陈永楠. 钛合金相变及热处理 ［M］. 长沙：中南大学出版社，2012.

［7］张宝昌. 有色金属及热处理 ［M］. 西安：西北工业大学出版社，1993.

［8］谭树松. 有色金属材料学 ［M］. 北京：冶金工业出版社，1993.

［9］缪强，梁文萍. 有色金属材料学 ［M］. 西安：西北工业大学出版社，2018.

［10］王群骄. 有色金属热处理技术 ［M］. 北京：化学工业出版社，2007.

7 钛合金的显微组织与力学性能

7.1 钛合金的典型显微组织及形成规律

7.1.1 钛合金的典型显微组织

钛合金的最终性能是由显微组织决定的，不同的组织对应于不同的力学性能，而微观组织形态主要取决于合金的化学成分、加工参数和热处理制度。不同的加工工艺和热处理制度会使钛合金中 α 相和 β 相的比例、形态、尺寸、取向甚至相界面特征产生较大的差别。α + β 型钛合金的显微组织，可以分为等轴组织、双态组织、网篮组织和片层组织。

钛合金的基本组织是由密排六方的低温 α 相和体心立方的高温 β 相构成。除了少数稳定 β 型钛合金之外，体心立方的高温 β 相一般都无法保留到室温，冷却过程中会发生 β 相向 α 相的多晶转变，以片状形态从原始 β 晶界析出。片状组织由片层 α 相与 α 相间的残余 β 相构成。片状组织在 α + β 两相区承受足够大的塑性变形后再结晶球化得到等轴组织。因此，按照晶内 α 相的形状变化，α + β 型钛合金的显微组织大致分为 4 类，见图7-1。

7.1.1.1 片层组织

片层组织的特点是粗大的原始 β 晶粒晶界清晰完整，有连续的晶界 α 相沿晶界析出。在 β 晶粒内有细长平直、互相平行的片状 α 相（图 7-1(a)）。将合金加热到 β 相高温区域时晶粒很快长大，形成粗大的原始 β 晶粒，随后冷却过程中从原始 β 晶界析出连续的晶界 α 相和平直的片状 α。钛合金中的片层组织类似于钢中的过热组织，在实际生产过程中没有特殊的需求应尽量避免。

片层组织具有最高的蠕变抗力、持久强度和断裂韧性，但是其致命的弱点是塑性低，尤其是断面收缩率远低于其他组织类型。这是由于其原始 β 晶粒比其他类型的组织粗大，且存在连续晶界 α 相的缘故。

7.1.1.2 网篮组织

网篮组织的特点是在 β 转变基体上分布着交错编织成网篮状的片状 α 组织，原始 β 晶界不同程度破碎，晶界 α 相沿原始 β 晶界断续分布（图 7-1(b)）。获得这种组织的方法是在 β 区开始变形，在 α + β 两相区结束变形且变形量较小。在热变形过程中，当合金温度下降而进入 α + β 两相区时，沿 β 晶界析出的晶界 α 相和晶内析出的片状 α 相承受变形，从而形成断续晶界 α 相和交错分布的短片状 α 相。如果在 α + β 两相区的变形量足够大，则有可能因为片状组织球化而获得等轴组织。

这类组织具有高的持久强度和蠕变强度，在热强性方面具有明显的优势，适用于制作长期在高温和拉应力工作下的零件。网篮组织还具有高的断裂韧性、低的疲劳裂纹扩展速率 da/dN，对损伤容限性能要求高的构件宜采用这类组织。但是这类组织的一个致命弱点

图 7-1　α + β 双相钛合金典型组织

（a）片层组织；（b）网篮组织；（c）双态组织；（d）等轴组织

是塑性较低，即"β 脆性"，这与粗大的原始 β 晶粒有关。提高网篮组织塑性的方法是降低在 β 相区加热的温度和缩短加热时间，以获得细小的网篮组织。另外，网篮组织的疲劳性能比等轴和双态组织稍低。

7.1.1.3　双态组织

双态组织的特点是在 β 转变基体上分布着一定数量的等轴 α 相，但总含量一般不超过 30%。双态组织包含了 α 相的两种形态，即少量的等轴 α 相和片状 α 相（图 7-1(c)）。获得这类组织的关键是在 α + β 两相区的上部加热或变形。国外学者通常采用常规的 α + β 两相区锻造获得等轴组织，然后在 α + β 两相区的上部温区进行退火获得双态组织。国内周义刚教授等在双态组织的基础上，采用在 β 转变温度以下 10 ~ 25 ℃ 的近 β 锻造，然后采用双重热处理工艺开发出了由等轴初生 α 相、粗片状 α 相和细小时效 α 相组成的"三态"组织。

双态组织兼顾了等轴组织和片状组织的优点，等轴 α 含量在 20% 左右的双态组织具有强度、塑性、韧性、热强性的最佳综合匹配。与片状组织相比，双态组织具有更高的屈服强度、塑性、热稳定性和疲劳强度；与等轴组织相比，双态组织具有较高的持久强度、蠕变强度和断裂韧性以及较低的疲劳裂纹扩展速率 da/dN。

7.1.1.4　等轴组织

等轴组织的特点是在 β 转变基体上分布着 50% 以上的等轴 α 相（图 7-1(d)）。等轴组织的形态和尺寸与变形方式和变形程度有关。等轴组织一般是在 β 转变温度以下 30 ~ 100 ℃加热，经过充分的塑性变形和再结晶退火形成。加热温度越低，变形量越大，等轴 α 相的含量越多，颗粒的尺寸越细小。等轴 α 相含量过多时可以通过提高加热温度的方式来减少，但含量过少时不能像钢一样通过循环加热的方式将片状组织球化，而需在 α + β 两相区对合金进行大变形，使片状 α 相发生动态再结晶。

等轴组织具有较好的塑性、伸长率和较高的断面收缩率，且抗缺口敏感性和热稳定性优异，高周疲劳强度高。在有高周疲劳性能要求的构件，如承受高频振动载荷的叶片，宜选用等轴组织。但是等轴组织冲击、高温持久、蠕变强度、断裂韧性和 da/dN 性能稍差一些。

7.1.2 钛合金典型显微组织的形成规律

7.1.2.1 片层组织形成规律

片层组织可以在 β 相区内通过对钛合金进行 β 退火处理获得，其制备工艺如图 7-2 所示。这种组织也常称为"β 退火"组织。变形过程（阶段 Ⅱ）可以在 β 相区或在 α + β 两相区进行。在工业生产中，材料首先在 β 相区内变形，然后在 α + β 相区内变形，以避免粗大 β 晶粒的产生。在阶段 Ⅲ 中，再结晶温度通常保持在高于 β 转变温度 30 ~ 50 ℃，这是为了避免 β 晶粒尺寸长大。

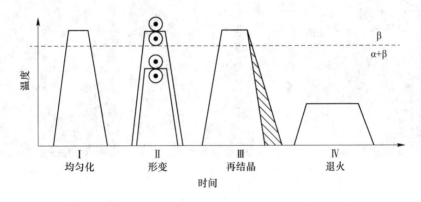

图 7-2　α + β 型钛合金片层组织加工流程

表 7-1 列出了对微观组织有较大影响的加工工艺参数。从表 7-1 中可以看出，冷却速度决定了片层组织（如 α 片层的厚度、α 晶团尺寸以及晶界 α 片层厚度）的特征，所以加工流程中最重要的参数是阶段 Ⅲ 中的冷却速度。Ti-6242 合金片层组织随冷却速度的变化如图 7-3 和图 7-4 所示。从图 7-3 和图 7-4 可以看出，表 7-1 中所列出的"冷却速度"对合金微观组织特征的影响（即 α 片层厚度、α 晶团尺寸、晶界 α 片层厚度），均随着冷却速度的增加而降低。事实上，较为常见的冷却速度是 100 ℃/min，例如，截面尺寸较大锻件、板材的快速冷却或薄片的空冷。随着冷却速度增加，微观组织从魏氏（Widmanstätten）组织演变为马氏体组织，对于大多数普通 α + β 型钛合金，例如 Ti-6Al-4V 或 Ti-6242，马氏体相变发生在冷却速度高于 1000 ℃/min。因而，马氏体组织很少出现 α + β 型钛合金中。

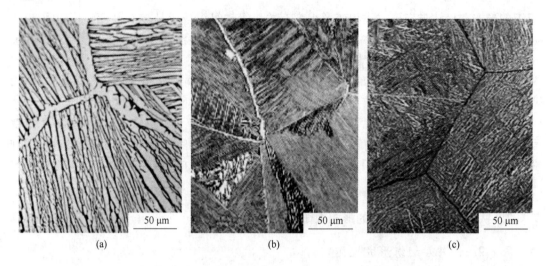

(a)　　　　　　　　(b)　　　　　　　　(c)

图 7-3　β 相区的冷却速度对 Ti-6242 片层组织的影响（LM）

(a) 1 ℃/min；(b) 100 ℃/min；(c) 8000 ℃/min

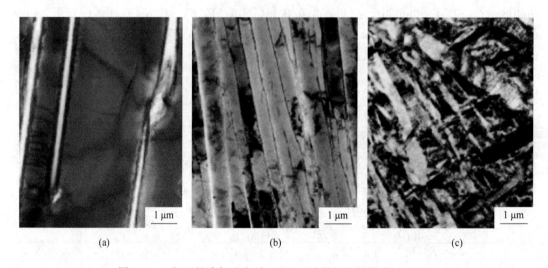

(a)　　　　　　　　(b)　　　　　　　　(c)

图 7-4　β 相区的冷却速度对 Ti-6242 片层组织的影响（TEM）

(a) 1 ℃/min；(b) 100 ℃/min；(c) 8000 ℃/min

从图 7-3 中可以清楚地看到，在三种冷却速度下，β 晶界上都析出了连续 α 相。晶界 α 相的形成在非常快的冷却速度下也不能避免。在材料缓慢冷却时，晶内 α 片层厚度与晶界 α 片层厚度接近（图 7-3(a)）。

表 7-1　影响片层组织的重要工艺参数以及相应的片层组织特征

加工阶段	重要参数	微观组织特征
Ⅲ	冷却速度	α 晶团大小； α 片层厚度； GB α 尺寸
Ⅳ	退火温度	α 中的 Ti₃Al； β 中的次生 α

虽然 α 片层厚度和 α 晶团的大小随冷却速度增加而降低，但其大小的改变发生在不同冷却速度范围内。在材料缓慢冷却时，α 片层厚度大约为 5 μm，当冷却速度为 100 ℃/min 时，α 片层厚度急剧降低到约 0.5 μm（图 7-4(a)、(b)）。随着冷却速度进一步增加，更细的马氏体片层出现，其尺寸大约为 0.2 μm（马氏体片平均厚度），见图 7-4(c)。相比之下，在材料缓慢冷却时，α 晶团的尺寸约为 β 晶粒的一半（约为 300 μm），当冷却速度为 100 ℃/min 时，α 晶团大小降低到大约 100 μm（图 7-3(b)）。冷却速度大于 100 ℃/min 时，形成马氏体组织。α 晶团中的残余 β 相分布于 α 片层之间，见图 7-4(a)、(b) 所示的透射电子显微照片。

在加工过程的第Ⅳ阶段（最终退火热处理），温度的控制比时间更重要，因为温度决定了 Ti_3Al 相的析出。例如，在 Ti-6Al-4V 合金中，Ti_3Al 的固溶温度大约为 550 ℃，要避免 Ti_3Al 粒子析出，就要在 600 ℃ 或更高温度对材料进行退火处理。另外，在阶段Ⅳ的热处理过程中，次生 α 相可以在 β 基体中析出[1]。

另一类片层组织是 β 加工条件下获得的片层组织，其加工流程如图 7-5 所示。β 加工组织未进行充分的 β 单相区退火，β 相处于非再结晶状态下。图 7-5 中的加工流程阶段Ⅱ，可以对应变速度、β 相区中的温度和停留时间、变形加工后的冷却速度进行合理设计。

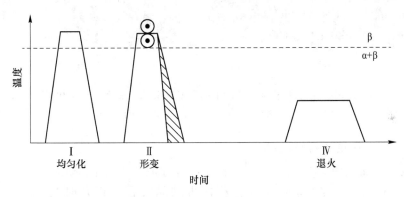

图 7-5　α+β 型钛合金中 β 微观组织加工流程

非再结晶 β 晶粒的形状取决于形变模式（轧制、锻造、压制等）以及形变量。形变量决定了变形 β 晶粒的宽度。非再结晶 β 加工组织的主要优点是 α 晶团的大小在一个方向上受限于 β 晶粒的厚度，并且 β 晶界上的连续 α 片层被分解，形成了"之"字形的晶界，如图 7-6 所示。变形加工后的冷却速度会直接影响 α 片层厚度和 α 晶团的大小（表7-2）。比较图 7-6(b) 和图 7-4(b) 可以看出，β 加工条件下 α 片层厚度并没有明显小于 β 退火之后的 α 片层。

表 7-2　影响 β 相微观组织的重要工艺参数以及相应的微观组织特征

加工阶段	重要参数	微观组织特征
Ⅱ	形变时间	非再结晶 β 晶粒结构
	形变模式	β 晶粒形貌
	形变程度	β 晶粒厚度

续表 7-2

加工阶段	重要参数	微观组织特征
Ⅱ	形变程度	（进一步决定 α 晶团尺寸） α 片层 GB 形状 α 晶团尺寸
	冷却速度	α 片层厚度
Ⅳ	退火温度	α 中的 Ti₃Al； β 中的次级 α

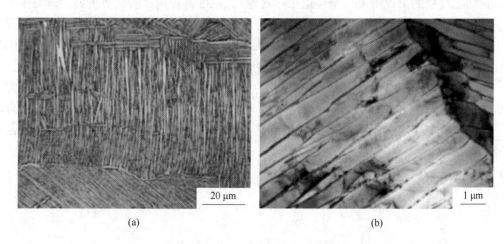

(a)　　　　　　　　　　　　(b)

图 7-6　Ti-6242 合金 β 相加工条件下的微观组织（冷却速度大约 100 ℃/min）

（a）金相组织 LM；（b）透射电极明场像 TEM

7.1.2.2　双态组织的形成规律

双态组织的加工流程见图 7-7，加工过程可分成 4 个不同阶段，即 β 相区均匀化（Ⅰ）、α + β 两相区加工（Ⅱ）、α + β 相区再结晶（Ⅲ）以及时效/去应力退火处理（Ⅳ）。该加工流程的重要参数以及双态组织特征见表 7-3。加工流程中最重要的参数是 β 相区中（阶段Ⅰ）的均质化温度和冷却速度，冷却速度决定了 α 片层的厚度（图 7-3、图 7-4）。然后这些 α 片层在阶段Ⅱ中形变并在阶段Ⅲ中再结晶。阶段Ⅰ过程中的冷却速度对

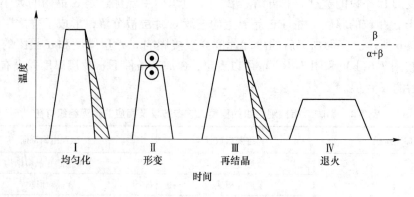

图 7-7　α + β 型钛合金双态组织加工流程

双态组织的影响如图 7-8 所示，冷却速度降低，片层 α 相厚度增加，使得双态组织中等轴 α 相尺寸及 α 片层尺寸增加。

(a) (b)

图 7-8 Ⅰ 阶段 β 相区不同冷却条件下 IMI834 合金的双态组织（LM）

（a）缓慢冷却；（b）快速冷却

表 7-3 影响双态组织的重要工艺参数以及相应的微观组织特征

加工阶段	重要参数	微观组织特征
Ⅰ	冷却速度	α 片层厚度 （进一步决定 α 晶粒大小）
Ⅱ	形变温度	织构类型
	形变程度	织构强度 位错密度
	形变模式	织构对称性
Ⅲ	退火温度	α_p 体积分数 （进一步决定 β 晶粒尺寸） 合金元素划分
	冷却速度	α 片层厚度
Ⅳ	退火温度	α 中的 Ti_3Al β 中的次级 α

在阶段 Ⅱ，即为 α + β 相区中的形变过程，片层组织发生塑性变形，塑性变形使材料获得足够高的应变能，这些能量用来完成阶段 Ⅲ 过程中的 α 相和 β 相的完全再结晶。两相区变形温度对合金的织构也有影响。单向轧制过程中，形变温度决定了织构类型（图 7-9），在低形变温度下，形变过程中 α 相所占的体积分数较高，形成 α-形变织构，即所谓的基面/横向（B/T）织构。在高形变温度下，形变过程中 β 相所占体积分数较高，形成 β-形变织构。在冷却过程中，β 相向 α 相转变，形成横向 T 织构[2]。形变模式（单向轧制、横向轧制、扁平锻造等）决定了织构的对称性（表 7-3）。在阶段 Ⅲ 的再结晶过程中，α 相织构不会发生明显的改变。

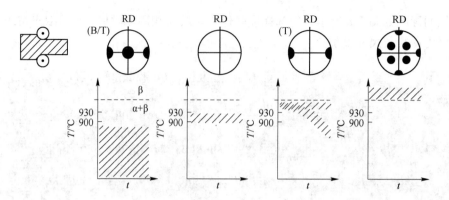

图 7-9　α + β 型钛合金在不同温度形变加工后的织构（(0002) 极图）

再结晶退火阶段Ⅲ（图 7-7）中最重要的参数是温度，它决定了初生等轴 $\alpha(\alpha_p)$ 相的体积分数。α_p 的体积分数和尺寸决定了双态组织中最重要的组织特征，即 β 晶粒尺寸，也可以认为是初生 α 相之间的距离（图 7-8）。

阶段Ⅲ中的退火时间对组织的影响有限，双态组织中，晶粒长大非常缓慢。阶段Ⅰ形成的初始片层组织，在阶段Ⅱ中发生变形，随后在再结晶过程中进一步转变为等轴 α 和 β 晶粒。阶段Ⅲ中，α + β 相区的冷却速度主要影响 α 片层的厚度，而 α 晶团的尺寸和晶界 α 片层取决于 β 晶粒尺寸。在 30 ~ 600 ℃/min 的正常冷却速度范围内，双态组织的 α 晶团大小与 β 晶粒尺寸差不多。在冷却速度缓慢时，α_p 的尺寸和体积分数都增加。

7.1.2.3　等轴组织形成规律

获得等轴组织的第一种加工途径如图 7-10 所示。如果阶段Ⅲ的再结晶退火的冷却速度足够低，那么只有初生等轴 α 晶粒会在冷却过程中长大，β 晶粒中没有次生 α 相生成，β 相主要分布在初生等轴 α 晶粒的三叉晶界处。在这种情况下，α 晶粒尺寸大，如图 7-11 所示。

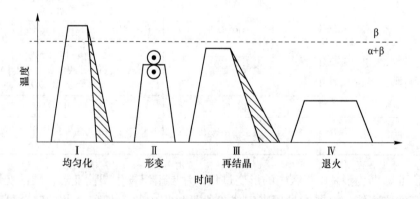

图 7-10　α + β 型钛合金完全等轴组织的第一种加工流程

获得等轴组织的另一种方法是在阶段Ⅲ的再结晶过程中，α 相的体积分数足够高，直接从变形的片层 α 相发生再结晶形成完全等轴组织[3-4]。由于再结晶退火温度低，第二种方法比第一个方法可以获得更小的等轴 α 晶粒。以 Ti-6Al-4V 合金为例，使用 800 ℃ 再结晶退火，可以在实验室中获得 α 晶粒大小约为 2 μm 的完全等轴组织，如图 7-12 所示，α 晶粒大小只能通过 TEM 才能清楚地观察。

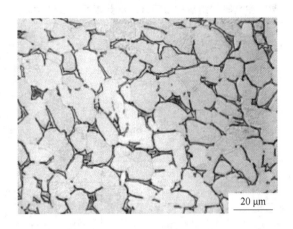

图 7-11 Ti-6242 合金在阶段Ⅲ的再结晶过程缓慢冷却获得的完全等轴组织

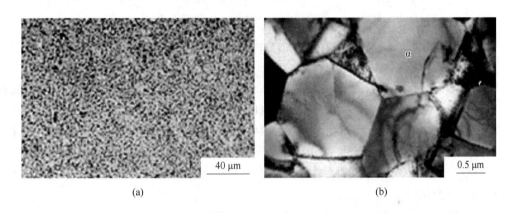

(a)　　　　　　　　　　　　　　　(b)

图 7-12 Ti-6Al-4V 合金的等轴细晶组织

（a）金相组织；（b）透射电镜组织

这两种加工流程的重要加工参数和微观组织的特征见表 7-4。β 相区（阶段Ⅰ）冷却速度对低温再结晶退火流程获得细晶等轴组织是非常重要的，如图 7-13 所示。在最终退火处理（阶段Ⅳ）过程中，是否有次生 α 片层在 β 相中形成，取决于低温再结晶退火温度和最终退火温度之间的差值，或者是缓慢冷却过程中再结晶退火后的冷却速度。

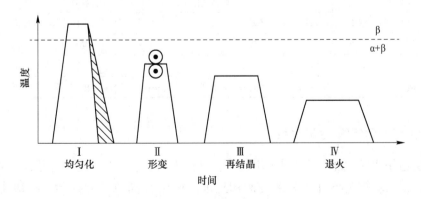

图 7-13 α + β 型钛合金完全等轴组织的第二种加工流程

表 7-4   影响完全等轴组织的重要加工参数以及相应的微观组织特征

加工阶段	重要参数	微观组织特征
I	冷却速度	α 薄片厚度 （进一步决定 α 晶粒大小）
II	形变温度	织构类型
	形变程度	织构强度 位错密度
	形变模式	织构对称性
III	缓慢冷却速度	完全等轴结构
	低退火温度	完全等轴结构
IV	退火温度	α 中的 Ti_3Al
		β 中的次级 α

7.2   钛合金的显微组织与力学性能的关系

通常，双态组织具有较好的强塑性匹配及疲劳强度；等轴组织具有最好的拉伸塑性和疲劳强度。对于疲劳性能要求高的零件，例如承受交变负荷的发动机叶片等，希望具有等轴组织。但是，尤其是在大型锻件和模锻件中，很难获得完全的等轴组织，常见的是双态组织和网篮组织。双态组织或网篮组织的疲劳强度虽不及等轴组织，但却有着更高的持久和蠕变强度。因此，从综合力学性能角度考虑，对于在较高温度下长期受拉应力的零件，双态组织，甚至网篮组织更可取。

表 7-5 展示了钛合金四种典型组织对应的力学性能[5]。从表 7-5 中可以看出，片层组织的断裂韧性比等轴组织的高。较大的原始 β 晶粒尺寸及 α 晶团尺寸，都会提高合金的断裂韧性。一定厚度的 α 片层也可以提高断裂韧性，当裂纹若沿片层 α 和 β 的相界面扩展时，片状 α 相具有高的长宽比，可以为裂纹扩展提供更多的相界面。同时，片层组织也会引起裂纹方向的多次改变，从而使得裂纹扩展更曲折，吸收更多的能量。

表 7-5   钛合金四种典型组织形态与合金力学性能的一般关系

组织类型	室温强度	室温塑性	冲击韧性	断裂韧性	疲劳极限	高温瞬时强度	高温瞬时塑性	持久强度	蠕变抗力
片层组织	最高	最低	低	最高	低	中	最低	最高	最高
网篮组织	较高	较低	中	较高	中	中	较高	较高	较高
双态组织	较高	较高	中	较低	中	较低	较高	较低	较低
等轴组织	较低	最高	最高	最低	最高	较高	较高	最低	最低

7.2.1   片层组织的组织-性能关系

对片层组织力学性能影响最大的因素是 α 晶团的尺寸，它决定了片层组织中的有效滑移长度，α 晶团的大小由 β 相区的冷却速度及原始 β 晶粒尺寸控制。冷却速度越高、原始 β 晶粒尺寸越小，α 晶团尺寸越细小。

有效滑移长度随 α 晶团的尺寸的减小而减小，相应的合金屈服应力增加。图 7-14 中列出了冷却速度对三种 α + β 型钛合金（Ti-6Al-4V、Ti-6242、IMI834）屈服应力和伸长率的影响，从图 7-14 中可以看出，在工业常用的冷却速度下（1000 ℃/min），有效屈服应力为 800 ~ 1200 MPa。然而，当晶团结构变为马氏体时，滑移长度和"晶团大小"等于单个 α 薄片的厚度，屈服应力就大大地增加了。在快速冷却的情况下，屈服应力与马氏体组织的晶体粒度有关，马氏体尺寸越细小，屈服强度越高。在三种合金中，Ti-6242 的马氏体组织是最细的，而 Ti-6Al-4V 合金和 IMI834 材料的微观组织是粗大的马氏体板条。

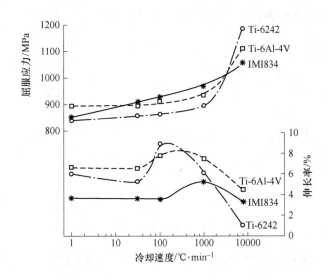

图 7-14　β 相区的冷却速度对片层组织屈服应力和伸长率的影响

如图 7-14 所示，随着冷却速度的增大，合金的伸长率逐渐增加。然而，随着冷却速度的进一步增大，伸长率达到一个最大值后开始下降。图 7-14 中所示的伸长率的变化远大于相应的断面收缩率变化。伸长率出现最大值标志着断裂模式的改变，在冷却速度较低时，可以看到韧性穿晶断裂，而在高速冷却时，连续晶界 α 相的存在使得合金发生沿晶断裂。由于在连续晶界 α 相的优先塑性变形以及这些区域伴随着早期裂纹的成核，所以，连续 α 相对伸长率的影响较大。伸长率的降低程度与连续晶界 α 相与基体之间的强度差异、β 晶粒尺寸等相关。β 晶粒尺寸对 Ti-6Al-4V 合金伸长率的影响如图 7-15 所示，当在较快冷速下，β 晶粒大小从 600 μm 减小到 100 μm，伸长率有较大的增加。β 晶粒尺寸为 25 μm 的双态组织的伸长率也展示在图 7-15 中，虽然 β 晶界上生成的连续 α 片层，但在快速冷却状态下，双态组织的伸长率比另外两个完全片状组织高。这表明连续晶界 α 片层对片层组织的塑性影响更加显著。

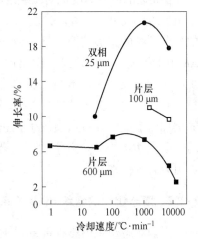

图 7-15　冷却速度对 Ti-6Al-4V 合金伸长率的影响

高周疲劳（HCF）强度主要反映了疲劳裂纹的形核抗力，其主要取决于位错运动的阻力，因此，HCF 强度与屈服强度相似，取决于滑移长度以及 α 晶团尺寸。HCF 强度随 β 相区冷却速度的变化趋势与屈服应力基本相同，当冷却速度增加到中等冷却速度时，HCF 强度随之增加，在快速冷却速度时增加得更多。图 7-16 为 Ti-6Al-4V 合金片层组织在循环 10^7 周时，HCF 强度与 β 相区冷却速度的关系。随冷却速度增加，α 晶团尺寸及 α 片层尺寸均降低，位错滑移距离降低，合金疲劳强度增加。对于 α+β 型钛合金来说，HCF 强度（$R = -1$）与屈服强度的比值大约是 0.5，但片层组织粗大时（例如 1 ℃/min 的冷却速度）这一比值约 0.45，片层组织非常细小时则增至 0.60。除冷却速度的影响外，片层组织 HCF 强度与屈服强度的比值还和最终的退火/时效处理有关。

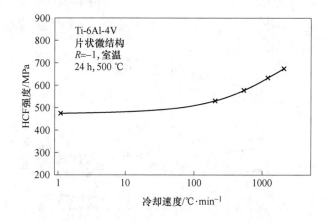

图 7-16　Ti-6Al-4V 片层组织 HCF 强度（$R = -1$）与 β 相区冷却速度的相关性

疲劳裂纹形核位置主要在滑移带内，进而扩展到整个 α 晶团，或在滑移带与邻近的 α 晶团的相交处。在快速冷却的情况下，疲劳裂纹常常在最长和最宽的 α 片上形成。疲劳裂纹偶尔也会在快速冷却的 α+β 双相钛合金中 α 片层附近形核。

β 相区的冷却速度也对微裂纹的扩展速率有较大的影响，如图 7-17 所示。图 7-17 比较了粗大的片状组织（冷却速度为 1 ℃/min）和极细的片状组织（冷却速度为 8000 ℃/min）中疲劳裂纹的扩展速率，微裂纹（左边两个曲线）远比宏观裂纹生长迅速，并在更低的 ΔK 值下扩展。与细片层组织相比，微裂纹在粗片层组织中扩展更快。在缓慢冷却片层组织中，微裂纹在滑移带内生长非常迅速，只有晶团边界和 β 晶粒边界对裂纹扩展阻碍明显，微裂纹生长穿过这些界面时，扩展方向可能会发生改变。晶团边界密度随着冷却速度的增加而增加，导致微裂纹生长速度降低。如果是细片层组织，则微裂纹倾向于在最粗大的 α 片层边界形核、并沿片层边界扩展。在这种细片层组织中，所有的单个马氏体片都可阻碍裂纹扩展。

7.2.2　双态组织的组织-性能关系

影响双态组织力学性能的最大因素是 β 晶粒尺寸的大小，β 晶粒大小取决于 α_p 的体积分数。而 α_p 的尺寸取决于再结晶退火温度，α_p 的大小取决于从 β 相区的冷却速度。通常，工业生产的双态组织中 β 晶粒尺寸为 30~70 μm。

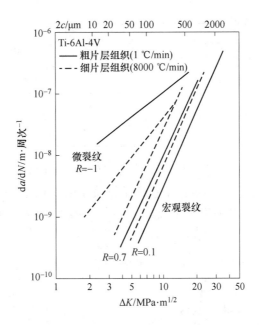

图 7-17　Ti-6Al-4V 合金片层组织对微裂纹及宏观裂纹扩展的影响

　　在工业生产的冷却速度范围内（30 ~ 600 ℃/min），双态组织中 α 晶团和 β 晶粒尺寸大小相当。比全片层组织细小得多。假设滑移长度是影响力学性能的唯一因素，那么在相同的冷却速度下，双态组织应比完全片层组织具有更高的屈服强度、更好的塑性、更高的 HCF 强度、更低的微裂纹扩展速率以及更高的低周疲劳（LCF）强度；全片层结构只有宏观裂纹扩展速率和断裂韧性高于双态组织，而蠕变强度相当。

　　影响双态组织力学性能的另一个重要参数是合金元素分配效应，它随着 α_p 体积分数增加而增加。合金元素分配效应使双态组织中的 β 转变基体强度低于全片层组织，但其对塑性、微裂纹和宏观裂纹的扩展行为以及断裂韧性的影响非常小，因为这些断裂行为不受屈服行为的影响，而主要取决于 α 晶团的大小。

　　α_p 体积分数对屈服强度的影响是 α 晶粒大小和合金元素分配作用共同作用的结果，屈服强度通常在体积分数为 10% ~ 20% 的 α_p 时达到最大值（表7-6）[6]，这表明，当 α_p 体积分数较小时，α 相尺寸大小起主要作用，而 α_p 体积分数较大时，合金元素分配作用起主要作用。双态组织比全片层组织具有更好的塑性，见表7-6，这是因为双态组织的 α 晶粒（滑移长度）比全片层组织更小。

表 7-6　室温及 600 ℃ α + β 型钛合金 IMI834 的拉伸性能

微 观 组 织	测试温度	屈服强度 $\sigma_{0.2}$/MPa	抗拉强度 UTS/MPa	断裂强度 σ_F/MPa	伸长率 /%	断面收缩率 /%
片状	RT	925	1015	1145	5	12
双态（20% 体积分数的 α_p）	RT	995	1100	1350	13	20
双态（30% 体积分数的 α_p）	RT	955	1060	1365	13	26

续表 7-6

微 观 组 织	测试温度	屈服强度 $\sigma_{0.2}$/MPa	抗拉强度 UTS/MPa	断裂强度 σ_F/MPa	伸长率 /%	断面收缩率 /%
片状	600 ℃	515	640	800	10	26
双态（10% 体积分数的 α_p）	600 ℃	570	695	885	10	30
双态（40% 体积分数的 α_p）	600 ℃	565	670	910	14	36

　　HCF 强度通常随着 α_p 体积分数的增加而降低（图 7-18）。在低应力幅下，β 转变基体强度（合金元素分配效应）的作用比 α 晶粒减小的作用更强，在 600 ℃ 高温测试时（图 7-19）双态组织的 HCF 强度等于或高于全片层组织，再次说明了合金元素分配效应在高温下的作用较小。

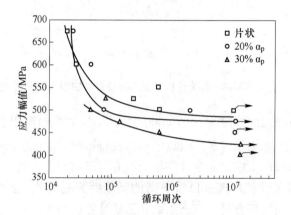

图 7-18　α + β 型钛合金 IMI834 的 HCF 曲线

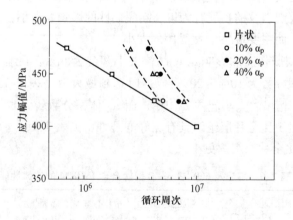

图 7-19　IMI834 合金的 HCF 曲线（600 ℃，$R = 0.1$）

　　在再结晶处理和最终时效处理之间，加入中间退火处理是消除室温下合金元素分配对HCF 强度不利影响的有效方法。通过这样的处理，α 稳定元素（如 Al 和 O）会从初生 α晶粒中扩散至 α 片层中，提高了 α 片层的强度。例如，830 ℃/2 h 的中间退火处理，可以将双态组织的 HCF 强度提高到略高于全片层组织的水平（图 7-20）。

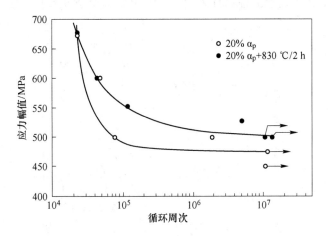

图 7-20　830 ℃/2 h 中间退火处理对 20% 体积分数的
α_p 双态组织合金（IMI834）HCF 强度的影响

α 晶团尺寸对 HCF 强度的影响情况见图 7-21。为了作为比较，也列出并讨论了相应的全片层组织（从 β 相区的冷却速度与从再结晶温度退火的冷却速度相同，并进行了相同的最终热处理：700 ℃/2 h）。图 7-21 对比了 IMI834 合金两种双态组织（大 α 晶团尺寸 - 双态组织 1，小 α 晶团尺寸 - 双态组织 2）的 HCF 强度及双态组织和全片层组织的 HCF 强度。结果表明，片层组织的疲劳强度最高，小 α 晶团尺寸双态组织疲劳强度居中，大 α 晶团尺寸双态组织疲劳强度最低。

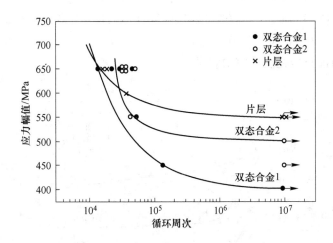

图 7-21　不同微观组织类型 IMI834 合金的 HCF 曲线（$R = -1$）

图 7-22 为大 α 晶团尺寸的双相组织和全片层组织 IMI834 合金的微裂纹扩展曲线。可以看到，双态组织的微裂纹扩展速率比全片层组织慢，这说明双态组织中更小的 α 晶团能提高微裂纹抗力，两种双态组织的微裂纹扩展行为没有明显的区别。由于全片层组织的裂纹前沿比双态组织更粗糙，宏观裂纹的扩展表现出了与微裂纹相反的规律，即双态组织

中宏观裂纹扩展速率更高。图 7-22 也表示出疲劳短裂纹扩展结果，可以看出，短裂纹的扩展曲线位于微裂纹（光滑圆柱试样表面裂纹）和宏观裂缝扩展曲线之间。

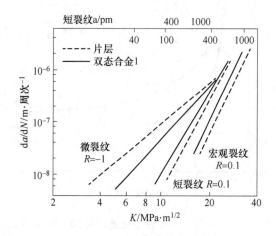

图 7-22   IMI834 合金的双态组织 1 和片状组织的疲劳裂纹扩展曲线

7.2.3   等轴组织的组织-性能关系

等轴组织 α + β 型钛合金的力学性能主要取决于 α 晶粒尺寸，α 晶粒尺寸决定了滑移长度。随着 α 晶粒尺寸降低，合金强度升高、塑性提高。全等轴组织 Ti-6Al-4V 合金的晶粒尺寸对 HCF 强度的影响如图 7-23 所示。在图 7-23 所示的细 α 晶粒范围内，可以获得很高的 HCF 强度，相应的屈服强度分别为 1120 MPa（晶粒 2 μm）、1065 MPa（晶粒 6 μm）和 1030 MPa（晶粒 12 μm），这种全等轴组织钛合金的拉伸塑性都非常高，与双态组织相当或更高。例如，12 μm 晶粒试样的断面收缩率约为 40%，而 2 μm 的则增加到 50%，2 μm 的超细晶目前只能在实验室中获得。

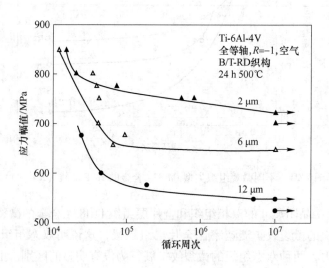

图 7-23   Ti-6Al-4V 中 α 晶粒尺寸对完全等轴微观组织的 HCF 强度影响

双态组织和等轴组织的 HCF 强度对比见图 7-24。从图 7-24 中可以看出，等轴组织的 HCF 强度低于双态组织，即 α_p 晶粒的互连会降低双态组织的 HCF 强度，值得说明的是，裂纹形核位置将从双相结构的片层晶粒转变成等轴结构的互连 α 晶粒。图 7-24 中的 HCF 强度较低是由于最后的热处理（700 ℃/2 h）只是去应力退火处理而非时效处理。图 7-24 所示双态组织和等轴组织的屈服强度分别是 925 MPa 和 915 MPa，但两者的拉伸塑性相同。

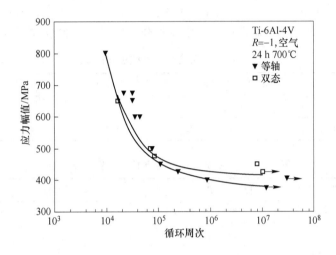

图 7-24　Ti-6Al-4V 双态组织和等轴组织的 HCF 强度

7.3　典型钛合金的力学性能

钛合金按照退火组织不同可分为 α 型钛合金、β 型钛合金、$\alpha + \beta$ 型钛合金。α 型钛合金高温性能好，组织稳定，焊接性能好。但 α 型钛合金室温强度低，塑性不够高。耐热钛合金和船用钛合金通常为 α 型钛合金。$\alpha + \beta$ 型钛合金可热处理强化，室温强度高，中等温度（约 400 ℃）的耐热性也不错，但组织不稳定，焊接性能良好。β 型钛合金的塑性加工性能好，合金 Mo 当量适当时，可通过强化热处理获得高的强度，是发展高强度钛合金的基础，但组织性能不够稳定，冶炼工艺复杂[7]。当前应用最多的是 $\alpha + \beta$ 型钛合金，其次是 α 型钛合金，β 型钛合金应用相对较少。

7.3.1　α 型钛合金的力学性能

退火组织为以 α 相为基体的单相固溶体合金称为 α 型钛合金。这类合金中的合金元素主要是 α 稳定元素和中性元素，如铝、锡、锆，基本不含或只含很少量的 β 稳定元素，强度较低。其主要特点是高温性能好，组织稳定，焊接性和热稳定性好，一般不能热处理强化。α 型钛合金在 α 相区塑性加工和退火，可以得到细的等轴晶粒。如果自 β 相区缓冷，α 相则转变为片状魏氏组织；如果是高纯合金，这种组织还可以出现锯齿状 α 相；当有 β 相稳定元素时，片状 α 相还会形成网篮状组织。α 型钛合金自 β 相区淬火可以形成针状六方马氏体 α'。

α 型钛合金的力学性能对显微组织虽不敏感，但自 β 相区冷却的合金，抗拉强度、疲劳强度和塑性要比等轴晶粒组织低，自 β 相区冷却能改善断裂韧性和抗蠕变性能。

TA7(Ti-5Al-2.5Sn) 合金是一种典型的 α 型钛合金，合金强度适中，组织稳定好，焊接性能优异，焊缝无脆化现象。TA7 合金还有较好的热塑性，热稳定性和抗蠕变性能，可在 400 ℃下长期工作。TA7 合金的低温力学性能优异，比强度在超低温下约为铝合金和不锈钢的两倍，故 TA7 合金压力容器已成为许多空间飞行器储存燃料的标准材料[8-10]。

TA7 合金及低间隙 TA7 合金的典型拉伸性能见表 7-7；TA7 合金薄板的低温拉伸性能见表 7-8；TA7 合金薄板的室温弯曲疲劳强度见表 7-9，TA7 合金的断裂韧性见表 7-10。

表 7-7 TA7 合金的典型拉伸性能

种　类	抗拉强度/MPa	屈服强度/MPa	伸长率/%
TA7 合金	827	861	15
低间隙 TA7 合金	717	779	17

表 7-8 Ti-5Al-2.5Sn 合金薄板的低温拉伸性能

种类	温度/℃	抗拉强度/MPa	屈服强度/MPa	伸长率/%	杨氏模量/GPa
纵向试样	−78	1080	1020	13	115
	−196	1370	1300	14	120
横向试样	−78	1050	1020	12	
	−196	1430	1370	12	

表 7-9 Ti-5Al-2.5Sn 合金光滑和缺口退火薄板的室温疲劳强度

应力集中系数	疲劳强度（$R = -1$　不同循环周次）/MPa		
	10^5	10^6	10^7
$K = 1$（光滑）	531	441	427
$K = 2.4$（缺口）	386	310	296
$K = 3.2$（缺口）	275	209	186

表 7-10 Ti-5Al-2.5Sn 合金的断裂韧性

热处理工艺	测试温度/K	K_{IC}/MPa
空冷	295	71.4
	77	53.8
随炉冷却	295	65.9
	77	57.1

7.3.2 近 α 型钛合金的力学性能

为了提高蠕变抗力，在 α + β 型钛合金中，必须降低 β 相的含量，因而发展出近 α 型钛合金。这类钛合金中所含 β 稳定元素一般小于 2%，其平衡组织为 α 相加少量 β 相[11]。

这些 β 稳定元素还有抑制 α 相脆化的作用。如 Ti811(Ti-8Al-1Mo-1V)、IMI834(Ti-5.8Al-4Sn-3.5Zr-0.7Nb-0.5Mo-0.35Si)及 Ti6242s(Ti-6Al-2Sn-4Zr-2Mo-0.1Si)等，这类合金具有良好的耐热性。

此类合金采用低铝高锡，再添加锆、钼、硅等合金元素的合金化思路，可获得室温强度、塑性和高温蠕变强度的综合匹配。此合金钼含量不高，以免形成过多的 β 相，使蠕变强度下降。通常用作发动机高压压气机叶片、盘、机匣等高温领域。

IMI834(Ti-5.8Al-4Sn-3.5Zr-0.7Nb-0.5Mo-0.35Si)为一种典型的近 α 型高温钛合金，广泛应用于欧美航空发动机叶片、涡轮盘等部件。其室温及高温力学性能见表 7-11。

表 7-11   IMI834 板材力学性能（板厚 2 mm）

热处理工艺	方向	屈服强度/MPa	抗拉强度/MPa	伸长率/%	蠕变性能/%
室温性能力学性能					
轧制 + 退火	RD	996	1114	11.5	
	TD	1014	1120	12	
1025 ℃空冷 + 700 ℃ 2 h	RD	998	1145	11.5	
	TD	1009	1111	11	
1060 ℃空冷 + 700 ℃ 2 h	RD	947	1098	6	
	TD	963	1103	6	
600 ℃高温力学性能					
轧制 + 退火	RD	473	671	18	
	TD	510	720	14	
1025 ℃空冷 + 700 ℃ 2 h	RD	518	702	16	0.213
	TD	546	728	18	0.247
1060 ℃空冷 + 700 ℃ 2 h	RD	554	716	12	0.055
	TD	532	729	12	0.064

7.3.3   α + β 型钛合金的力学性能

退火组织为 α 相和 β 相的合金称 α + β 两相合金。当 β 稳定元素超过一定含量时，称为富 β 的 α + β 型钛合金。工业用 α + β 型钛合金的组织中仍以 α 相为主，但也会有一定量的（一般小于30%）β 相。这类合金的特点是，有较好的综合力学性能，强度高，可热处理强化，热加工性好，在中等温度下耐热性也比较好，但组织不够稳定。

在钛合金中用量最大并且性能数据最为齐全的是 Ti-6Al-4V（TC4）合金。此合金具有良好的力学性能和工艺性能（包括热加工性、焊接性、切削加工性和抗蚀性），可加工成棒材、型材、板材、锻件、模锻件等。在航空工业上多用于制造机身框、梁及发动机叶片、盘以及某些紧固件。当合金中的氧、氮控制到低含量时，即低间隙 TC4 合金，还能在低温（-196 ℃）保持良好的塑性，可用于制作低温高压容器。

TC4 合金预先 β 退火后，再进行两相区热处理可大大改善合金的断裂韧性和抗蠕变性能。固溶时效可以提高合金的抗拉强度（σ_b 能够达到 1250 MPa 左右），但损失断裂韧性。由于这种合金的淬透性低，固溶时效处理工艺只适用于小零件。TC10(Ti-6Al-6V-2Sn-

0.5Cu-0.5Fe）合金是在 Ti-6Al-4V 基础上改进而得到的。合金中增加了 β 稳定元素，因而增加了淬透性，可淬透的直径达 50 mm 左右，使大截面的零件也可进行强化热处理。另外，添加锡、铜、铁等元素能够进一步提高合金的强度和耐热性。

　　不同微观组织 TC4 合金的疲劳和拉伸数据见表 7-12。TC4 合金典型尺寸板材、棒材（退火态）的拉伸性能见表 7-13。

表 7-12　不同微观组织 TC4 合金的疲劳和拉伸性能

项　目	屈服强度 /MPa	抗拉强度 /MPa	伸长率 /%	断面收缩率 /%	10^7 周次的疲劳强度（光滑）/MPa	10^7 周次的疲劳强度（缺口）/MPa
10% 等轴初生 α + 退火	971	1068	14	35	537	214
40% 等轴初生 α + 退火	930	1013	15	41	579	255
10% 等轴初生 α + STOA	978	1061	15	41	489	220
10% 等轴初生 α + 退火	958	1010	14	37	606	262
50% 细长初生 α + 退火	923	1020	13	32	620	227
β 锻 + 退火	882	992	11	20	565	220
β 锻 + 水淬 + 退火	951	1054	10	21	606	186
β 锻 + STOA	978	1075	10	20	586	220
10% 等轴初生 α + 退火[1]	882	985	13	33	620	214

注：退火 = 705 ℃/2 h 空冷；STOA = 955 ℃/1 h 水冷 + 705 ℃/2 h 空冷。
① 低间隙 TC4。

表 7-13　TC4 合金板、棒材的拉伸性能

厚度/mm	抗拉强度/MPa	屈服强度/MPa	伸长率/%
<4.75（薄板）	924	868	8
	958	933	10
4.75 ~ 50（板材）	896	827 ~ 848	10
	930 ~ 951	862 ~ 903	12
50 ~ 100（板材）	896	827	10
<13（棒材）	1103	1034	10
13 ~ 25（棒材）	1034 ~ 1068	965 ~ 999	10
25 ~ 40（棒材）	999 ~ 1034	930 ~ 965	10

7.3.4　近 β 型、亚稳定 β 型钛合金的力学性能

　　含 β 稳定元素较多（>17%）的合金称为 β 型合金。目前工业上应用的 β 型合金在平衡状态均为 α + β 两相组织。当冷速较高时，可将高温的 β 相保持到室温，得到全 β 组织。此类合金有良好的加工性能。经淬火时效后，可得到很高的室温强度。但高温组织不稳定，耐热性差，焊接性也不好。

　　β 型钛合金是发展高强度钛合金潜力最大的合金，合金化的主要特点是加入大量 β 稳

定元素，通过时效处理可以大幅度提高强度。β 相稳定元素多为稀有金属，价格昂贵，组织性能也不稳定，工作温度不能高于 300 ℃，故这种合金的应用受到一定限制。此类合金的典型牌号有美国的 Ti1023 合金，俄罗斯的 BT22 合金以及国内的 TB15、TB10、TB3 合金。

TB6（Ti1023）合金为一种典型的近 β 型钛合金，其用于制造飞机起落架等高强结构件。TB6 合金锻坯的典型拉伸性能见表 7-14，不同工艺类型的 TB6 合金的典型力学性能见表 7-15。

表 7-14　TB6 合金锻坯的典型拉伸性能

截面厚度/方向	热处理状态	抗拉强度/MPa	屈服强度/MPa	伸长率/%	断面收缩率/%
15 mm/RD	STA	1275	1200	11	25
	STOA	980	940	22	56
15 mm/TD	STA	1260	STA	1260	STA
	STOA	950	STOA	950	STOA
56 mm/RD	STA	1270	1195	7	33
	STOA	970	910	21	56
56 mm/TD	STA	1280	1200	8	21
	STOA	950	890	19	55

表 7-15　TB6 合金锻件典型力学性能

高强度状态	抗拉强度/MPa	屈服强度/MPa	伸长率/%	断面收缩率/%	断裂韧性/MPa	对数平均疲劳寿命（缺口）
等温锻件	1300~1380	1200~1255	3~6	5~13	29	20200
传统锻件	1230~1310	1145~1280	4~10	5~28	44~60	50000

本 章 习 题

（1）钛合金的典型组织及特点？

（2）钛合金的组织分类方法有哪些，各自的特点是什么？

（3）钛合金片层组织中哪些特征对力学性能影响较大？请举例说明。

（4）分别列举不同类型钛合金的 5 种牌号，并写出其性能特点。

（5）对比分析钛合金片层组织、网篮组织及双态组织的力学性能特点。

参 考 文 献

［1］张喜燕，赵永庆，白晨光. 钛合金及应用［M］. 北京：化学工业出版社，2005.

［2］Peters M，Lütjering G. Titanium '80，Science and Technology［M］. Warrendale：AIME，1980.

［3］陈慧琴，曹春晓. TC11 钛合金热加工静态球化过程（英文）［J］. 稀有金属材料与工程，2011，40（6）：946-950.

［4］Torster F. Berichte aus der Werkstofftechnik［M］. Aachen：Shaker Verlag，1995.

［5］赵永庆，辛社伟，陈永楠，等. 新型合金材料——钛合金［M］. 北京：中国铁道出版社，2017.

［6］ 雷霆，杨晓源，方树铭，译. 钛［M］. 北京：冶金工业出版社，2011.

［7］ 赵树萍，吕双坤，郝文杰. 钛合金及其表面处理［M］. 哈尔滨：哈尔滨工业大学出版社，2003.

［8］ 刘时兵，娄延春，赵军，等. 铸造工艺对钛合金 Ti5Al2.5Sn ELI 铸态组织及性能的影响［J］. 稀有金属材料与工程，2021，50（2）：575-580.

［9］ 郭凯，张利军，张晨辉，等. TA7 钛合金锻造工艺研究［J］. 热加工工艺，2014，43（15）：133-135.

［10］ 孙鹏，孙瑞琦，王伟龙，等. 热处理工艺对近 α 钛合金组织与性能的影响［J］. 材料与冶金学报，2021，20（3）：217-222.

［11］ 庞洪，张海龙，王希哲，等. 包覆叠轧 TA7 钛合金薄板的组织与力学性能［J］. 中国有色金属学报，2010，20（S1）：66-69.

8 钛基金属间化合物

钛基金属间化合物原子间结合键既具有金属键特征，又具有共价键特征，表现出良好的高温强度、抗蠕变性能、显微组织稳定性等高温结构材料应具备的特性；并且，还具有结构材料所应具备的室温韧性、塑性和抗裂纹扩展性。其综合力学性能介于金属材料和陶瓷材料之间，所具备的特殊性能使其成为有待开发应用的高温结构材料。

8.1 TiAl 基合金的研究与应用

TiAl 基合金，是指由 Ti 和 Al 元素组成的二元金属间化合物（中间相）或以 Ti 和 Al 元素为主要组成元素并与其他微合金化元素一起构成的三元及以上的金属间化合物（中间相）。TiAl 合金又被称为 TiAl 金属间化合物，由于 Al 含量较高，导致基体中出现化合物形式的新相，例如 Ti_3Al、TiAl 以及 $TiAl_3$。具有实用前景的 TiAl 合金由 α_2 和 γ 两相组成，其中显微组织中一定体积的 α_2 相以各种形态分布在 γ 相基体上。γ（TiAl）相具有 L10 型晶体结构，其点阵结构示意图如图 8-1(a) 所示。这种晶体结构属于面心正方晶系。轴比 c/a 一般大于 1。轴比值的大小直接影响位错运动，从而影响合金的力学性能。α_2-Ti_3Al 相具有有序六方 DO_{19} 型晶体结构，其晶体结构如图 8-1(b) 所示[1]。

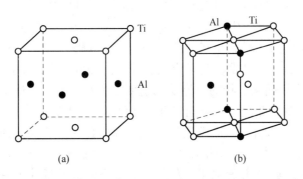

图 8-1 TiAl 晶体结构

(a) γ-TiAl；(b) α_2-Ti_3Al

8.1.1 TiAl 基合金的分类与合金化

TiAl 基金属间化合物有 3 代典型的成分。1979 年，美国普惠航空公司筛选出第一个具有实用价值的 TiAl 金属间化合物成分：Ti-48Al-1V-0.1C，即第 1 代 TiAl 金属间化合物，并对其开展了力学性能、成形工艺及其典型样件成形的系统研究工作，但是该成分的 TiAl 金属间化合物在 600 ℃ 以上热暴露组织容易退化和塑性降低的突出问题[2]。第 1 代 TiAl 合金主要为 γ-TiAl 合金，合金主要的相成分为 γ 相，外加少量 α_2 相，所以这类合金一般 Al 元素的含量较高（46%～48%），外加少量 β 稳定元素，如 Cr、Mn、V 等。经典的合金为美国生产的 Ti-48Al-1V-0.5C 合金（通常认为这是第一代 TiAl 合金的代表）和 Ti-46.5Al-4（Cr、Mn、Ta）等合金。该合金断裂韧性较好，可机械加工、可铸造，但室温塑性和冲击性能较低，铸件易产生表面疏松。采用该合金铸造的典型结构件包括 F100 发动机压气机叶片毛坯和 JT9D 发动机低压涡轮叶片。第一代 TiAl 合金又称近 γ-TiAl 合金，其变形机理为 1/2 < 110 > ｛111｝位错外加 1/2 < 11$\bar{2}$ > ｛111｝孪晶变形。图 8-2 为 Ti-46.5Al-4（Cr、Mn、Ta）样品在压缩变形时的变形机理（D 代表位错滑移，T 代表变形孪晶）。

图 8-2　Ti-46.5Al-4（Cr、Mn、Ta）样品在压缩 5% 时的 TEM 照片

第二代 TiAl 合金也为 γ-TiAl 合金，不同之处在于其内部加入了少量的 Si、B、C 等非金属元素 Ti-(45～48)Al-(1～3)X-(2～5)Y-(<1)Z，其中 X = Cr，Mn，V；Y = Nb，Ta，W，Mo；Z = Si，B，C。1986 年开发出的典型的第二代 TiAl 金属间化合物成分有 Ti-48Al-2Cr-2Nb 和 Ti-45Al-2Mn-2Nb-0.8vol.% TiB_2。Ti-48Al-2Cr-2Nb 为美国通用电气公司开发，其室温塑性好，室温伸长率可达 2% 以上，Ti-45Al-2Mn-2Nb-0.8vol.% TiB_2 为洛克希德-马丁公司联合 15 家单位开发，其铸造性能好，铸态组织佳，高温强度和疲劳性能好，但是第二代的 TiAl 金属间化合物的目标使用温度仅为 650 ℃，显然不能满足航空发动机的使用要求[3]。非金属元素的加入有助于合金细化晶粒，尤其是元素 B，可以显著地细化 TiAl 合金铸造过程的内部组织，从而达到增强增韧的目的。Si 元素的加入可以提升合金的蠕变性能。C 元素的添加可以拓宽 α 相区，同时减小 α/γ 的片层尺寸，其主要原因是 C 的添加降低了 γ 相的层错能并增加了其形核率，更小的片层尺寸则有助于提高合金的蠕变性能，还可以起到析出强化的作用。在第二代合金中添加 β 稳定元素，如 Nb、Mo 等可以缩小 α + γ 的相区范围。这些合金元素的添加还可以通过固溶强化提高合金的强度。

为进一步提高 TiAl 金属间化合物服役温度，各国研究者又相继开发了多种第三代 TiAl 金属间化合物。第三代 TiAl 合金主要考虑高温热加工性能，以降低其应用成本并增强析出强化，其成分可以总结如下：Ti-(42～48)Al-(0～10)X-(0～3)Y-(0～1)Z-(0～0.5RE)，其中 X = Cr，Mn，Nb，Ta；Y = Mo，W，Hf，Zr；Z = B，Si；RE 代表稀土元素。与第二代合金不同的是，第三代合金特别注重添加较高含量的 Nb 以及 Mo 元素，典型的代表为 TNM 合金。在高温下（通常在 α + γ 相区），该类合金具有很好的加工性能，可以使用传统工艺进行锻造。锻造后通过热处理可以调控有序 β 相的含量，从而调整其力学性能。与第二代合金相比，第三代合金的强度明显提高，高温抗氧化性能逐渐提高，其室温性能可以达到 800~1100 MPa，而拉伸塑性则大于 2% 。其主要原因是 Nb 以及 Mo 元素抑制了扩散过程，从而降低了位错的攀移。下面以 TNM 合金的设计理念为例，具体说明第三代 TiAl 合金的优越性。第三代 TiAl 金属间化合物大体可以分为 3 类：高 Nb 成分、β 凝固成分和块状转变成分。

8.1.1.1 高 Nb-TiAl 金属间化合物

高温高 Nb-TiAl 合金，比普通 TiAl 合金使用温度高 60~100 ℃、强度高 300~500 MPa。高温抗氧化性能已达到涡轮盘用镍基高温合金水平。高 Nb-TiAl 金属间化合物代表了国内外 TiAl 合金的发展方向，引领了国际 TiAl 合金的发展。我国在探索提高 TiAl 合金使用温度，高温 TiAl 合金基础成分-组织-性能关系上取得了重要进展。

高 Nb-TiAl 金属间化合物的特点是抗高温氧化和蠕变性能好，缺点是室温塑性差，难以铸造。高 Nb-TiAl 金属间化合物中 Nb 原子百分含量通常在 5%~10% 。Nb 含量太低，起不到提高高温抗氧化和抗蠕变性能的效果，Nb 含量太高又会使合金塑性急剧降低和增加合金密度，典型的高 Nb-TiAl 金属间化合物为 Ti-45Al-(5~10)Nb(TNB 系)。

8.1.1.2 β 凝固 TiAl 金属间化合物

β 凝固 TiAl 金属间化合物的特点是通过添加 β 相稳定元素，如 Nb、Mo、Ta、W 等，其组织如图 8-3 所示，使初生相为 β 相，且仅有 β 相与液相共存，利用 β 相高温易变形的特点，提高 TiAl 金属间化合物的高温可锻性。但低温状态下，β 相很难被完全消除，将转化为室温脆性 B2 相，影响合金塑性，且在高温服役状态下（700 ℃附近），β 相还易转化为 ω 相，致使合金进一步脆化，β 凝固 TiAl 金属间化合物典型的成分为 Ti-43Al-4Nb-1Mo-0.1B（TNM）[4]。

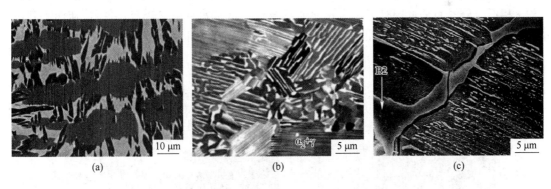

图 8-3 典型含 B2 相的 TiAl 合金

(a) Ti-45Al-3Fe-2Mo；(b) Ti-(40-44)Al-8.5Nb；(c) Ti-47Al-2W

β 凝固合金主要是为了利用 β 到 α 固态相变会遵循 Burgers 取向关系，在一个 β 晶粒基体内会沿 6 个等价的 {110} 晶面析出 α 相这一过程来获得各向同性的凝固组织。其前提是要调整合金成分使合金从液相中析出的初始相为 β 相，并避免 L→β→L+β→α 和 L+α→γ 这两个包晶转变的发生，从而达到减少凝固织构的目的。β 凝固合金的显微组织中会存在一定量的较稳定的 B2 结构有序相，有利于细化晶粒和提高材料的高温变形能力，该相在高温时会转变为 β 相，而 β 相是一种易变形的面心立方结构，因而可以对合金进行常规条件下的锻造。随后较低温度（700 ℃左右）下热处理时再控制 β/B2 相的体积分数，从而获得较为理想的室温塑性和高温性能。该类合金中的 β 相一般很难完全去除，在一定条件下，β 相中会进一步析出 ω 相，使合金塑性更低。

8.1.1.3　块状转变 Nb-TiAl 金属间化合物

块状转变合金主要指那些在 α 单相区固溶处理后能在中等冷却速度（约 10^2 K/s）条件下由高温 α 相直接转变为块状 γ 相的合金，其主要目的是在得到块状 γ 相后在 α + γ 双相区进行保温处理，会在 γ 相 4 个等价的 {111} 晶面上析出 α 相，从而得到各向同性的组织。该类合金由于需要首先以足够的冷速或者加入难熔元素来获得块状 γ 相，从而易造成合金开裂和合金密度增大现象。相关学者对块状转变 TiAl 金属间化合物进行了较多的研究，发现添加 B[5] 和 O[6] 含量高的成分均难以发生块状转变，添加不易扩散的难熔金属通常可以促进块状转变。Ti-46Al-8Nb 作为一种典型的块状转变合金成分，随着冷却速度的增加，Ti-46Al-8Nb 的显微组织依次转变为片层组织（包括粗大的魏氏组织和羽毛状组织）、块状 γ 相组织和被保留的 α_2 相组织。块状转变后的 TiAl 金属间化合物，再在 α_2 + γ 两相区进行热处理，高温 α 相会在 γ 相的 4 个 {111} 面上均匀析出，获得接近各相同性且被细化的组织，因此粗大的 TiAl 金属间化合物铸态组织也可以通过块状转变被有效地细化。

块状转变的典型特征为：（1）在相变过程中只有晶体结构的变化而没有化学成分的变化；（2）是一个热激活的过程，有形核和长大的过程；（3）母相和新相之间没有特定的惯习面；（4）新相的长大可以向各个不同的方向几乎相同的速率进行，并且很容易穿过相界面；（5）相变发生的条件之一是相图中相关相区在成分上有相互重叠的部分。单一 α 相区热处理得到的组织特征强烈地依赖于冷却速度。在最高的冷却速度下，高温无序 α 相不能分解而是直接有序化为 α_2；水冷条件下常常发生块状转变 α→γ，从而得到块状相（图8-4）。而中等冷速如空冷条件下产生魏氏组织或羽毛状组织；炉冷条件下得到全片层组织[7]。

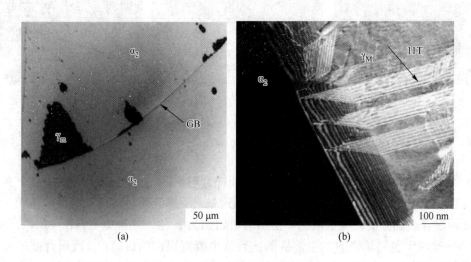

图 8-4　块状 γ 相
(a) OM 图像；(b) TEM 图像

8.1.2   TiAl 基合金的典型显微组织

TiAl 合金显微组织由多种相组成，各个相又表现出自己独特的特点。各个相含量的不同、分布状态和形状的差异都与合金整体性能有密切联系。γ-TiAl 合金具有强烈的成分/组织-性能敏感性，所有微合金化元素的添加与设计，都要通过形成具体的合金组织而实现不同的合金性能。

根据 Ti-Al 二元相图（图 8-5），对 TiAl 金属间化合物在不同温度区间进行热处理，改变 γ 和 α_s 两相的微观组织形貌，可分别获得全片层组织、近片层组织、双态组织和近 γ 组织 4 种典型组织[8]：

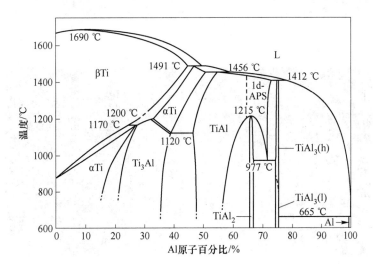

图 8-5   Ti-Al 二元相图

（1）全片层组织。采用略高于 α 固相线温度（T_α）进行退火处理，可获得全片层组织。高于 T_α 温度越多，高温单相 α 长大的趋势越强，最终冷却 $\alpha \rightarrow (\gamma + \alpha_2)$ 后获得的 γ/α_2 片层晶团越粗大，力学性能越差。全片层组织完全由 $\gamma + \alpha_2$ 片层团组成，α_2 片层与 γ 片层（也可称为板状析出物）之间符合 Blackburn 位向关系。如果合金中没有第三相类型的析出物，那么由于缺少析出物的钉扎作用，当合金在 α 单相区进行热处理时，晶粒会随着保温时间的增加而逐渐长大，所以对传统 γ-TiAl 合金而言，其全片层组织通常较为粗大，片层团尺寸在 200～1000 μm 之间变化（图 8-6）。全片层组织具有良好的抗裂纹扩展能力，因此其断裂韧性和抗蠕变性能好，但片层晶团之间变形协调性较差，这也导致了其室温塑性较差[8]。

（2）近片层组织。在略低于 T_α 温度进行退火处理，高温状态下 α 相与少量 γ 相共存，冷却后转变为近片层组织，由 $\alpha_2 + \gamma$ 片层团和位于片层间的 γ 晶粒组成（少量 γ 相分布在 γ/α_2 片层团之间）（图 8-7），通常随着热处理温度升高，$\alpha_2 + \gamma$ 片层团的尺寸增大，γ 晶粒的体积分数减小。近片层组织与全片层组织力学性能相似，但断裂韧性和抗蠕变性能略低于全片层组织，而室温强度略高于全片层组织[8]。

（3）双态组织。在 $\gamma + \alpha$ 两相区中间位置温度进行退火处理，可得到双态组织。双态

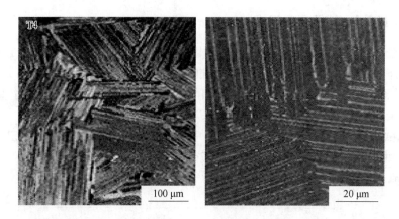

图 8-6　全片层组织

图 8-7　近片层显微组织

组织由 $\gamma + \alpha_2$ 板条构成的片层团、少量的 α_2 晶粒和等轴 γ 晶粒组成（图 8-8）。其中各相的体积分数和晶粒的尺寸根据成分和保温温度的不同而不同，双态组织通常较为细小，且具有较多滑移系的等轴晶 γ 相含量较高，因此其室温塑性最佳，但断裂韧性和抗蠕变性能较低[8]。

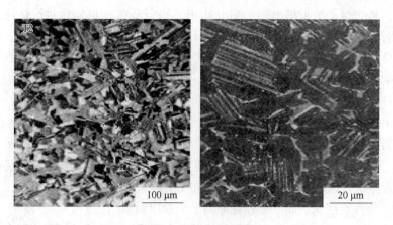

图 8-8　双态显微组织

（4）近 γ 组织。在略高于共晶温度进行退火热处理，高温状态下为 γ 基体相和少量 α 相，冷却后可获近 γ 组织，其中，α 晶粒主要分布在等轴 γ 晶粒边界上（图 8-9）。由于热处理温度越低，近 γ 组织通常很均匀，也较为细小，范围在 30～50 μm。但由于相变残余应力和两相之间不利的晶体取向关系，导致 γ 基体相中易产生微裂纹，因此近 γ 组织综合力学性能通常较差[8]。

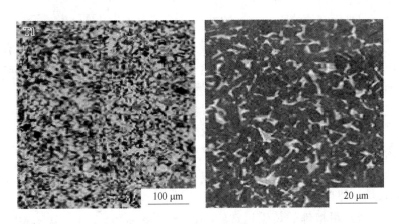

图 8-9　近 γ 显微组织

γ-TiAl 合金的四种典型显微组织特征鲜明，其对应的合金性能也各有特点。具有全片层组织的合金一般具有较大的晶粒尺寸，断裂韧性较好，抗蠕变性能优异，有很好的抗裂纹扩展能力，但抗拉强度和室温塑性较差。对于高 Nb 含量的全片层组织合金有好的抗氧化性能和高温强度，但塑性会更差。具有双态组织的合金一般晶粒细小，从而在四种组织中表现出最好的塑性，但相应的断裂韧性和高温抗蠕变、抗疲劳性能相对较低。这主要是由于 γ 晶粒具有极低的裂纹扩展抗力，一旦应力强度超过 γ 晶粒的断裂强度，γ 晶粒中的裂纹将会以非常快的速度扩展，从而导致双态组织蠕变、疲劳性能相对较低，并且呈现平直的断口。具有近片层组织的合金性能居于全片层组织和双态组织之间。由于 γ 相自身的脆性，具有近 γ 组织的合金目前还不具有工程应用价值。γ-TiAl 合金的室温塑性与断裂韧性之间呈现此消彼长的矛盾关系，在使用 γ-TiAl 合金时必须根据应用的目的而选择合适的显微组织，从而获得相应的最优综合性能。

8.1.3　TiAl 基合金的加工成形

TiAl 金属间化合物加工成形技术按成形方式可分为 3 种：铸锭冶金、精密铸造和粉末冶金。但无论是哪一种方式，最初的原材料均为 TiAl 铸锭。TiAl 铸锭经等温锻造或热挤压开坯，而后再经模锻、轧制或机加工等成形出零件或毛坯称为铸锭冶金；TiAl 铸锭作为母合金，直接经熔炼浇铸出零件称为精密铸造；TiAl 铸锭经旋转电极法或气雾化法等先制备成粉末，而后再经热等静压或增材制造等粉末冶金方法成形出零件称为粉末冶金。

8.1.3.1　铸锭熔炼

目前，适合 TiAl 铸锭熔炼方法主要有 3 种：等离子电弧熔炼（Plasma-arc Melting，PAM）、真空自耗熔炼（Vacuum-Arc Remelting，VAR）及感应凝壳熔炼（Induction-skull Melting，ISM）[9]。

A   等离子电弧熔炼

PAM 法熔炼 TiAl 铸锭，有单枪式和多枪式两种（图 8-10），在熔炼过程中可使高密度夹杂物沉淀到炉床底部，进而有效消除高密度的夹杂物，精炼效果十分明显，而且工艺过程相对简单，熔炼成本低[10]。但 PAM 熔炼也存在易卷入气泡以及铸锭纵向宏观成分偏析无法消除的显著缺陷，因此不宜作为末次熔炼方法，只可为后续熔炼提供一次铸锭[11]。PAM 铸锭从心部到边缘的成分偏析可通过末次熔炼消除，但对于从铸锭头部至尾部的宏观成分偏析则无法消除，因为可作为末次熔炼的 VAR 只是一种自耗电极逐步顺序熔化的局部熔炼方法，而 ISM 可熔炼的铸锭通常较小，需将母合金锭切成数段，分别熔炼。因此对于 PAM

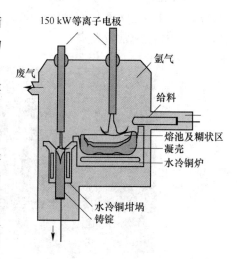

图 8-10   等离子电弧熔炼原理示意图

熔炼过程中的纵向宏观偏析需严格控制。对于 TiAl 金属间化合物熔炼，其最难控制的偏析元素是 Al，因为 Al 易挥发，且作为轻合金元素，准确的定量测量也较为困难。PAM 熔炼 TiAl 铸锭时的成分偏析与熔池深度、驻留时间、中间合金质量、送料方法和送料速度等参数相关[12]。

B   真空自耗电弧熔炼

VAR 法适合熔炼大型 TiAl 铸锭，熔炼时可有效去除氢、氧、氮等，达到进一步提纯目的，且铸锭从下至上为定向凝固柱状晶（图 8-11），可有效降低宏观和微观的成分偏析及缩松缩孔等缺陷，从而使铸锭的冷、热加工性能都得到明显改善。但 VAR 熔炼感应凝壳熔炼 TiAl 铸锭也存在高、低密度夹杂不易去除的缺陷。VAR 熔炼的突出特点是逐层顺序熔炼，导致高、低密度夹杂不易沉降或上浮而难以被有效去除[13]。VAR 熔炼作为一种工业化成本低、工艺简单且易掌握的 TiAl 铸锭熔炼方法，目前已被国内外所广泛使用。

C   感应凝壳熔炼 TiAl 铸锭

固态的金属原材料放入由线圈缠绕的坩埚中，当电流流经感应线圈时，产生感应电动势并使金属炉料内部产生涡流，电流发热量大于金属炉料散热量的速度时，随着热量越积越多，到达一定程度时，金属由

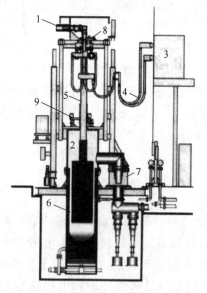

图 8-11   真空自耗电弧熔炼炉示意图
1—电机驱动杆；2—炉室；3—熔炼电源；
4—电缆；5—电极杆；6—坩埚及水套；
7—真空管道；8—X-Y 对中系统；
9—称重系统

固态熔化为液态，达到冶炼金属的目的（图8-12）。由于整个过程发生在真空环境下，因此，有利于金属内部气体杂质的去除，得到的金属合金材料更加纯粹[14]。冶炼过程中，通过真空环境以及感应加热的控制，可以调整熔炼温度并及时补充合金金属，达到精炼的目的。在熔化过程中，因为感应熔炼技术的特点，液态的金属材料在坩埚内部由于受到电磁力的相互作用，可以自动实现搅拌，使成分更加均匀。

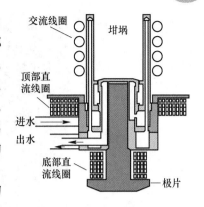

图 8-12　交、直流线圈作用的
感应凝壳炉坩埚的截面图

ISM 方法熔炼 TiAl 铸锭具有金属液成分和过热度均匀、坩埚材料对金属液无污染的显著特点，且熔炼时对保护气氛要求不高。TiAl 金属间化合物 ISM 熔炼与 VAR 熔炼相比，可使铸锭中高、低密度夹杂有效去除，使铸锭得到净化。优点主要有以下几点：（1）采用电磁力从内部强有力的搅拌金属液，可迅速得到成分、温度一致的熔池，使铸锭无明显偏析，适用于熔炼成分复杂、元素物理性质差异大的多元合金，并能有效去除高、低密度夹杂；（2）使用的是水冷铜坩埚，避免了来自坩埚的污染，适用于活性金属及难熔金属的熔炼；（3）可熔炼块状、粉末、海绵状、车屑状等形状的金属。但 ISM 熔炼也存在铸锭尺寸小，熔炼过热度低（过热度约为 20 ℃）的缺陷[14]。

不同 TiAl 金属间化合物熔炼方法所取得的效果也不相同，因此可采用不同熔炼方法的组合来达到所需的熔炼目的。对于变形 TiAl 金属间化合物，末次熔炼方法为 VAR 较为合适，而对于浇铸 TiAl 金属间化合物精密铸件所使用的母合金，其末次熔炼只能采用 ISM 方法。这样对于变形 TiAl 金属间化合物而言，其可能的熔炼组合有 VAR + VAR(+ VAR)、PAM + VAR 或 ISM + VAR。对于精密铸造用母合金，其可能的组合有 VAR(+ VAR) + ISM 或 PAM + ISM（括号内工序可选择）。

8.1.3.2　精密铸造

精密铸造是目前成形 TiAl 金属间化合物零件最具应用前景的加工成形方法之一，适用于 TiAl 金属间化合物的精密铸造方法有很多种，取决于浇铸方式和模壳材料的组合，浇铸方式包括静态重力、反重力、吸铸、离心等，模壳材料包括金属模和陶瓷模（失蜡铸造）等。其中适用于 TiAl 金属间化合物复杂零件精密铸造的方法为失蜡精密铸造，对于 TiAl 金属间化合物失蜡精密铸造而言，其铸造工艺过程主要包括母合金制备、模壳制备、铸造和质量检验控制 4 个部分。失蜡精密铸造在推动 TiAl 金属间化合物实际工程化应用上做出了突出的贡献，GEnx 发动机上所使用的 6、7 级低压涡轮 Ti-48Al-2Cr-2Nb 叶片就是采用失蜡精密铸造方法成形[15]。TiAl 金属间化合物铸造具有合金元素熔合过程反应热高、对间隙元素的容错度小、合金元素的性能差别性大、性能对组织的敏感性高等特点，所以 TiAl 金属间化合物铸造过程中，必须选用比 Ti 的氧化物更加稳定的氧化物制作模壳的面层，才能最大限度地减小间隙元素污染和夹杂，获得性能稳定的 TiAl 金属间化合物零件。

精密铸造工艺具有保证零件的近净成形和低加工成本的特点。采用熔模精铸制造的 Ti48Al2Nb2Cr 合金低压涡轮机叶片成功地应用到波音 787 飞机上（图 8-13）。

图 8-13　波音 787 引擎上 Ti48Al2Nb2Cr 合金铸造低压涡轮机叶片

精密铸造的优点是：（1）由于精密铸件具有很高的尺寸精度和表面光洁度，所以可减少机械加工工作，仅仅在零件上要求较高的部位留少许加工余量即可；（2）精密铸造可以制造各种复杂零件，特别是高温合金铸件。如喷气式发动机的叶片，其流线型外廓与冷却用内腔，用机械加工工艺几乎无法形成，用熔模铸造工艺生产不仅可以做到批量生产，保证了铸件的一致性，而且避免了机械加工后残留刀纹的应力集中。

精密铸造流程：模具设计—模具制造—压蜡（射蜡制蜡模）—修蜡—蜡检—组树（蜡模组树）—制壳（先沾浆、淋沙、再沾浆，最后模壳风干）—脱蜡（蒸汽脱蜡）—模壳焙烧—化性分析—浇注（在模壳内浇注钢水）—震动脱壳—铸件与浇棒切割分离—磨浇口—初检—抛丸清理—机加工—抛光—成品检验—入库。

8.1.3.3　粉末冶金成形

粉末冶金成形 TiAl 金属间化合物按照成形所采用的粉末原材料状况，可分为元素粉末法和预粉末法两种。元素粉末法是采用 Ti、Al 元素粉末和其他合金化元素粉末（如 Nb、Cr、Mo 等），通过均匀混合和预压成形，在高温下反应合成并致密化，最终成形出相应的材料。这种方法主要优点是成形成本低，易于添加各种高熔点合金化元素，通过均匀混合和高温反应，避免成分偏析；缺点是成形过程中很难避免杂质元素污染和氧化夹杂等问题，这必然会对成形材料的性能产生不利影响。预粉末法是采用预先制备出的粉末直接成形出相应的材料。这种方法主要的优点是成形出的材料成分均匀，氧及其他杂质含量低，力学性能好；缺点是成形用高性能预粉末难制备，成形成本较高。

采用粉末冶金法制备 TiAl 基合金的方法很多，常规方法主要有：增材制造、放电等离子烧结、热等静压等。

A　增材制造

增材制造具有可任意成形复杂形状零件的突出优势，用于成形 TiAl 金属间化合物必将大力推动新一代成形方法的进步。激光增材制造是以激光作为能源，通过原料的逐层凝固成形得到任意形状的实体零件（图 8-14）。这种特殊的成形方式可实现高性能、结构复杂、难加工的金属零件的快速近终成形，在航空航天、军事、医学等很多领域具有广阔的应用前景。相比于传统成形方法，激光增材制造技术主要有如下特点：（1）不需要传统的模具及大型工业设施，加工工序少，降低了生产成本；（2）近净成形，后续机加工余量小，材料利用率高；（3）柔性高，可实现多品种、小批量零件的快速制造；（4）加工过程材料的冷却速度快，成形件的显微组织细小，且避免了传统铸件、锻件中常见的宏观组织缺陷，力学性能较好[16]。

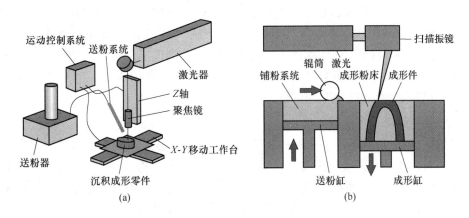

图 8-14 激光增材制造技术工作原理图

(a) 激光熔化沉积；(b) 选区激光熔化

B 放电等离子烧结

放电等离子烧结（Spark Plasma Sintering，SPS）是一种利用脉冲电流激活导电粉末颗粒表面，同时电离粉末空隙间气体，产生等离子体加热和促进粉末烧结的一种工艺（图8-15）。SPS 成形 TiAl 金属间化合物具有升温速率快（可达 100～300 K/min），致密化速率快（30 min 致密度可达 99% 以上），组织可控以及节能环保等突出的优点。但 SPS 成形 TiAl 金属间化合物也存在零件尺寸受限等突出的缺点，SPS 成形所用磨具材料为石墨，因此还存在 C 污染的突出问题，TiAl 粉末与石墨在高温状态下，易发生反应生成 Ti_2AlC 等化合物，严重影响零件塑性。

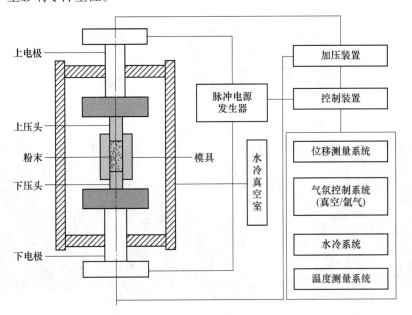

图 8-15 SPS 烧结系统结构示意图

采用放电等离子烧结工艺制备出 TiAl 基合金，结果表明，放电等离子烧结温度对所制备 TiAl 基合金的显微组织具有显著的影响，通过改变烧结工艺可实现对材料显微组织类型的控制[17]。在1100 ℃温度下烧结可获得细小的双态组织，而在1200 ℃烧结可得到层片间距小的全片层组织。放电等离子烧结制备 TiAl 基合金的室温压缩性能与其显微组织具有密切的关系。具有双态组织的 TiAl 基合金室温性能优于全层片组织合金，在1100 ℃烧结温度下制备出的 Ti-47.5Al-2.5V-1.0Cr 合金具有35.2%的压缩率和3321 MPa的断裂强度，显示出较好的室温压缩性能[18]。

C　热等静压烧结

热等静压烧结（Hot Isostatic Pressing，HIP）是指在高温高压密封容器中，以高压氩气为介质，对其中的粉末或待压实的烧结坯料施加各向均等静压力，形成高致密度坯料的方法。HIP 成形技术是一种以氮气或氩气等惰性气体为温度-压力传递介质，将粉末填充入包套和控形模具中，高温抽真空封焊后，放置于 HIP 设备中，在900～2000 ℃温度（金属熔点 T_m 的 0.6～0.7 倍）和100～200 MPa 各向同等的压力的共同作用下，粉末颗粒在包套和控形模具中充型、蠕变、扩散、黏结，而后将包套和控形模具去除，最终直接获得高性能零件的技术（图8-16）。热等静压烧结法是一种制备全致密材料，提高粉末冶金 TiAl 基合金性能的重要手段。其优点在于集热压和等静压的优点于一身，成形温度低、产品致密、性能优良；其缺点是设备昂贵，生产率低。

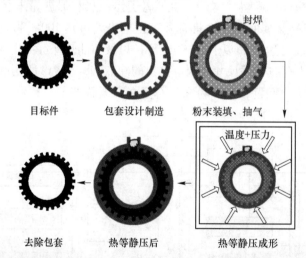

图8-16　HIP 成形工艺流程示意图及 HIP 成形工艺实物展示图

TiAl 预合金粉末热等静压致密化处理后，所得显微组织为细小等轴的近 γ 组织，但是显微组织中存在局部粗化现象。在较低的温度下热等静压致密化后，显微组织中观察到原始粉末边界现象。随着热等静压温度的升高，原始粉末边界逐渐消失，原始粉末边界还可以通过后续的热处理来消除[19]。

8.2　Ti₂AlNb 基合金的研究与应用

8.2.1　Ti₂AlNb 基合金的发展现状

Ti₂AlNb 是以有序正交结构 O 相为基础的金属间化合物合金（简称 Ti₂AlNb 基合金），成分通常在 Ti-(18～30)Al-(12.5～30)Nb 范围，并含有少量的 Mo、V 和 Ta 等合金元素。由于长程有序的超点阵结构减弱了位错运动和高温扩散，因而该合金不仅具有较高的比强度和比刚度，还有优异的高温蠕变抗力、良好的断裂韧性和抗氧化性，以及较低的热膨胀系数等特点，因此它已经成为最具潜力的新型航空航天用轻质高温结构材料。

尽管如此，由于该类合金的组织对于温度十分的敏感，并且在不同温度下相变过程非常复杂，因此实现材料组织与性能的精确控制成为研究的难点。目前，国内外的研究主要集中在成分设计和热加工成形等方面。需要指出的是，航空航天飞行器关键部件的制备，要求降低 Ti₂AlNb 基合金的相对密度，提高飞行器的性能，因而如何在保证其力学性能的基础上，降低相对密度，也是该领域研究中亟待解决的问题。

国内外对 Ti₂AlNb 基合金进行了大量的研究。印度国防冶金实验室 Banerjee[20] 在 Ti₂AlNb 基合金相结构和变形机理方面做了大量的开创性的工作，他们最先发现了 O 相，并对 Ti₂AlNb 基合金中 O 相的形成机制、显微结构、相转变、滑移变形行为以及 Ti₂AlNb 基合金的力学性能等方面都进行了深入和系统的研究。Rowe 等在 Ti₂AlNb 基合金的研究开发方面取得了许多成果，他们在航空发动机零部件的试制方面也取得了很大进展。美国空军实验室的 Miracle 和 Rhodes 等研制的 Ti-22Al-23Nb（at.%）合金的室温拉伸强度可达 980 MPa，并在 SiC 纤维增强 Ti-22Al-23Nb 复合材料方面取得了较大的进展。目前美国研制较为成熟的 Ti₂AlNb 基合金有 Ti-22Al-23Nb（at.%）和 Ti-22Al-27Nb（at.%）合金。近几年来，Boehlert 等[21]研究了 Ti₂AlNb 基合金的熔炼、锻造、轧制等制备工艺，以及合金的相结构、相转变、显微组织、织构，以及拉伸和蠕变等力学性能。Boehlert 等[21]所采用的热处理工艺多集中于快速冷却的淬火状态，所测试合金的拉伸性能和塑性普遍较低，但对合金的各个相之间的关系以及显微组织对力学性能的影响机理研究得比较透彻。在我国，钢铁研究总院采用 Nb+Ta 复合强化，设计出具有独特成分的 Ti-22Al-24Nb-3Ta 和 Ti-22Al-20Nb-7Ta，并通过先进的熔炼技术和热机械处理工艺，有效控制间隙元素的含量以及 α₂、O 和 B2 相的比例、形貌及分布等，使合金的综合力学性能明显优于美国研制的 Ti-22Al-27Nb 合金。Ti-22Al-20Nb-7Ta 合金的室温屈服强度达 1200 MPa，室温拉伸伸长率将近 10%，650 ℃高温拉伸后的屈服强度达 970 MPa，与国外 Ti₂AlNb 基合金相比，屈服强度相当，室温塑性是美国研制的 Ti-22Al-27Nb 合金的 2.5 倍；而且合金密度为 5.8 g/cm³，仅比 Ti-22Al-27Nb 合金增加 10%。

8.2.2　Ti₂AlNb 基合金的相与相结构

8.2.2.1　相组成

Ti₂AlNb 基合金具有三种不同结构的相，即 α_2、B2/β 和 O 相。图 8-17 为各组成相的晶体结构图。图 8-18 为 α_2、O（包括 Ti、Nb 占位完全无序的 O1 相及完全有序的 O2 相）和 B2 相分别在 [0001]、[001]、[110] 方向的投影图[22]。

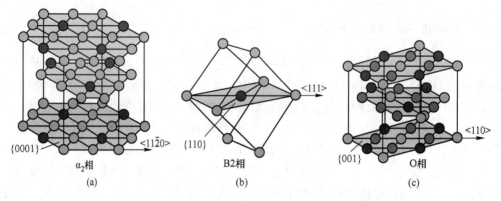

(a)　　　　　　　　(b)　　　　　　　　(c)

图 8-17　Ti₂AlNb 基合金中三种相的空间结构图

（a）α_2 相；（b）B2 相；（c）O 相

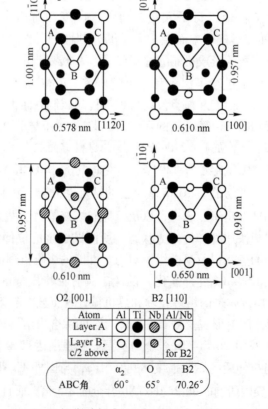

Atom	Al	Ti	Nb	Al/Nb
Layer A	○	●	�illegible	○
Layer B, c/2 above	○	●	�illegible	○ for B2

	α_2	O	B2
ABC角	60°	65°	70.26°

图 8-18　α_2、O 和 B2 相分别在 [0001]、[001] 和 [110] 方向的投影图

α₂ 相是基于 Ti₃Al，具有 DO19（hP8）结构和 P63/mmc 对称性的密排六方有序相。其结构特征为：{0001} 密排面上原子的有序排列使其中的 Al 原子只与最近邻的 Ti 原子发生键合。这一结构可以用三个 Ti 原子和一个 Al 原子的简单超点阵的相互穿插来描述。由于 α₂ 相为有序密排六方结构，滑移系较少，因此在室温及高温下的塑性较差，为脆性相。由于长程有序结构抑制孪生发生，α₂ 相中缺少孪晶变形，可能的位错类型有：

a 型位错，在（0001）基面，{10$\bar{1}$0} 棱柱面和 {20$\bar{2}$1} 锥面上，b = 1/6 < 1$\bar{2}$0 >。

c 型位错，在二次 {11$\bar{2}$0} 锥面上，b = [0001]。

a + c 型位错，在 {11$\bar{2}$0} 或 {20$\bar{2}$1} 锥面上，b = 1/6 < 11$\bar{2}$6 >。

B2/β 相为体心立方结构，其中，β 相为无序的体心立方结构，B2 相为有序体心立方结构。Ti-Al-Nb 系合金的 β 相与 B2 相的有序-无序转变主要在高温下发生，相转变温度主要与合金成分有关。B2 相中可大量溶入稳定元素，成分变化范围较大。在 Ti₃Al-Nb 系的 B2 相中，Ti 和 Al 原子分别占据两个超点阵，合金元素 Nb 主要占据 Al 原子的位置。B2 相通过局部不均匀变形，在（111）面上滑移。当 B2 晶粒尺寸很大时，断裂方式是解理断裂，当 B2 晶粒尺寸很小，断裂方式为韧性断裂。

O 相由 Banerjee 于 1988 年首次发现，是具有 Cmcm 对称的有序正交晶体结构，它的成分基于 Ti₂AlNb，可认为是 α₂ 相的一种微小畸变形式。O 相和 α₂ 相的差别，可以从图 8-18 所示的基面原子结构图来区分，O 相中 Nb 原子在 Ti 的亚点阵上进一步有序排列，使 α₂ 相基面上的对称性降低，而变成正交结构[22]。

8.2.2.2　相平衡与相转变

由于 Ti-Al-Nb 系合金的相平衡属于多元系平衡，相平衡过程较为复杂，因此早期对 Ti-Al-Nb 系相平衡的研究，并没有考虑相的有序化和 O 相的存在。随着对 O 相合金的研究不断的深入，近年来在 Ti-Al-Nb 系相图的研究方面已取得了较大进展。图 8-19 为 Miracle 和 Rhodes 测定的 Ti-22Al-xNb 垂直截面相图[23]。可以看出，O 相在较宽的 Nb 含量范围内都可以稳定存在。根据 Nb 含量不同，可把 O 相合金分为两代：当 Nb 含量小于约 25% 时，α₂ + B2 + O 三相区范围较宽，在此温度区内处理得到的三相合金称为"第一代 O 相合金"，主要产品有 Ti-25Al-17Nb、Ti-22Al-23Nb 等，其相组成为 α₂ + B2 + O；当 Nb 含量大于约 25% 时，合金具有很宽的 B2 + O 两相区，热处理得到 B2 + O 两相合金，称为"第二代 O 相合金"，主要产品有 Ti-22Al-25Nb、Ti-22Al-27Nb[23]。

在相平衡的研究中，有三种重要的显微组织演变规律[24]：

细的等轴组织只能通过在 B2 转变温度以下热加工得到。经常是在 B2 相区以上固溶处理得到不同晶粒尺寸的显微组织，然后在 O + B2 相区时效。时效后，α₂ 或 O 相从 B2 晶粒中析出。因此，得到细晶多相组织的方法是在 B2 相变点以下热处理。

875 ℃ 是 O 相形态的转变点。Boehlert 等在 Ti-23Al-27Nb 合金的研究中发现，在 875 ℃ 以上固溶处理能得到等轴组织，而在 875 ℃ 以下固溶处理，得到从 B2 晶粒中析出魏氏 O 相板条组织。他们还研究了 Ti-25Al-24Nb 和 Ti-23Al-27Nb 合金在 875 ℃ 热处理 100 h 的显微组织，Ti-25Al-24Nb 合金表现为全 O 相显微组织，而 Ti-23Al-27Nb 合金中有一定的 B2 相存在，由此说明 Al 浓度对 O 相体积分数的影响。

当全等轴状 O 相的 Ti-25Al-24Nb 合金再次在 900 ℃ 固溶并水冷时，能够得到全透镜状的 O + B2 组织。该研究结果表明，和低温下的单相组织相比，当温度升高时，B2 相可

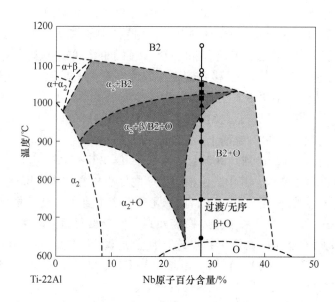

图 8-19　Ti-22Al-xNb 合金相图

从母体 O 相以魏氏组织的形态析出。

Ti-Al-Nb 系合金中，将 Nb 元素添加到金属间化合物 Ti$_3$Al（DO19）中主要有两个作用：一方面，Nb 的添加能够稳定无序的高温 β 相，使之有序化转变成有序的 B2 相（CsCl 类型，Pm3m 空间群）；另一方面可以形成一种成分基于 Ti$_2$AlNb 附近的新相 O 相（Cmcm 空间群）。已有研究发现，在 Ti-Al-Nb 系合金体系中较大的成分范围内都有 O 相存在。在 800 ~ 1000 ℃热机械处理时，Ti$_2$AlNb 基合金发生以下三种相变：α$_2$→O、B2→O 和 α$_2$ + B2→O。这些相变中，O 相的不同形态主要取决于合金的 Nb 浓度。

8.2.2.3　三种典型组织

O 相合金与 Ti$_3$Al 基合金相似，通过热机械处理可得到三种典型的显微组织，即等轴组织、双态组织和板条组织[24]：

等轴组织。初生 α$_2$ 相或 O 相颗粒分布于连续的 B2/β 相基体中，等轴颗粒的数量在 30% 以上所形成的显微组织称为等轴组织（图 8-20（a））。等轴组织的形态和尺寸与变形方式以及变形程度有关，实际的形貌不全是等轴状的，也有可能是球状、盘状、蜗杆状、矩形等。等轴组织一般是合金在（α$_2$ + O）+ B2/（B2 + O）相区加热，经过充分的塑性变形和再结晶退火时形成。加热温度越低，变形量越大，等轴 α$_2$/O 相的含量越多，颗粒的尺寸越细小。等轴 α$_2$/O 相含量过多时，可以通过提高加热温度的方法来减少。等轴组织一般具有良好的室温强度和塑性，但其高温蠕变性能较差，且不稳定。

双态组织。在 B2 基体上分布着一定数量的等轴 α$_2$ 相，但其总含量一般不超过 30% 为双态组织（图 8-20（b））。双态组织与等轴组织的最大区别在于等轴 α$_2$ 相的含量不同。此外，双态组织中转变的 B2 相也比较粗糙。双态组织一般是在 α$_2$ + B2 两相区加热，经过充分塑性变形时形成。等轴 α$_2$ 相的存在能够抑制加热过程中 B2 相晶粒尺寸的长大。

双态组织兼顾了等轴组织和板条组织的优点，等轴 α$_2$ 相含量在 20% 左右的双态组织具有强度-塑性-韧性-热强性的最佳综合匹配。与板条组织相比，双态组织具有更高的屈

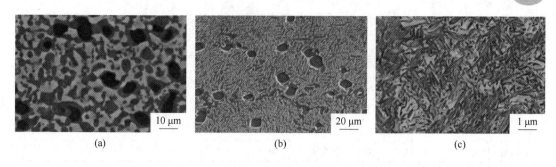

图 8-20　三种典型组织
（a）等轴组织；（b）双态组织；（c）板条组织

服强度、塑性、热稳定性和疲劳强度；与等轴组织相比，双态组织具有较高的持久强度、蠕变强度和断裂韧性，以及较低的疲劳裂纹扩展速率。

板条组织。在 B2 基体上分布着不同尺寸、不同方向的 O 相板条，产生的 O 相板条与 B2 基体之间具有完全共格的 Burgers 取向关系为板条组织（图 8-20(c)）。板条组织一般是在 B2 相区加热或塑性变形，随后在 O + B2 相区冷却或热处理时形成。冷却速度强烈地影响着合金的塑性和强度。冷却速度的变化控制着板条的尺寸（即板条间距），这是强化的最重要因素。在传统的钛合金中，科学家 Hirth 和 Froes[25]发现屈服强度遵从 Hall-Petch 效应即界面强化，屈服强度与 λ^{-1} 成正比的关系（λ 为板条间距），Ti₂AlNb 基合金也是如此。板条组织具有较高的强度，但其室温塑性较低，明显低于等轴组织或双态组织。影响板条组织塑性的最重要因素是板条排列的形貌，它决定着形变时的滑移分布。随着冷却速度的增大（板条尺寸趋于细化），合金塑性首先增大，在达到一个极大值后（对应着适中尺寸板条形成的网篮组织）开始逐步下降。

8.2.3　Ti₂AlNb 基合金的显微组织调控与力学性能优化

8.2.3.1　Ti₂AlNb 基合金的力学性能[22]

Ti₂AlNb 基合金力学性能取决于合金成分及热机械处理工艺。表 8-1 列出一些典型的 Ti₂AlNb 基合金的室温和高温性能。单相的 O 相合金在 650 ~ 750 ℃，具有优良的抗蠕变性能，然而室温塑性和断裂韧性低。

表 8-1　Ti₂AlNb 基合金拉伸性能

材　料	条　　件	室　温			高温（650 ℃）		
		σ_s/MPa	σ_b/MPa	δ/%	σ_s/MPa	σ_b/MPa	δ/%
Ti-22Al-27Nb	—	1290	1415	3.5	1120	1260	8
Ti-22Al-20Nb-7Ta	—	1200	1320	9.8	970	1090	14
Ti-22Al-24Nb-3Ta	—		1100	14		996	10
Ti-23Al-16Nb	1050 ℃/1 h/WQ + 850 ℃/2 h/FC	691	906	14.0			
Ti-22Al-23Nb	1050 ℃/2 h + 815 ℃/8 h/FC	836	1111	14.8			
Ti-22Al-20Nb-5V	815 ℃/24 h/WQ + 760 ℃/100 h	900	1161	18.8			
Ti-22Al-24Nb	815 ℃/4 h	1257	1350	3.6			

材　料	条　件	室　温			高温（650 ℃）		
		σ_s/MPa	σ_b/MPa	δ/%	σ_s/MPa	σ_b/MPa	δ/%
Ti-22Al-25Nb	1000 ℃/1 h/Ar + 815 ℃/2 h/Ar	1245	1415	4.6			
Ti-22Al-27Nb	815 ℃/1 h/Ar	1294	1415	3.6			
Ti-25Al-21Nb	1050 ℃/1 h/Ar + 815 ℃/2 h/Ar	847	881	0.4			
Ti-15Al-45Nb	1050 ℃/4 h + 800 ℃/24 h	865	924	15.1			

Ti-21Al-29Nb 合金在轧制态的组织具有较高的室温拉伸强度，时效后具有 78% 体积分数 O 相的显微组织塑性较差；在 960 ℃ 固溶处理的合金蠕变主要由晶界扩散控制，而 1005 ℃ 固溶处理的合金蠕变主要由位错攀移决定。结果发现具有 90% 细小 β 晶粒的合金呈现出较高的抗拉强度和伸长率。热处理后大量板条的析出导致合金塑性降低。尽管如此，当显微组织中含有 63% 的 O 相时，合金的室温塑性仍然大于 2%。合金的高温拉伸性能表现出较低的强度和较高的塑性。

在 Ti-24Al-11Nb 等轴组织中，存在两种断裂机制。当 B2 相的体积分数较大时，合金中的变形以 B2 相变形为主。B2 相具有良好的室温变形性，其 a/2 <111> 位错在 {110}、{112} 和 {123} 面上多滑移系开动，但 B2 相中存在严重的滑移不均匀性，使 B2 相中易形成严重不均匀的滑移变形带。合金的断裂行为，实际上受 B2 相中变形带的失稳开裂控制。而当 B2 相的体积分数较小时，将在大量的 α_2/O 相中和 α_2/O 相界上形成解理裂纹，而解理裂纹的联通受韧性的 B2 相所影响，所以合金的塑性将随着 B2 相体积分数的提高而提高。

随着温度的升高，应力因子逐渐从 7 降低到了 5；蠕变的激活能和 Ti_3Al 系合金类似，位错类型包括 a 型位错，a + c 型位错和 c 型位错。合金中 Nb 的含量对 O 相的蠕变行为没有影响。同时对 Ti-25Al-11Nb 合金的初始蠕变进行的研究，结果发现初始蠕变应变由显微组织和加载应力决定，初始蠕变的机制主要是晶界扩散和位错攀移。

在 α_2 相等轴颗粒形貌及体积分数基本一致（15% ~ 20%）的情况下，O 相板条体积分数的增加有利于合金高温持久性能的显著提高，但会造成合金室温拉伸伸长率的下降；O 相板条的细化有利于合金室温和高温拉伸性能的同时改善，但会使高温持久性能有所降低；通过 1060 ℃ 固溶处理/油淬 + 850 ℃ 时效处理获得的双态组织具有强度、塑性和高温长时性能的最好匹配。许多学者研究了 Ti_2AlNb 基合金的拉伸性能，合金铸态组织其室温和 650 ℃ 抗拉强度分别为 966 MPa、848 MPa，但塑性较差。经多步等温锻造后，原始粗大组织得到显著细化，沿 B2 相原始晶界分布的 α_2 相碎化，变为圆整的短棒状或粒状分布于由细小的 O 相和 B2 相组成的基体中，其室温和 650 ℃ 抗拉强度分别为 1524 MPa 和 766 MPa，尤其是 700 ℃ 伸长率达到 19%。采用包覆热轧工艺，合金平均晶粒尺寸细化至 1.5 μm，并制备出尺寸为 464 mm × 180 mm × 1.3 mm 的 Ti_2AlNb 基合金板材，其室温下 $\sigma_{0.2}$、σ_b 和 δ 分别为 1062 MPa、1213 MPa 和 5.51%，600 ℃合金 $\sigma_{0.2}$、σ_b 和 δ 分别为 767 MPa、883 MPa 和 12%，综合力学性能优良。

8.2.3.2　合金成分对力学性能的影响

β 稳定元素 Nb 的加入可使合金室温平衡组织中由以 α_2 相为主逐步变为以 O 相为主。

而相比于 α$_2$ 相，O 相的滑移系更多并与 β/B2 相晶体结构较匹配，有利于塑性的进一步提高，由此形成了新的 O 相合金体系（Nb 原子百分含量一般大于20%）。与 Ti$_3$Al 基合金相比，O 合金具有更高的室温和高温屈服强度、断裂韧性和蠕变抗力。

目前，对 O 相合金的合金化研究主要集中在 Ti-(20~27.5)Al-(20~30)Nb 的成分范围内，主要研究的合金有：Ti-22Al-(23~27)Nb、Ti-25Al-(21~25)Nb 以及 Ti-27.5Al-(10~40)Nb。已有的研究表明，合金中 Nb 含量的增加可以提高合金的强度、室温塑性及韧性；而在 Al 含量较高的合金中，由于 O 相的含量较高，合金具有很高的抗蠕变性，但过高的 Al 将严重影响合金的塑性和韧性，强度也明显下降。

合金元素的添加对于调节 O 相合金的各项力学性能，包括强度、塑性、蠕变等具有重要的作用，如表 8-2 所示，但值得注意的是气体杂质元素 N、O、H 等的含量对合金性能亦有较大的影响，合金中 O 含量增加可使合金的强度提高，但是明显地降低了合金的塑性，因此严格地控制气体元素的含量对于合金性能的提高也具有重要作用。

表 8-2　合金元素对 Ti$_2$AlNb 基合金组织性能关系的影响

元素	种类	微观组织	力学性能
Al	稳定元素	—	提高抗氧化和抗蠕变性能，降低塑性和韧性
Nb	β 稳定元素	—	增加密度、强度和塑性
Mo	β 稳定元素	—	提高抗氧化和抗蠕变能力
V	β 稳定元素	—	提高塑性，降低强度和抗氧化性
Si	β 稳定元素	—	提高抗氧化和抗蠕变能力
Fe	β 稳定元素	—	提高强度和抗蠕变能力
Ta	β 稳定元素	细化组织	提高强度和塑性
Y	—	细化组织	提高塑性和硬度
B	—	细化组织	提高室温塑性、硬度及高温蠕变能力

8.2.3.3 热机械处理对力学性能的影响

Ti$_2$AlNb 基合金属于难变形高温结构材料，合金固有的脆性、较大的变形抗力制约了其发展和应用。热加工工艺和热处理工艺对材料的组织和性能有着重要影响。有效的热机械处理工艺可以显著地改善合金的组织和性能。挤压、锻造、轧制等传统热加工工艺被广泛应用于 Ti$_2$AlNb 基合金的制备，并对其变形后的相、显微组织以及力学性能进行了深入的研究。Ti$_2$AlNb 基合金通常采用等温锻造来细化粗大的铸态组织，为二次加工成形板材提供坯料，也可以直接成形为零部件，如航空发动机的叶片或涡轮盘等温锻造之前，Ti$_2$AlNb 基合金一般都要经过热等静压和均匀化处理，以消除铸造合金缩松和成分偏析。为了提高铸锭变形能力，开坯锻造前要进行包套处理。开坯锻造后，合金组织及变形性能得到提高，因此第二步锻造可以选择在温度较低的 α$_2$ + B2 两相区或 α$_2$ + B2 + O 三相区进行，这样有利于防止晶粒粗化，从而把动态再结晶后细小的组织保留到室温，对于提高室温塑性和强度都有利。等温锻造是自由锻造工艺的一种，已经在铜、钢、镁合金等材料上做了广泛的研究，但是在 Ti_2AlNb 基合金上研究较少。20 世纪 80 年代后期，日本和美国分别启动了等温轧制和包套轧制。轧制工艺参数包括轧制温度应变速度以及每道次应变量。Ti_2AlNb 基合金轧制温度范围为 $\alpha_2 + B2$ 两相区。

Ti_2AlNb 基合金通过低于 B2 转变点温度进行热加工和热处理能够生成由等轴的初生 α_2/O 相颗粒、二次 α_2/O 板条和 B2 基体组成的双态组织。在二次板条细小时，随着初生 α_2 相颗粒体积分数增加，细小板条的强化作用将下降，因此材料的屈服强度将下降；当初生 α_2 相颗粒体积分数增加到 30% ~ 40% 以后，这一趋势将颠倒过来，这可能是由于初生 α_2 相颗粒的织构强化、尺寸减小以及二次板条由于生长速度下降而进一步细化所致。在二次板条粗大时，初生 α_2 相颗粒体积分数的增加导致织构强化的增强；初生 α_2 相颗粒体积分数的增加往往伴随着二次板条间距的减小，使合金的强度进一步提高。双态组织中依据不同的热处理，裂纹可以起源于初生 α_2/O 相颗粒，也可起源于转变 $\beta/B2$ 基体。不同相之间的应力与应变分布、各相的几何参数都将影响裂纹形成时的合金宏观应变值。由于双态组织兼有等轴组织和板条组织的特点，通过热加工、固溶处理及时效等工艺的有效控制，可以使组织优化而得到最佳组合。

8.2.3.4 相含量对力学性能的影响

Ti_2AlNb 基合金中大量 β 相稳定性元素 Nb 的存在为 O + B2 两相的形成提供了可能。研究表明，O 相合金中，与 B2 相相比，O 相的塑性较差（约为 1%）、断裂韧性较低（K_{IC} 约为 6 MPa·$m^{1/2}$），而 B2 相在合金断裂和增塑方面起着重要作用，其滑移系最多，可以使裂纹钝化，因此 B2 相是塑性相。然而 B2 晶粒粗大，会导致合金的塑性变差；通过热处理获得 B2 + O 相复合组织时，O 相的强化作用不仅大大提高了 Ti_2AlNb 基合金的强度和塑性，而且大大提高了 O 相合金的蠕变性能。在 Ti_2AlNb 基合金中，O 相的强化作用比 α_2 相大，具有最佳力学性能的显微组织为 O + B2 两相组织。

8.2.3.5 Ti_2AlNb 的蠕变行为

A 激活能 Q 与应力因子 n 对蠕变机制的影响

Ti_2AlNb 基合金承力构件多在受力条件下使用，合金的蠕变过程中变形行为与组织变化影响构件的安全使用。因此研究蠕变对 Ti_2AlNb 基合金应用具有重要意义。采用蠕变数据处理研究其蠕变行为，一般是采用对应的蠕变模型来建立本构方程，算出蠕变速率，求解蠕变激活能与应力因子，从而说明蠕变机制。

C. J. Boehlert[26] 对 Ti-25Al-25Nb、Ti-23Al-27Nb 与 Ti-12Al-38Nb 合金在 650 ~ 760 ℃ 的蠕变行为进行研究，研究表明：未时效的显微组织在蠕变中具有较大的初始蠕变速率；在低应力下，合金蠕变的应力因子接近于 1，表现出较低的激活能，以 Coble 蠕变为主导；在中等应力下，计算的晶界扩散的激活能 Q 为 127 ~ 178 kJ/mol，此时蠕变机制主要以晶界滑移、晶界扩散为主；在高应力下，此时蠕变的应力因子 $n = 3.5 ~ 7.2$，激活能为 Coble 蠕变机制中激活能的两倍，Q 为 256 ~ 311 kJ/mol，此时蠕变机制为位错控制的蠕变。

B 显微组织形态对蠕变性能的影响

Ti-25Al-17Nb-1Mo 合金采用不同热处理制度及冷速可以得到三种典型组织（板条组织、双态组织以及等轴组织），在温度为 600 ~ 700 ℃，应力为 150 ~ 250 MPa 的条件下，三种典型组织的蠕变性能相比，等轴组织具有较低的应力因子和较差的抗蠕变性；在650 ℃温度下，板条和双态组织相比具有相似的抗蠕变性；随着温度提高到750 ℃，双态组织的抗蠕变性明显变差。

在Ti-25Al-11Nb合金中，650 ℃时有三种不同显微组织（等轴 α_2 相，双态（40%等轴+板条 α_2），以及全板条 α_2）的蠕变行为。合金的初始蠕变与显微组织以及应用应力有关；全板条 α_2 具有最低的初始蠕变速率，全等轴 α_2 相比40%等轴+板条 α_2 组织的初始蠕变速率低，这两种组织在稳态蠕变阶段显示出较为相似的抗蠕变性。

C 添加合金元素对 Ti_2AlNb 合金蠕变性能的影响

Al的添加（少量）不会影响蠕变的激活能（约为370 kJ/mol）以及蠕变机制（位错攀移控制的蠕变，$n=4$），但是少量Al的添加能提高合金的强度。

少量B的添加在650 ℃/310 MPa下降低稳态蠕变速率，但在750 ℃/310 MPa下并不会提高合金的抗蠕变性。

Mo和Fe作为 β 稳定元素用来替代Nb，能够提高1%蠕变时间，延长过渡蠕变阶段，同时还能提高合金的自扩散激活能。

Zr的加入会粗化O相板条，显微组织组织中较粗的板条对合金的蠕变性能有利，可以有效地提高合金的蠕变抗力。

Ti_2AlNb 基合金的蠕变机制主要取决于蠕变应力因子（n）和蠕变激活能（Q）。在高应力状态下，位错攀移控制蠕变为主；中等应力状态下，晶界滑移控制蠕变为主；在低应力下，以Coble蠕变、H-D蠕变以及N-H蠕变为主。不同的组织形态也对蠕变性能具有明显的影响，板条组织的蠕变性能要优于等轴组织；而混合组织的蠕变性能与等轴 α_2 的含量，等轴O相、板条O相，以及次生O相、B2晶粒的尺寸等诸多因素有关，因此如何确定 Ti_2AlNb 合金的蠕变机制，基于钛合金及钢的蠕变机制的确定方法对于 Ti_2AlNb 合金蠕变机制的研究是否同样适用是目前有待突破的问题。

8.3 其他类钛基金属间化合物

8.3.1 Ti 基形状记忆合金

Ti 基形状记忆合金种类众多，本书将重点介绍 Ti-Ni 形状记忆合金。目前，国内外学者及研究机构主要是通过热模拟实验方法研究 Ti-Ni 形状记忆合金的热变形行为，通过热压缩、热轧、热机械加工、热挤压等实验方法来探究合金在不同变形条件下的显微组织演变过程，明确合金在不同变形条件下的变形机理，从而优化 Ti-Ni 形状记忆合金在实际热加工过程中工艺参数。

（1）Ti-Ni 形状记忆合金热变形行为的国外研究进展。国外学者采用热压缩实验研究了铜的加入对 Ti-Ni 形状记忆合金热变形行为的影响，获得应力-应变曲线。表明 Ti-Ni 形状记忆合金中铜的加入使应力-应变曲线向上移动，导致合金临界应力和最大软化率增大，这是由于 Cu 代替 Ni，析出高强度 Cu，沉淀强化和固溶强化相结合对 NiTiCu 合金的流动应力的升高起了重要作用；并且在 800 ℃时 NiTi5Cu 合金中出现一些晶粒发生动态再结晶，在 1000 ℃时，NiTi5Cu 合金中出现动态再结晶晶粒长大现象。还有学者采用热轧实验方法，研究了不同应变对 NiTi47.7Cu6.3（原子百分含量,%）热加工性和组织演变的影响，对不同应变下的组织演变进行观察表征发现，随着变形温度的升高和应变的增大，合金内部发生动态再结晶，导致组织细化。在低温条件下，没有任何动态再结晶迹象，在中温下，形成的细小针状沉淀物固定了晶界，阻止了它们膨胀或迁移；在高温条件下，合金再结晶程度高，动态再结晶机制主要为应变诱导边界迁移机制[27]。

Shamsolhodaei 等研究了在不同温度和应变速度下的热机械加工代替冷加工和退火处理对 Ti-Ni 形状记忆合金室温力学性能和形状记忆效应的影响，通过对比合金强度、延展性的变化和相应的形状记忆效应反馈，可以很好地解释加工工艺-微观结构-服役性能之间的相互关系[28]。

Kaya 等研究了高强度 60Ti-Ni 材料的热力学性能，包括应力-应变曲线和热循环，采用压缩实验研究该合金形状记忆效应和相变行为，经时效处理的 60Ti-Ni 临界应力随实验温度的变化而变化。当试样在较高温度下加载时，得到较高的临界应力。由于析出物的存在能够抵抗应力诱导的马氏体相变，因此需要更高的应力才能完成相变。由于析出物的存在，应变也小于传统等原子比的 50Ti-Ni[29]。

（2）Ti-Ni 形状记忆合金热变形行为的国内研究进展。国内学者采用热压缩实验研究了偏析对铸态 Ti-Ni 形状记忆合金在不同温度和应变速度下的组织演化和热变形行为的影响，铸态 Ti-Ni 形状记忆合金之前没有经过热处理或塑性变形处理[27]。

Zhang 等采用局部罐压实验方法研究了 Ti-Ni 形状记忆合金在 600 ℃、700 ℃和 800 ℃不同变形温度下的再结晶的机制。随着变形温度的升高，再结晶晶粒比例增大，原始变形晶粒比例减小。在 600 ℃和 700 ℃条件下，Ti-Ni 形状记忆合金中同时存在连续动态再结晶和不连续动态再结晶。在不连续动态再结晶的情况下，再结晶晶粒在晶界处形核，甚至在晶内也有形核；连续动态再结晶是低角度晶界亚晶粒结构在塑性变形的初始阶段被诱导，在大塑性应变作用下逐渐转化为高角度晶界新晶粒，从低角度晶界向高角度晶界转变的过程中，位错逐渐被吸收[30]。

Luo 研究了近等原子 Ti-50.6% Ni（原子百分含量,%）在热挤压和再挤压过程中 $Ti_4Ni_2O_x$（$x \leqslant 1$）粒子的演化，通过在热挤压和再挤压过程中对 $Ti_4Ni_2O_x$（$x \leqslant 1$）第二相粒子的空间分布、形状、尺寸和体积分数的表征，讨论了 $Ti_4Ni_2O_x$（$x \leqslant 1$）变形和非变形的第二相粒子对合金显微组织及性能的影响[31]。

李云飞等采用准静态单向拉伸实验和动态热压缩实验研究 Ti-Ni 合金的动态力学行为，描述了 Ti-Ni 合金应力-应变曲线的特点，总结了合金在单向拉伸实验过程中屈服应力与弹性模量之间的关系，并给出了热压缩实验过程中，合金相变起始应力和合金相变结束应力以及位错屈服应力随应变速度之间的变化关系[32]。

8.3.2　钛铁基储氢合金

钛铁基储氢合金属于金属储氢材料的一种，是由钛和铁两种元素按 1∶1 化学计量比组成的金属化合物，于 19 世纪 70 年代被美国布鲁克海文国家实验室发现，是最早发现的金属储氢材料之一。其既可以在碱性电解液中吸收、贮存电解水生成的氢原子，也可以与气态氢发生气-固反应，将氢分子分解成氢原子，以金属氢化物的形式将氢原子贮存在金属晶胞中。

8.3.2.1 金属化合物

图 8-21 为钛-铁二元相图，由图 8-21 可知钛和铁可以形成两种金属间化合物。当铁含量为 51.3% ~ 54.1% 时，在 1085 ℃下，经共晶转变形成 CsCl 结构的 TiFe 相（空间群：Pm3m；点阵常数：$a = 0.297$ nm），温度达到 1317 ℃时生成的 TiFe 相再经共晶转变生成 $MgZn_2$ 结构的 $TiFe_2$ 相（空间群：P63/mmc；$a = 0.479$ nm，$b = 0.479$ nm，$c = 0.778$ nm）。

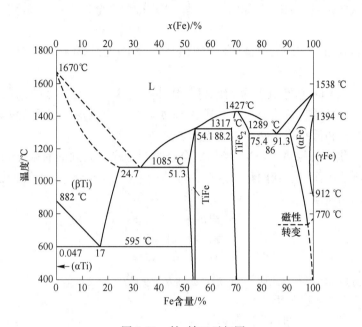

图 8-21 钛-铁二元相图

8.3.2.2 氢化物

TiFe 相吸收氢后，形成的氢化物有 TiFeH 相（正交晶系，$a = 0.298$ nm，$b = 0.455$ nm，$c = 0.442$ nm）和 $TiFeH_2$ 相（正交晶系，$a = 0.704$ nm，$b = 0.623$ nm，$c = 0.283$ nm）。吸收的氢位于体心立方正八面体的中心，氢被 4 个钛原子和 2 个铁原子包围。发生的氢化反应包括：

$$TiFe + H_2 \Longrightarrow TiFeH \tag{8-1}$$

$$TiFeH + H_2 \Longrightarrow TiFeH_2 \tag{8-2}$$

$$Ti + H_2 \Longrightarrow TiH_2 \tag{8-3}$$

8.3.2.3 钛铁系储氢合金的优点

目前，钛铁系储氢合金主要应用于车载行业。TiFe 基储氢合金在车载储能领域应用具有以下几点优势[33]：

（1）用途多样化。TiFe 基储氢合金既可以利用其电化学反应机制，作为镍氢动力电池负极材料，应用于混合动力汽车、纯电动汽车，还可以利用其气态反应机制，制成低压金属氢化物储氢罐作为氢燃料电池、氢内燃机汽车氢源。

（2）安全性高。TiFe 基储氢合金应用于镍氢蓄电池较锂离子蓄电池有更高的安全性。TiFe 基储氢合金作为氢燃料电池、氢内燃机汽车氢源，氢以原子的形态贮存于金属晶胞中，吸放氢速率适中，压力低，避免了气态氢贮存易泄漏、易爆炸等危险。

（3）可逆储氢量高。TiFe 基储氢合金的理论储氢量为 1.86%，是 LaNi$_5$ 型合金的 1.36 倍。按照 LaNi$_5$ 型储氢合金理论电化学容量 372 mA·h/g 计算，TiFe 基储氢合金的理论电化学容量约为 512 mA·h/g。因此，不论是用于混合动力汽车，还是纯电动汽车都将显著提高车载储能系统的储能能量密度。

（4）可室温吸放氢。TiFe 基储氢合金是除 LaNi$_5$ 型合金外唯一具备室温吸放氢能力的储氢合金。

（5）使用寿命长。TiFe 基储氢合金的循环寿命高达到 2000 次，是 LaNi$_5$ 型合金的 4 倍。

（6）成本低。TiFe 基储氢合金的原材料成本约为 LaNi$_5$ 型合金的三分之一。以 TiFe 基储氢合金为负极材料制备镍氢电池，可大幅度降低生产成本。以 TiFe 基储氢合金贮存氢气，较气态贮存和低压液化储存氢气成本更低。

（7）原材料供应有保障。LaNi$_5$ 型储氢合金受制于稀土元素的有限储量和金属镍的进口，价格波动剧烈。而钛、铁两种元素在我国储量丰富，产能充沛，产业化后不存在原材料价格剧烈波动的风险。

本 章 习 题

（1）TiAl 合金显微组织有哪几种，可以通过哪种方式获得？

（2）TiAl 合金主要的应用领域有哪些？

（3）TiAl 合金的加工方法可以分为哪几类？

（4）第三代 TiAl 金属间化合物可以分为哪几类，每一类有什么特点？

（5）Ti$_2$AlNb 分别有哪些不同结构的相？

（6）Ti$_2$AlNb 的 O 相的形成有哪些机制？请简要概述。

（7）Ti-Al-Nb 系合金按照 Nb 含量的不同可以分为几类，分别具有哪些特性？

（8）热机械处理如何影响 Ti$_2$AlNb 力学性能？

（9）TiFe 基储氢合金的主要形成过程有哪些？

（10）TiFe 基储氢合金有哪些优点？

参 考 文 献

［1］ Schuster J C, Palm M. Reassessment of the binary Aluminum-Titanium phase diagram ［J］. Journal of Phase Equilibria & Diffusion, 2006, 27(3): 255-277.

［2］ 李继展. TiAl 金属间化合物热等静压成形关键技术基础研究 ［D］. 武汉：华中科技大学，2019.

［3］ Bewlay B P, Nag S, Suzuki A, et al. TiAl alloys in commercial aircraft engines ［J］. Materials at High Temperatures, 2016, 33(4/5): 549-559.

［4］ Nathal M V, Darolia R, Liu C T, et al. Structural intermetallics ［J］. TMS, 1997: 157.

［5］ Hu D, Huang A J, Novovic D, et al. The effect of boron and alpha grain size on the massive transformation in Ti-46Al-8Nb-xB alloys ［J］. Intermetallics, 2006, 14(7): 818-825.

［6］ Huang A, Loretto M H, Hu D, et al. The role of oxygen content and cooling rate on transformations in TiAl-based alloys ［J］. Intermetallics, 2006, 14(7): 838-847.

［7］ 罗媛媛. β 型 γ-TiAl 基合金热变形行为及组织性能研究 ［D］. 西安：西北工业大学，2015.

［8］ 徐萌. TiAl 合金相变行为及组织变形行为研究［D］. 太原：太原理工大学，2018.

［9］ 杨锐. 钛铝金属间化合物的进展与挑战［J］. 金属学报，2015，51（2）：129-147.

［10］ 王孟光，孙建科，陈志强. TiAl 基合金的熔炼与铸造成形工艺研究现状［J］. 钛工业进展，2010
（4）：7-10.

［11］ 薛鹏举. Ti6Al4V 粉末热等静压近净成形工艺研究［D］. 武汉：华中科技大学，2014.

［12］ Appel F，Paul J D H，Oehring M. Gamma titanium aluminide alloys：Science and technology［M］. New
York：John Wiley & Sons，2011.

［13］ 张英明，周廉，孙军，等. 钛合金真空自耗电弧熔炼技术发展［J］. 中国材料进展，2008，27（5）：
9-14.

［14］ 宋青竹，董辉，鄂东梅，等. 电磁悬浮真空熔铸技术进展［J］. 真空，2019，56（6）：43-48.

［15］ Bewlay B P，Weimer M，Kelly T，et al. The Science，technology，and implementation of tial alloys in
commercial aircraft engines［J］. MRS Online Proceedings Library Archive，2013，1516（1）：49-58.

［16］ 田宗军，顾冬冬，沈理达，等. 激光增材制造技术在航空航天领域的应用与发展［J］. 航空制造技
术，2015，480（11）：38-42.

［17］ 路新，何新波，李世琼，等. 放电等离子烧结 TiAl 基合金的显微组织及力学性能［J］. 北京科技
大学学报，2008，30（3）：254-257.

［18］ 朱玉英. 机械合金化制备 TiAl 基非晶合金及其放电等离子烧结工艺研究［D］. 秦皇岛：燕山大学，
2015.

［19］ 王刚，徐磊，崔玉友，等. TiAl 预合金粉末热等静压致密化机理及热处理对微观组织的影响［J］.
金属学报，2016，52（9）：1079-1088.

［20］ Banerjee D. The intermetallic Ti$_2$AlNb［J］. Progress in Materials Science，1997，42：135-158.

［21］ Boehlert C J，Majumdar B S，Krishnamurthy S，et al. Role of matrix microstructure on room-temperature
tensile properties and fiber-strength utilization of an orthorhombic Ti-alloy-based composite［J］.
Metallurgical and Materials Transactions A，1997，28（2）：309-323.

［22］ 刘石双，曹京霞，周毅，等. Ti$_2$AlNb 合金研究与展望［J］. 中国有色金属学报，2021，31（11）：
3106-3126.

［23］ Miracle D B，Foster M A，Rhodes C G. Ti'95［J］. Proceedings of the Eighth World Conference on
Titanium，1995：372-379.

［24］ 王伟. 基于三种典型显微组织的 Ti-22Al-25Nb 合金力学性能研究［D］. 西安：西北工业大
学，2015.

［25］ Tang F，Emura S，Hagiwara M. Tensile properties of tungsten-modified orthorhombic Ti-22Al-20Nb-2W
alloy［J］. Scripta Materialia，2001，44（4）：671-676.

［26］ Boehlert C J. Part Ⅰ：The tensile behavior of Ti-Al-Nb O + BCC orthorhombic alloys［J］. Metallurgical
and Materials Transactions A，2001，32（8）：1977-1988.

［27］ 于雪梅. NiTi 形状记忆合金热变形行为及变形机理的研究［D］. 沈阳：沈阳工业大学，2019.

［28］ Shamsolhodaei A，Zarei-Hanzaki A，Abedi H R. The enhanced shape memory effect and mechanical
properties in thermomechanically processed semi-equiatomic NiTi shape memory alloy［J］. Advanced
Engineering Materials，2016，18（2）：251-258.

［29］ Kaya I. Shape memory and transformation behavior of high strength 60NiTi in compression［J］. Smart
Materials and Structures，2016，25（12）：125031.

［30］ Zhang Y Q，Jiang S Y，Hu L. Investigation of dynamic recrystallization of NiTi shape memory alloy
subjected to local canning compression［J］. Metals，2017，7（6）：208-218.

［31］ Luo J，Ye W，Ma X，et al. The evolution and effects of second phase particles during hot extrusion and re-extrusion of a NiTi shape memory alloy [J]. Journal of Alloys and Compounds, 2018, 735: 1145-1151.

[32] 李云飞, 曾祥国, 陈成. TiNi 合金动态力学行为应变率-温度效应实验测试 [J]. 有色金属工程, 2018, 8(2): 44-48.

[33] 赵栋梁, 尚宏伟, 李亚琴, 等. 钛铁基储氢合金在车载储能领域的应用研究 [J]. 稀有金属, 2017, 41(5): 515-533.

9 钛基复合材料

钛基复合材料指以钛为基体，以高分子材料、纤维、无机非金属等为增强体制得的新型材料。钛基复合材料具有耐高温、比强度高、比刚度高、抗蠕变性能好等优势，在航空航天及军事领域拥有广阔应用前景。随着对碳化硅强化钛基复合材料制备方法和工艺的深入探索，在其界面-组织-性能关系和强化机制等方面取得了一系列研究进展。在钛基复合材料的制备过程中，必须从各个方面（如工艺特点、适用范围和应用要求等）衡量，选择合适的制备工艺，并通过界面结构设计优化来进一步改善基体组织，提高钛基复合材料力学性能。

9.1 钛基复合材料的国内外研究现状

经过十年来的技术积累和工艺攻关，我国已打通了钛基复合材料叶环制备的全流程工艺路线，并掌握了叶环内部缺陷控制、复合材料芯形状及尺寸控制等关键技术，实现了全尺寸钛基复合材料叶环的制备，并通过了超转破裂等地面考核工作[1-2]。北京航空材料研究院和中国科学院金属研究所联合开展了 SiC/Ti 复合材料高温紧固件研制，实现了不同规格不同类型复合材料紧固件的制备，开发了钛基复合材料叶环模拟件。

哈尔滨工业大学黄陆军为了克服均匀增强钛基复合材料的室温脆性问题，成功制备出网状分布的 TiBw 和 TiCp 单一增强或混合增强的以 Ti-6Al-4V 为基体的钛基复合材料，这种网状结构的钛基复合材料具有优良的室温和高温性能[3]。张荻通过调节挤压工艺（挤压模具角度、挤压比）制备了不同性能的 (TiB + TiC)/Ti-6Al-4V 复合材料，并详细研究了在挤压过程中增强相的变化对基体组织的影响[4]。

此外，肖来荣对真空烧结的 TiCp 增强钛基复合材料在 α + β 双相区和 β 相区进行了自由锻，发现热变形时基体组织发生了动态再结晶进而使晶粒细化，大部分烧结产生的孔隙缺陷消失，因此锻造后材料的力学性能得到进一步提高。还对这种材料进行了热加工模拟试验，结果表明：变形温度升高时，复合材料中发生动态再结晶的难度和流变应力降低[5]。

随着科学技术的不断发展和应用领域的不断拓展，钛基复合材料的发展趋势也不断向前推进。未来，钛基复合材料将朝着高性能、低成本、绿色环保等方向发展。同时，钛基复合材料也面临着一些挑战，如制备工艺复杂、成本高、应用技术不足等。由于其制备工艺复杂、成本较高，因此限制了其在一些领域的应用。未来，需要加强钛基复合材料的研发和推广，进一步提高其性能和降低成本，拓展其应用领域。

国外许多科研机构对钛基复合材料的探索与研究起步较早，并不断取得优异的成果。例如，新西兰学者利用混合粉体球磨 + 冷压 + 热挤压工艺制备出了性能优异的 TiBw/TC4 复合材料，抗拉强度可达到 1436 MPa，伸长率还能维持在 5.6%，相比于不加晶须的基体钛合金性能得到了明显提高[6]。韩国学者通过使用不同尺寸的 TiB₂ 粉体成功制备出了不同长径比 TiB 晶须增强的 TiBw/Ti-6Al-4V 复合材料，指出晶须长径比超过 58 时相对于长径比较小的晶须表现出优异的增强效果。此外，日本、德国、澳大利亚等国也在钛基复合材料制备和应用上取得了优异的成果[7-8]。

9.2　SiC 纤维增强钛基复合材料

钛及钛合金具有比强度高、耐腐蚀性强和熔点较高等优异性能，是理想的基体候选材料。陶瓷 SiC 纤维抗腐蚀性能好、比模量高且高温强度优异，使其成为最具潜力的增强体材料，因此，连续陶瓷 SiC 纤维增强钛基复合材料已成为新型高性能结构材料的一个重要发展方向，在航空航天领域有着广泛应用前景[9-10]。

纤维增强钛基复合材料（TMCs）的特点主要是强度和刚度高，由连续纤维（SiC）强化的 TMCs，在平行于纤维的方向测得的极限强度和刚度是常规钛合金的两倍。连续 SiC 纤维增强钛基（SiC$_f$/Ti）复合材料具有高比强度、高比刚度以及良好的耐高温、抗蠕变及优异的疲劳性能，是适用于 600~800 ℃ 轻质结构的理想材料，并可在 1000 ℃ 高温下短时使用，因此在航空航天领域得到了广泛的应用[11]。

高应力载荷下的疲劳性能是转动部件选材最重要的设计准则之一，图 9-1 反映了 SiC/Timetal 834 与 Timetal 834 两种材料分别在室温和 600 ℃ 条件下的疲劳性能（拉拉模式）[12]。由图 9-1 可以看出，连续纤维增强钛基复合材料的疲劳性能比基体材料提高 100% 以上，在 600 ℃ 条件下优势更为明显。

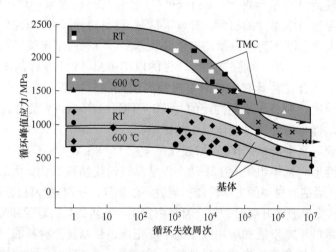

图 9-1　TMCs 和未增强基体材料的疲劳强度（拉拉模式）

纤维增强钛基复合材料由增强体连续钨芯（或碳芯）SiC 纤维和基体钛合金或钛铝系合金复合而成。SiC$_f$/Ti 复合材料具有各向异性，纵向性能远远高于横向性能，比如纵向拉伸强度比基体强度高 1 倍以上（SiC$_f$/Timetal 834 室温强度可达 2400 MPa[13]），横向强度只有基体强度的 50%。因此 SiC$_f$/Ti 复合材料更适用于制备受力特点鲜明的构件，如叶环、涡轮轴、拉伸杆、活塞杆、蒙皮、弹翼等[14-15]。航空发动机用材料中，多个部件均可采用 SiC$_f$/Ti 复合材料制造，钛基复合材料的用量约占整个发动机材料的 30%。

9.3 网状钛基复合材料

连续纤维增强钛基复合材料有严重的各向异性、成本很高和制备工艺烦琐，因此，钛基复合材料的研究者研发出了低成本、制备工艺简单、各向同性的非连续（纤维/颗粒）增强的钛基复合材料。20世纪90年代开始，连续增强钛基复合材料的制备工艺逐渐转向原位反应法。21世纪初原位合成的TiBw和TiCp被认为是最佳的增强相。最近的研究中，大部分都是以TiBw和TiCp单一增强或混合增强的钛基复合材料为研究对象。增强相确定以后，为了使钛基复合材料最重要的高温性能得以充分发挥，目前的研究热点逐渐转向以高温钛合金为基体的钛基复合材料和增强相的分布对钛基复合材料性能的影响[6]。

目前主要以非连续（纤维/颗粒）增强钛基复合材料为主；制备工艺主要以原位反应合成法为主；增强相和基体的选择对复合材料性能影响较大；通过对烧结件或铸件进行热变形可以进一步改善复合材料的综合性能；增强相的分布对材料力学性能的影响成为研究热点。

非连续增强钛基复合材料的力学性能与钛合金力学性能见表9-1。通过对比可以发现，虽然非连续增强钛基复合材料的制备方法不同、增强相含量不同，但生成的钛基复合材料的抗拉强度、屈服强度均比钛合金高。例如，采用热压烧结制备的TiBw/TC4复合材料的屈服强度以及抗拉强度分别提高了34%与28%，并且复合材料依然保持一定的塑性。

表9-1　钛合金及钛基复合材料的力学性能

材　料	制备工艺	$\sigma_{0.2}$/MPa	σ_b/MPa	δ/%
Ti	热压烧结	396	482.6	18.4
TiBw/Ti	热压烧结	685	842.3	11.5
TC4	热压烧结	700	855	11.3
TiBw/TC4	热压烧结	940	1090	3.6
(TiBw+TiC)/Ti64	放电等离子烧结	1124	1267	6.1
TiC/Ti64	快速凝固	930	986	1.1
Ti60	热压烧结		690	9.6
TiBw/Ti60	热压烧结		1040	6.7

9.4 石墨烯增强钛基复合材料

石墨烯（Graphene，简称GNFs）是单原子层的石墨。以苯环结构（六角形蜂巢结构）周期性紧密堆积的碳原子构成的二维碳材料，结构非常稳定，是目前已知最薄的一种材料。石墨烯是已知强度最高的材料之一，同时还具有很好的韧性，且可以弯曲；石墨烯具有极大的比表面积，可达2630 m^2/g；石墨烯是目前为止导热系数最高的碳材料，其热传导性能优异，无缺陷的单层石墨烯其导热系数能够达到5300 W/(m·K)；它还具有良好的光学特性，吸光率可达2.3%，具有特殊的物理性能和化学性能。

　　单层石墨烯材料只有一个碳原子厚，即0.335 nm，相当于一根头发的20万分之一，1 mm厚的石墨中约有150万层左右的单层石墨烯材料；随着所连接碳原子数量不断增多，这个二维的碳分子平面不断扩大，分子也不断变大。石墨烯材料依据其宏观形态主要分为两类：一类是由石墨解理得到的层数（10层以下）、横向尺寸在微米级别，宏观呈粉体形态的石墨烯微片；另一类是由化学气相沉积方法制备得到的，宏观呈大面积透明薄膜形态的石墨烯薄膜。由于石墨烯具有优异的力学和物理性能、突出的导电导热性等，可以作为钛属基复合材料的理想增强相，已经受到了广泛的关注。目前已有的石墨烯增强钛基复合材料的研究有很多，本书重点介绍石墨烯增强 Ti_2AlNb 复合材料的研究进展。将不同含量的石墨烯加入 Ti_2AlNb 基复合材料中，通过SPS烧结后得到的复合材料在强度和耐磨性方面均展现出了良好的性能。

　　石墨烯的良好分散性和与 Ti_2AlNb 的强界面相互作用是复合材料良好强度的两个关键因素。图9-2是SPS烧结后的试样，石墨烯均匀地分散在 Ti_2AlNb 粉末和基体中。随着石墨烯含量的增加（>0.6% GNFs），可以清楚地观察到石墨烯沿着晶界附聚（图9-2中圆圈区域），且石墨烯含量越多，晶界处富集得越明显。从图9-2可以清楚看出，含量<0.2%石墨烯显示出与 Ti_2AlNb 基体的良好界面相互作用。

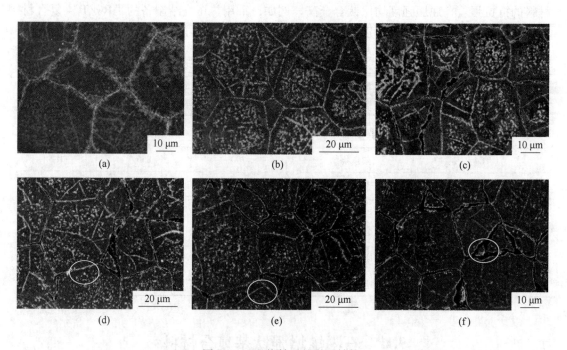

图9-2　SPS烧结后的微观结构

(a) 0% GNFs；(b) 0.2% GNFs；(c) 0.4% GNFs；(d) 0.6% GNFs；(e) 0.8% GNFs；(f) 1% GNFs

　　由于石墨烯在晶界处具有钉扎作用，因此石墨烯的加入有助于晶粒尺寸均匀化，从而限制了烧结过程中的晶粒生长。图9-2可以看出，随着石墨烯含量的增加，晶粒尺寸变得越来越均匀。均匀的晶粒尺寸非常重要，它在整个结构中提供良好的机械性能，对任何结构应用都至关重要。假设在放电等离子烧结（SPS）过程中，石墨烯与 Ti_2AlNb 基体之间发生反应，Ti 和 C 之间的反应可以在较大的温度范围内自发发生，反应方程和标准自由能 ΔG 可以表示为：

$$Ti + (graphene) = TiC \tag{9-1}$$

$$\Delta G = 184571.8 + 41.382T - 5.042T\ln T + 2.425 \times 10^{-3}T^2 - 9.79 \times 10^{-5}/T \quad (T < 1939 \text{ K}) \tag{9-2}$$

TiC 作为一种常见的增强相，有望提高石墨烯/Ti_2AlNb 基复合材料的强度。对复合材料固溶和时效处理后进行室温压缩，压缩曲线如图 9-3 所示。从图 9-3 中可以看出，相对于纯 Ti_2AlNb，加入了石墨烯的 Ti_2AlNb 基复合材料的强度增加。经过 960 ℃固溶处理后的试样抗压强度（σ_s）从 1407 MPa 增加到 1515 MPa，比纯 Ti_2AlNb 增加 7.65%；经过 760 ℃时效处理后的试样抗压强度（σ_s）从 1596 MPa 增加到 1695 MPa，比纯 Ti_2AlNb 增加 6.2%。

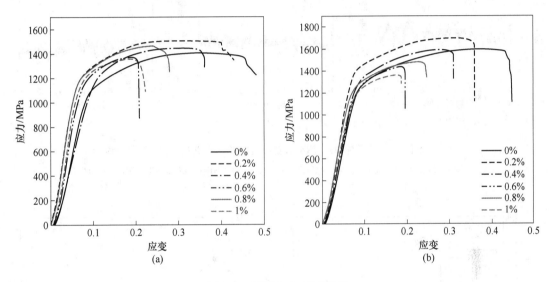

图 9-3　压缩应力-应变曲线
（a）固溶处理后；（b）时效处理后

同时，由于石墨烯特殊的二维结构，对复合材料的摩擦学性能也有所帮助。图 9-4 为不同含量石墨烯/Ti_2AlNb 基复合材料的室温摩擦曲线。图 9-5 为平均摩擦系数和磨损率。

由图 9-4 可以看出，不含有石墨烯的 Ti_2AlNb 材料与石墨烯/Ti_2AlNb 基复合材料的摩擦磨损系数的变化趋势整体一致。在摩擦磨损试验的初始阶段，材料的摩擦磨损系数波动较大，随着实验时间的推移，经过磨合后数据开始逐渐稳定。随着石墨烯含量的增加，平均摩擦磨损系数逐渐降低，这说明复合材料的摩擦磨损性能逐渐增强，同时磨损率降低，即摩擦系数与磨损体积成正比关系。

不含石墨烯的 Ti_2AlNb 材料在实验进行 5 min 后摩擦磨损系数才开始逐渐趋于稳定，而石墨烯/Ti_2AlNb 基复合材料的摩擦磨损系数在 5 min 内则已开始稳定。除此之外，随着石墨烯含量的增加，实验过程中摩擦磨损系数的波动幅度逐渐降低，且随石墨烯含量的增加越来越明显。石墨烯对复合材料摩擦磨损性能的提高在磨损量上体现得最为明显，不同石墨烯含量的 Ti_2AlNb 基复合材料之间的磨损率差异随着石墨烯含量的增大逐渐明显。总体平均摩擦磨损系数（0.6312 ~ 0.6968）变化不大，在允许误差范围，加入石墨烯后平

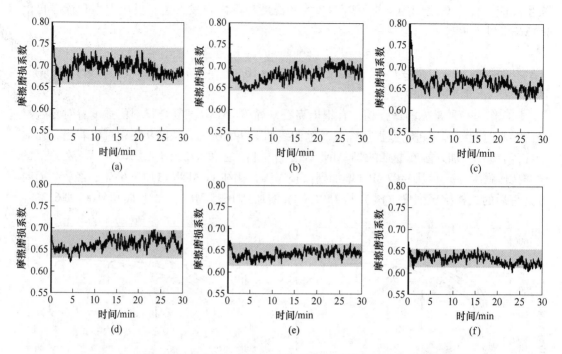

图 9-4　不同含量石墨烯/Ti₂AlNb 基复合材料的摩擦磨损系数-时间曲线图

（a）0% GNFs；（b）0.2% GNFs；（c）0.4% GNFs；（d）0.6% GNFs；（e）0.8% GNFs；（f）1% GNFs

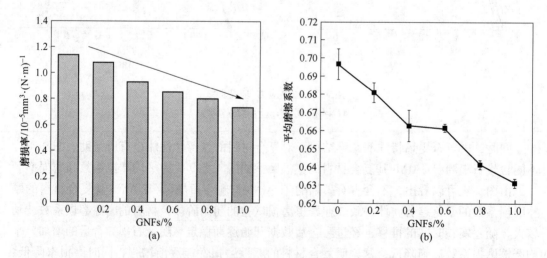

图 9-5　不同含量石墨烯/Ti₂AlNb 基复合材料的摩擦学性能

（a）磨损率；（b）平均摩擦系数

均磨损系数与磨球磨损率下降，含有石墨烯的试样摩擦磨损系数均低于纯 Ti₂AlNb，因此石墨烯可增加 Ti₂AlNb 基复合材料的耐磨性，这说明石墨烯成为影响 Ti₂AlNb 基复合材料的决定性金属，它可以明显削弱摩擦对材料的磨削作用。

石墨烯与 Ti₂AlNb 界面通过原位形成的 TiC 层很好地黏合，复合材料的力学性能明显提高，由此说明石墨烯的加入不仅可以提高复合材料的强度也可以提高材料的耐磨性。

9.5 颗粒增强钛基复合材料

9.5.1 增强相选择

增强相的加入主要是为了使钛合金的综合性能提高，通常选择增强相与基体有合适的化学和物理适配性、强度和熔点高的陶瓷相。此外，还要求在高温服役过程中不能与基体发生界面反应从而导致复合材料在服役过程中出现失效行为。

复合材料的主要强化机理及有效范围如图 9-6 所示，强化作用与增强相的形状、尺寸及体积分数有关。在图 9-6(a) 中，基体的强化起主导作用，增强相的体积分数较低，承受载荷较小。这种强化机制在弥散强化和沉淀强化复合材料中表现得最为明显。而在图 9-6(b) 中，强度与刚度的增加主要是载荷向增强相传递的结果。这种强化机制在纤维强化的复合材料中最为明显。

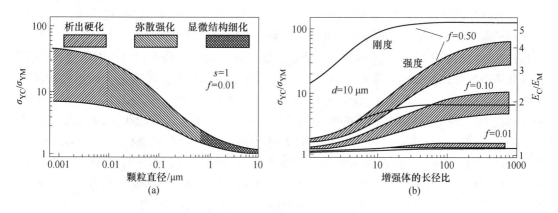

图 9-6　复合材料的主要强化机理及有效范围

(a) 基体颗粒直径；(b) 增强体的长径比

因此，在颗粒增强钛基复合材料中，基体的强度、颗粒的体积分数、界面的结合强度等是影响其性能的重要因素。如前面章节所述，原位生成钛基复合材料的界面干净、结合强度好，是应用相当广泛的制备颗粒增强钛基复合材料的方法。要提高力学性能，须从基体、增强相和界面三方面考虑。

故钛基复合材料增强相的选择应该具备以下特点：具有较高的物理力学性能，如强度、刚度、硬度等；在 1600 K 的金属基复合材料合成温度下，增强相应该具有良好的热力学稳定性，在烧结过程中不形成新相；增强相的元素不在钛中溶解；增强相和基体之间的热膨胀系数差别应该较小，以降低由于热膨胀系数的不匹配造成的显微裂纹，而且相对于基体要稳定。因为钛及其合金很容易与所选择的大部分陶瓷相增强相发生反应，而且在生产过程中这些反应经常相当激烈，所以增强相与基体间的界面化学反应尤其受到关注。在原位合成的钛基复合材料中，增强颗粒是在基体内部合成的，界面反应的问题已经得到了很好的解决。必须保证增强相在热力学上是稳定的，且力学性能、化学性能可与基体相容，差的相容性会导致增强体和基体的分离，在界面处形成不理想产物从而导致材料在使用期间发生失效。因此，选择相容性好的增强颗粒对颗粒增强钛基复合材料的发展具有关键作用[16]。目前，人们认为较为理想的颗粒增强相主要有 TiB、TiB$_2$、SiC、TiC、B$_4$C 和 ZrB$_2$ 等。表9-2 列出了常用的陶瓷增强相的基本性能。

表9-2　钛基复合材料中常用的增强相基本性能

性　能	增　强　相						
	TiB	TiC	TiN	TiB$_2$	SiC	TiN	Ti
密度/g·m^{-3}	4.56	4.92	5.43	4.52	3.19	5.43	4.57
弹性模量/GPa	371	450	390	540	420	390	110
热膨胀系数/10^{-6}K^{-1}	7.15	7.95	9.35	6.2	4.3	9.35	8.6
熔点/K	2473	3433	3493	3253	3243	3493	1941
溶解度(原子百分含量)/%	<0.001	1.8	22	不稳定	不稳定	不稳定	

作为颗粒增强相，TiB$_2$ 由于与钛化学和物理相容而引人注目，但是近年来的一些研究发现 TiB$_2$ 会和 Ti 发生反应生成 TiB。TiB 继续与 Ti 反应会生成二次 TiB$_2$，其在原位合成的钛基复合材料中的存在极不稳定。通过比较 TiB、Ti$_5$Si$_3$、CrB、B$_4$C 和 SiC 的硬度以及这些增强相与钛复合的化学稳定性及力学相容性，可以得到：硬度由大到小的顺序为 TiB > CrB > B$_4$C > SiC > Ti$_5$Si$_3$；残余应力由大到小的顺序为 CrB > SiC > B$_4$C > Ti$_5$Si$_3$ > TiB；与钛结合的化学稳定性由大到小的顺序为 TiB > Ti$_5$Si$_3$ > CrB > B$_4$C > SiC。由此认为，TiB 是一种最为理想的钛基增强相[17]，它与钛基体组成的复合材料的性能最佳。将 TiB$_2$ 与 Ti$_2$AlNb 基复合材料进行混合并 SPS 烧结，得到原位生成的 TiB，其与 Ti$_2$AlNb 颗粒的界面结合强度相较直接加入 TiB 要更加稳定。新生成的增强相与基体化学稳定性和相容性都很好，具有干净且结合良好的界面，由于新的增强相是原位反应得到的，因此增强相与基体存在共格关系，两者拥有良好的界面，进而使制备的钛基复合材料表现出很好的综合性能。TiB$_2$/Ti$_2$AlNb 复合材料放电等离子烧结过程中相变的示意图如图9-7 所示。

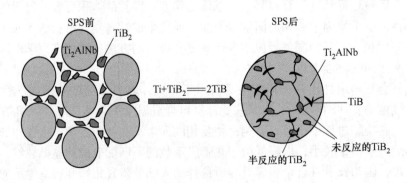

图 9-7　TiB$_2$/Ti$_2$AlNb 复合材料放电等离子烧结过程中相变的示意图

但另有许多研究认为，TiC 与钛及钛合金更为匹配。TiC 的密度比 Ti 稍大，而其弹性模量却是 Ti 的 4 倍，与其他陶瓷材料相比，TiC 与 Ti 的热膨胀系数最为接近。在原位生成的钛基复合材料中，选用 TiB 和 TiC 或 TiB + TiC 作为增强相最为普遍，也发生了很多种不同的增强相原位合成反应。

图 9-8 为 TiB 与 TiC 增强体颗粒在 Ti-6Al-4V 基体中的形貌和能谱分析[17]，其中 TiC 为等轴状和枝晶状形态，弥散分布且受力均匀；TiB 为针状相，使复合材料的力学性能存在各向异性，当横向受力时易发生断裂，相比于 TiC 增强体，TiB 在基体中的强化效果具有一定的局限性。张茂盛[18]研究证明，TiB 和 TiC 两种增强体可以相互抑制生长，得到细小的增强体颗粒，并且对基体晶粒也有一定的细化作用，可提高钛基复合材料的综合力学性能。

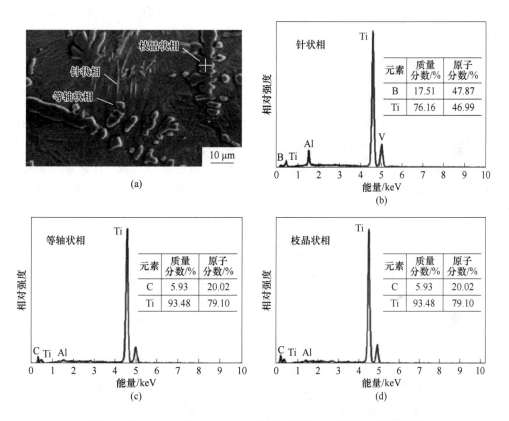

图 9-8　TiC、TiB 增强 Ti-6Al-4V 复合材料的微观形貌及能谱分析
（a）三种增强体形貌；（b）针状相能谱分析；（c）等轴状相能谱分析；（d）枝晶状相能谱分析

9.5.2　增强体的引入

增强体与基体的界面结合能力很大程度上决定了复合材料的使用寿命和力学性能，而增强体引入方式是影响界面结合程度的关键因素。常见的增强体引入方式包括外加法和原位合成法：

（1）外加法。外加法是将增强体直接添加到钛基体中，一般使用传统的粉末冶金工艺进行加工，方法简单、成本低廉。外加法引入增强体颗粒的大小取决于原始粉末的尺寸，其尺寸通常为数微米至数十微米，基体与增强体之间一般为机械结合，仅依靠摩擦力来增强复合材料的强度，很难应用于高性能要求的结构材料。较大的陶瓷颗粒会在机械负载期间导致应力集中，从而使钛基复合材料因颗粒破裂而失效[19]。外加法必须克服增强体和基体之间的界面反应，以及由于增强体表面污染而导致的颗粒和基体界面润湿性差等问题，故该方法一般用于制备增强体较稳定的钛基复合材料。

（2）原位合成法。原位合成法是目前引入增强体制备钛基复合材料最为广泛的方法，该方法可以制备出增强体颗粒尺寸细小的钛基复合材料。在基体内部原位合成 TiB、TiC 和 TiB_2 等增强体，有效解决了增强体材料与钛基体之间的界面反应问题，显著提高了钛基复合材料的硬度、强度、耐磨性、抗蠕变性及高循环抗疲劳性等[20]。原位合成法可以利用传统粉末冶金工艺及放电等离子烧结等新型粉末冶金工艺制备得到不同增强体强化的钛基复合材料。

9.5.3　常见的陶瓷增强钛基复合材料

9.5.3.1　TiB 增强原位生成钛基复合材料

TiB 密度和钛合金相同，弹性模量为 550 GPa，是钛的 5 倍，热膨胀系数与钛合金相近。TiB 增强钛基复合材料的力学性能比钛基体提高了很多。一般来说，采用 B 与 Ti 或 TiB_2 与 Ti 反应都可以制得 TiB 增强钛基复合材料。而近年来也出现了很多新的方法。采用纯 B、TiB、MoB 以及 CrB 为原料，经过压制真空烧结也可获得原位生成针状 TiB 增强钛基复合材料。采用 Ti、B_2O_3、Nd 作为反应物，通过下列反应：

$$B_2O_3 + 2Ti \longrightarrow 2TiB + 3[O] \tag{9-3}$$

$$3[O] + 2Nd \longrightarrow Nd_2O_3 \tag{9-4}$$

可以生成界面干净的 TiB 增强钛基复合材料，并由于其中的反应物 B_2O_3 和 Nd 的价格均低于 B，成本有所降低[16]。

黄陆军等[3]通过低能球磨随后反应烧结工艺制备出了增强相呈 3D 网状分布的 TiBw/TC4 复合材料。这种复合材料克服了均匀分布的钛基复合材料室温脆性问题，表现出优异的强韧性。网状分布的 TiB 晶须有效地增强复合材料的同时，由于基体有一定的连通性，复合材料也表现出优异的塑性。同时，这种增强相呈准连续网状的钛基复合材料的高温使用温度相比基体 TC4 合金提高了 150~200 ℃。研究这种通过调控增强相的分布特征来达到改善钛基复合材料力学性能的目的对其他金属基复合材料有一定的指导和借鉴意义。

9.5.3.2　TiC 增强钛基复合材料

TiC 增强钛基复合材料应用很广。美国某技术公司开发了一系列 TiC 颗粒增强钛基复合材料即 Cerme Ti 系列。其主要工艺路线为：将 Ti 粉与主要合金粉末混合，进行冷等静压，真空烧结，再进行热等静压致密化。其中，Cerme Ti-C-10 是含有 10% TiC 增强相的 Ti-6Al-4V 基复合材料，其室温伸长率可达 3.5%；在 650 ℃下，其伸长率与基体合金相当；其拉伸强度比基体高 10%~15%，弹性模量提高 15%。

近年来也出现了采用 TiB 和 TiC 混合增强的钛基复合材料。如采用原料 Ti + B_4C，用原位反应热压方法制备出针状 TiB + 颗粉 TiC 强化的钛基复合材料（Composite A）和颗粒状 TiB 强化的钛基复合材料（Composite B），其结果表明，（TiB + TiC）增强的钛基复合材料维氏硬度较 TiB 增强的低，而弯曲强度比 TiB 增强的钛基复合材料高很多。

9.5.3.3　TiC + TiB 增强钛基复合材料

众多研究人员已经对钛基复合材料的高温力学性能进行了大量的研究，研究表明复合材料在高温下具有更高的性能。王方秋等[21]指出锻造及热处理后的原位生成（TiB + TiC）增强钛基复合材料，复合材料的高温抗拉强度比基体合金提高得比较明显，同时随着温度的升高，基体组织对复合材料的高温强度影响作用不断降低。杨志峰等[22]通过熔铸工艺制备了原位合成 TiB 和 TiC 增强的钛基复合料，结果表明，与基体钛合金比较，复合材料的高温抗拉强度明显提高，并且温度越高，复合材料的抗拉强度越低。

9.6　钛基复合材料的应用

近 20 年来，人们对钛基复合材料的研究取得了突破性进展，一些成果已经产业化。SiC 纤维增强钛基复合材料在发展最初是以超高音速宇航器和下一代先进航空发动机为主要应用目标。其在高温下具有很高的承载能力和刚度，成为美国航天飞机和发动机理想的候选材料。美国国防部和美国航空航天局已建立了 SiC 纤维增强 TMCs 生产线，为直接进入轨道的航天飞机提供机翼、机身的蒙皮、支撑梁及加强筋等构件。此外，为使 SiC 纤维增强钛基复合材料的推广应用具有经济竞争性，美国某飞机发动机集团采用双重铸造工艺，按铸造金属与钛基复合材料 15 : 1 的比例，将复合材料通过铸造嵌入发动机风扇支撑骨架中，使发动机性能大大改善。

颗粒增强钛基复合材料因其轻质耐高温特性被广泛研究并应用于航空航天、汽车制造、体育器材以及医疗设备等行业。美国某公司成功研制的 CermeTi 系列复合材料已经在军事装备、汽车行业、体育器材等领域得到了应用，并受到了极高的评价。日本某汽车公司制备的 TiB 增强钛基复合材料已经成功应用于汽车行业，颗粒增强钛基复合材料属于轻质耐高温材料，将其用于制造汽车发动机零件将减轻发动机的重量，有效地提高了发动机的工作效率。图 9-9 为日本某汽车公司利用粉末冶金法制备的钛基复合材料制造的汽车发动机进气阀和排气阀。图 9-10(a)、(b) 为生产的钛基复合材料体育器材，包括性能更好的体育用刀具、棒球球棒以及 CermeTi-C-10 制成的质量很轻的冰鞋刀片；图 9-10(c) 为质轻、耐磨损的概念坦克履带的中心指导组件；图 9-10(d) 为 TiC 增强 Ti-6Al-6V-2Sn 复合材料经锻造制成的汽车连杆和发动机阀门。

图 9-9　非连续增强钛基复合材料用于丰田汽车的进、排气阀

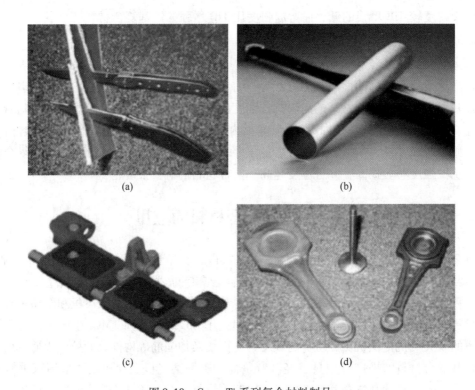

图 9-10　CermeTi 系列复合材料制品
（a）体育用刀具；（b）棒球球棒；（c）坦克履带的中心指导组件；（d）汽车连杆和发动机阀门

　　随着各工程领域对轻质耐高温材料的不断需求，钛基复合材料将会因其优异的高比强度、高比刚度和抗高温蠕变性能，得到更多的认可，具有更广泛的应用前景。

本 章 习 题

（1）钛基复合材料的制备方法有哪些，各有什么特点？

（2）目前主要使用的陶瓷增强相有哪些？

（3）石墨烯增强钛基复合材料在哪些方面均有所提高？

（4）钛基复合材料增强相的选择应该具备什么特点？

（5）增强体的引入方法有哪些？

（6）钛基复合材料的应用有哪些？

参 考 文 献

［1］黄旭，朱知寿，王红红. 先进航空钛合金材料与应用［M］. 北京：国防工业出版社，2012.

［2］王敏涓，黄浩，王宝，等. 连续 SiC 纤维增强钛基复合材料应用及研究进展［J］. 航空材料学报，
2023，43（6）：1-19.

［3］黄陆军. 增强体准连续网状分布钛基复合材料研究［D］. 哈尔滨：哈尔滨工业大学，2010.

［4］吕维洁，张小农，张荻，等. 原位合成 TiC/Ti 基复合材料增强体的生长机制［J］. 金属学报，1999
（5）：536-540.

［5］李雨蔚，肖来荣，赵小军，等. (SiC$_p$/Cu)-铜箔叠层复合材料的制备与组织性能［J］. 复合材料学报，2018，35(4)：896-902.

［6］冯养巨. TiBw 柱状网络增强钛基复合材料制备及强化机理研究［D］. 哈尔滨：哈尔滨工业大学，2018.

［7］Aghdam M, Morsali S R. Effects of manufacturing parameters on residual stresses in SiC/Ti composites by an elastic-viscoplastic micromechanical model［J］. Computational Materials Science, 2014, 91: 62-67.

［8］Sun P, Fang Z Z, Koopman M. A comparison of hydrogen sintering and phase transformation (HSPT) processing with vacuum sintering of CP-Ti［J］. Advanced Engineering Materials, 2013, 15 (10): 1007-1013.

［9］夏麒帆，梁益龙，杨春林，等. TC4 钛合金拉伸变形行为的研究［J］. 稀有金属，2019，43(7)：765-773.

［10］金旗，任学平，李殊霞，等. SiC 纤维增强体对叠层复合材料结构性能的影响［J］. 塑性工程学报，2019，26(5)：166-173.

［11］成小乐，尹君，屈银虎，等. 连续碳化硅纤维增强钛基 (SiC$_f$/Ti) 复合材料的制备技术及界面特性研究综述［J］. 材料导报，2018，32(3)：796-807.

［12］黄浩，王敏涓，李虎，等. 连续 Si 纤维增强钛基复合材料研制［J］. 航空制造技术，2018，61(14)：26-36.

［13］Kamperschroer J H, Grisham L R, Dudek L E, et al. TFTR neutral beam injected power measurement［J］. Review of Scientific Instruments, 1989, 60(11): 3377-3385.

［14］黄旭，李臻熙，黄浩. 高推重比航空发动机用新型高温钛合金研究进展［J］. 中国材料进展，2011，30(6)：21-27.

［15］Smarslyw. Aero engine materials［R］. Carcow：Faculty of Mechanical Engineering, Cracow University of Technology, 2008.

［16］陈丽芳. 原位生成粉末冶金钛基复合材料的研究［D］. 长沙：中南大学，2005.

［17］林雪健，董福宇，张世鑫，等. 不同含量 (TiC + TiB) 对 TC4 合金组织和力学性能的影响［J］. 热加工工艺，2019，48(6)：133.

［18］张茂盛. TiC + TiB 增强高温钛合金基复合材料的组织和性能研究［D］. 哈尔滨：哈尔滨工业大学，2010.

［19］刘长霞，孙军龙. 原位反应生成 TiB$_2$ 对 B$_4$C/TiB$_2$ 复合陶瓷力学性能和结构的影响［J］. 材料热处理学报，2010，7(31)：34.

［20］杨宇承，潘宇，路新，等. 粉末冶金法制备颗粒增强钛基复合材料的研究进展［J］. 粉末冶金技术，2020，38(2)：150-158.

［21］王方秋，覃继宁，王立强，等. 原位合成 (TiB + TiC)/Ti-6Al-4V 基复合材料的室温及高温拉伸性能［J］. 机械工程材料，2013，37(2)：49-52，61.

［22］杨志峰，吕维洁，盛险峰，等. 原位合成钛基复合材料的高温力学性能［J］. 机械工程材料，2004(3)：22-24，27.

10　钛合金的应用

在近代工业领域中，钛及钛合金以高强、耐蚀、耐热、无磁、耐超低温和低密度等优良性能成为高性能结构件的首选材料，同时钛具有生物相容性、储氢性、超导性和形状记忆性等独特功能，被广泛应用于医疗器械、航空航天、船舶和石油化工等领域[1]。钛及钛合金应用的深度和广度，往往标志着一个国家或地区的经济水平、社会发展和战略地位。近年来，世界上许多国家都认识到钛合金材料的重要性，相继进行研究开发，并进行了实际应用。

10.1　航空航天用钛合金材料

在航空航天领域中，钛是不可或缺的"太空金属"，钛合金是当代飞机和发动机的主要结构材料之一，其应用水平是衡量当代武器装备先进程度的重要标准之一。

20 世纪 50 年代，军用飞机进入超音速时代，原有的铝、钢结构已经不能满足新的需求。1953 年，美国出产的 DC-T 飞机发动机隔热墙和短舱上首次使用钛材，开始了钛合金应用于航空的历史，钛合金进入了工业性发展阶段。20 世纪 60 年代，钛合金进一步应用到飞机襟翼滑轨、承力隔框、中翼盒形梁、起落架梁等主要受力结构件中。到 20 世纪 70 年代，钛合金在飞机结构上的应用，又从战斗机扩大到军用大型轰炸机和运输机，并且民用飞机上也开始大量采用钛合金结构。从波音 757 到超音速的 SR-71 "黑鸟"，再到 F-22 喷气式战斗机等。20 世纪 80 年代后，民用飞机用钛量逐步增加，并已超过军用飞机用钛量。钛用量越多间接说明飞机越先进，许多飞机的结构件都采用了钛合金，钛在航空领域已经起着举足轻重的作用，典型的应用包括涡轮盘、涡轮机叶片等[2]。

钛合金具有密度小、比强度高、无磁性等优异性能，因此是一种比较理想的航空航天结构材料，并且因其优异的力学性能和耐高温腐蚀性能而成为当代航空航天领域最有发展前景和应用前景的高温结构材料。目前钛合金在航天工业中的应用越来越受到人们的青睐，在制造燃料储箱、火箭发动机壳体、火箭喷嘴导管、人造卫星外壳、航天发动机等方面得到了典型应用，如"月球"号航天器等。将钛合金投入到航天飞行器系统的使用，不仅是因为钛合金具有较强的组织特性和良好的物理性能，更重要的是具备轻量及精密化的特征。

10.1.1　钛合金在航空航天中的应用

钛是飞机的主要结构材料，主要用于航空发动机风扇、压气机轮盘和叶片等重要构件。航空高性能构件多服役于极端苛刻的工作环境，以超强承载、极端耐热、超轻量化和高可靠性等为指标，是高超飞行器、运载火箭、轨道空间站和核聚变装置等重大装备的主要组成部分。在航空航天方面，钛合金主要作为火箭、导弹及宇宙飞船等的结构、容器制造材料。

图 10-1 是国外部分战斗机的用钛量情况，可见钛材已成为了现代飞机不可缺少的结构材料，根据使用部位不同分为飞机结构钛合金和发动机结构钛合金。飞机结构钛合金使用温度要求一般为 350 ℃ 以下，要求具有高的比强度、良好的韧性、优异的抗疲劳性能和良好的焊接工艺性能等，主要应用部位有起落架部件、框、梁、机身蒙皮、隔热罩等。如俄罗斯的伊尔-76 飞机采用高强度 BT22 钛合金制造起落架和承力梁等关键部件；F-22 飞机发动机所处的后机身区域及机尾隔热罩设计为钛合金薄壁结构，具备良好的耐高温性能。中国歼-20 使用的钛合金大约占机身重量的 20%，这些钛合金主要用于机身的结构材料，主要应用部位有压气机盘、叶片、鼓筒、高压压气机转子、压气机机匣等。如波音 747-8GENX 发动机风扇叶片的前缘与尖部，采用了钛合金防护套，在 10 年的服役期内仅做过 3 次更换；航空工业中常用的钛合金紧固件主要包括铆钉、螺栓及特种紧固件等，如美国 F-22 飞机上使用的钛合金紧固件有：高强钛合金螺栓、环槽钉、光杆锥度高锁螺栓、自夹持螺栓、钛铌铆钉及粘接螺母。

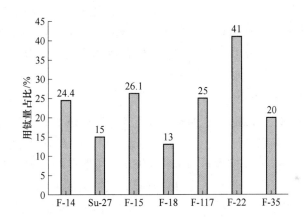

图 10-1　国外主要战斗机用钛量占比/%

钛合金研究起源于航空，航空工业的发展也促进了钛合金的发展。钛合金在飞机和发动机上的使用，主要具有以下特点：

（1）减轻负载。先进的战技性能要求飞机具有较低的结构重量系数（即机体结构重量/飞机正常起飞重量）。

钛合金密度较小，但强度较大，与中强度钢接近，比强度在工业常用金属中最大，工业常用金属合金比强度如表 10-1 所示[1]。因而钛合金常用于替代传统的钢结构进行飞机制造，以达到减轻负载的作用，如飞机的起落架、横梁等。

表 10-1　钛和其他金属密度和比强度的比较

金　属	高强度钢	不锈钢	钛合金	铝合金	镁合金
密度/g·cm^{-3}	7.85	7.7~8.0	4.5	2.7	1.74
比强度	23	7.9	33	21.4	16

（2）满足高温使用条件。钛合金具有耐热性的特点，如常用的 Ti-6Al-4V 合金能在

350 ℃下长期工作，因此可以代替高温性能不满足要求的铝合金用于飞机的高温部位（如飞机后机身等）；TC11 合金能在 500 ℃下长期工作，因此可以代替高温合金和不锈钢用于发动机的压气机部位。航空航天工业中，飞行器在飞行过程中，基体外壳与空气发生高频率摩擦，温度急剧升高，在此服役条件下，镁合金和铝合金的强度迅速降低，相比而言钛合金强度变化小。当外界温度高于 550 ℃时，钛合金表面会形成一层致密的氧化钛，防止氧气与合金内部进一步反应。

（3）与复合材料结构相匹配。为减轻结构重量和满足隐身要求，先进飞机大量使用复合材料，钛合金及复合材料的强度、刚度匹配较好，能获得更好的减重效果。同时二者电位比较接近，不易产生电偶腐蚀，因此相应部位的结构件和紧固件适宜采用钛合金。

（4）满足耐蚀和长寿命使用要求。钛合金具有高疲劳寿命和优良的耐腐蚀性能，可以提高结构的抗腐蚀能力，延长寿命，满足先进飞机和发动机高可靠性和长寿命的要求。

10.1.2 航空航天用钛合金体系

钛合金的研究起源于航空领域，航空工业的发展也进一步促进了钛合金的发展，随后航空用钛合金形成了相应的新体系。航空用钛合金体系的研究是钛合金领域中最重要、最活跃的一个分支，其发展也极其艰辛。航空用钛合金体系主要分为高强韧钛合金、高温钛合金、阻燃钛合金、钛基复合材料这四类。

10.1.2.1 高强韧钛合金

一般抗拉强度在 1000 MPa 以上，断裂韧性在 55 MPa·$m^{1/2}$ 以上的钛合金称为高强韧钛合金。Ti-Al-Mo-V-Cr 是高强韧钛合金主要研究体系。典型的高强韧钛合金如美国的 Ti-1023 合金，已成功应用于波音 777 起落架和客机 A380 的主起落架支柱。Timetal555 合金也已成功用于制造波音 777 飞机起落架、转向架横梁。俄罗斯的 BT22 合金具有高强度、高韧性等优良特性，已成功应用于俄罗斯的 Su-27、伊尔 IL-76 等主干线客机和重型运输机的机体和起落架的大型承力构件[3]。我国的高强韧钛合金如 TB2（Ti-3Al-5Mo-5V-8Cr）和 TB10（Ti-3Al-5Mo-5V-2Cr），其中 TB2 主要是通过 Mo、V、Cr 元素来稳定 β 相，同时含量的增加有助于提高塑性，经热处理后抗拉强度可以达到 1100～1200 MPa，固溶处理后有良好的冷成形性，而在固溶时效状态下则有高的强度和塑性的匹配；TB10 相比于 TB2 降低了 Cr 的含量，相稳定元素在临界浓度左右，因此同时具备了 α + β 型钛合金和亚稳型钛合金的特点，比强度高，断裂韧性好，热处理后抗拉强度可达到 1110 MPa，断裂韧性可达到 70.5 MPa·$m^{1/2}$，主要用于航天结构件。

10.1.2.2 高温钛合金

高温钛合金由于优异的综合性能成为航空发动机的关键材料，其发展一直备受世界关注。高温钛合金的发展历程中，美国的 Ti-6Al-4V 是最早实用的钛合金，其工作温度为 300～350 ℃，具有高的热强性、塑性、韧性、成形性及良好的生物相容性等优良的综合性能，随后 IMI550、BT3-1、IMI685 等高温合金相继成功研发，其性能更优，如抗拉强度、蠕变强度均优于 Ti-6Al-4V，使用温度达到 400 ℃；之后在现有高温钛合金的体系基础上通过添加 Si 元素以提高合金性能，由此确立了 Ti-Al-Si-Zr-Mo-Si 合金系[4]。随后 IMI834、Ti-1100、BT36 等合金被研制成功，这一阶段是将 $α_2$ 相作为强化相。IMI834 合金是英国用量最大的高温钛合金，最高工作温度为 600 ℃，已被广泛应用于 Trent700 发动机。目前高温钛合金工作温度逐渐由 350 ℃ 提高到 600 ℃。国外研制的 550 ℃ 以上使用的代表性高温钛合金，如美国的 Ti-1100、英国的 IMI829 和 IMI834、俄罗斯的 BY25Y、BT18Y 和 BT36 合金等，使用温度都达到了 550 ~ 600 ℃。近年来，我国也自行研制了多种牌号的高温钛合金，如 Ti55、Ti663G、Ti53311S、7715D、Ti-65Nd、Ti60 和 Ti600 系列合金等。我国的高温钛合金逐步形成了以添加稀土元素的近 α 型高温钛合金为主的发展趋势，其中典型的有 Ti60、Ti600 等合金，长时使用温度达 600 ℃。此外，还有可与其他金属进行焊接、高温下性能优异的 Ti53311S 合金 550 ℃ 高温钛合金[5]。表 10-2 ~ 表 10-6 为几种国内外代表性高温钛合金[3]。

表 10-2 几种代表性高温钛合金

合 金	Al/%	特 殊 成 分	合 金 性 能
Ti-6242S（美国）	8.3	添加 Si 元素	高蠕变强度、热稳定性
Ti1100（美国）	8.6	Mo 当量较低、Fe 和 O 的含量较低	热稳定良好
IMI834（英国）	8.7	添加了 Mo 和 Nb、加入了 0.06% 的 C	良好的疲劳性能和蠕变性能
BT36（俄罗斯）	8.5	加入了 0.1% 的 Y、含 5% 的 W	高温下蠕变性能较好

表 10-3 美国部分高温钛合金

牌号	名 义 成 分	合金类型	合 金 特 点
TC4	Ti-6Al-4V	α + β	热强性、塑性、韧性；耐热性、淬透性、冷加工性差、制备工艺复杂
TC17	Ti-5Al-2Sn-2Zr-4Mo-4Cr	α + β	添加中性元素 Sn 和 Zr，使用温度为 400 ℃
Ti-811	Ti-8Al-1Mo-1V	近 α	提高 Al 含量，使用温度为 400 ~ 450 ℃
Ti6242S	Ti-6Al-2Sn-2Zr-2Mo-0.1Si	近 α	高强度、高刚度、抗蠕变和优良的热稳定性，使用温度为 565 ℃
Ti-1100	Ti-6Al-2.75Sn-4Zr-0.4Mo-0.45Si-0.07O-0.02Fe	近 α	较低的韧性、较大的疲劳裂纹扩展速率

表 10-4 英国部分高温钛合金

牌号	名 义 成 分	最高使用温度/℃	合金类型	合 金 特 点
IMI550	Ti-4Al-2Sn-4Mo-0.5Si	425	近 α	比 TC4 的抗拉强度提高 10%，蠕变强度高，使用温度为 400 ℃
IMI679	Ti-2.25Al-11Sn-5Zr-1Mo-0.25Si	450	近 α	Mo 当量低，Sn 含量高。使用温度为 450 ℃
IMI685	Ti-6Al-5Zr-0.5Mo-0.25Si	520	近 α	控制针状组织提高抗蠕变性、良好的加工性和焊接性，可在 500 ℃ 以上使用
IMI829	Ti-5Al-3.5Sn-3Zr-0.27Mo-0.3Si-1Nb	580	近 α	针状 α + 少量转变 β，抗蠕变性和断裂韧性最好
IMI834	Ti-5.8Al-4Sn-3.5Zr-0.5Mo-0.35Si-0.7Nb-0.05C	590	近 α	针状转变 β + 少量初生 α，高温蠕变和疲劳性能好，使用温度为 600 ℃

表 10-5　俄罗斯部分高温钛合金

牌号	名 义 成 分	最高使用温度/℃	合金类型	合 金 特 点
BT3-1	Ti-6.8Al-2.5Mo-0.28Si-1.4Cr-0.5Fe	400~450	α+β	中温强度和热强性好，使用温度为450℃
BT8	Ti-6.4Al-3.3Mo-0.3Si	500	α+β	热强性好，在500℃有较好的热稳定性
BT9	Ti-6.4Al-1.5Zr-3.3Mo-0.28Si	500~550	α+β	在500℃热强性最好，热稳定性不如BT8，Zr代Sn提高合金的持久强度和蠕变强度
BT36	Ti-6.3Al-2.2Sn-3.5Zr-0.7Mo-0.15Si-5W	600	近α	提高室温强度，持久强度和抗蠕变性，使用温度为600℃

表 10-6　中国部分高温钛合金

牌　号	名 义 成 分	使用温度/℃
Ti53311S	Ti-5.5Al-3.5Sn-3Zr-1Mo-1Nb-0.3Si	550
Ti633G	Ti-5.5Al-3.5Sn-3Zr-0.3Mo-1Nb-0.3Si-0.2Gd	550
Ti55	Ti-5Al-4Sn-2Zr-1Mo-0.25Si-1Nd	550
Ti60	Ti-5.8Al-4.8Sn-2Zr-1Mo-0.35Si-0.85Nd	600
Ti600	Ti-6Al-2.8Sn-4Zr-0.5Mo-0.4Si-0.1Y	600
TG6	Ti-5.8Al-4.0Sn-4.0Zr-0.4Si-0.7Nb-1.5Ta-0.06C	600

高温钛合金材料是钛合金研究的重要领域，是一个国家钛合金研究水平和航空技术发展水平的重要标志。高温钛合金以其优良的热强性和高比强度，在航空发动机中获得了广泛应用。与结构钢、铝合金、镍基高温合金等相比，高温钛合金在 600 ℃ 以下，在比强度、比蠕变强度和比疲劳强度方面优势明显。以钛代镍，保持相同强度和服役性能的情况下，可以减重 1.7 倍，这对提高发动机的推重比和使用性能效果显著。新一代高推重比（10 以上）航空发动机，其压气机系统的工作条件恶劣，在依靠整体叶盘（Blisk）、整体叶环（Bling）、焊接结构等轻量化结构的同时，对兼具轻质、高强、耐热、抗氧化等特性的钛基合金，如 600 ℃ 高温钛合金、Ti2AlNb、TiAl 合金、纤维增强钛基复合材料等提出迫切需求及更高性能要求[6]。

高温钛合金的应用对超声速飞行器的发展也有重要的作用。随着飞行速度的提高，飞行器表面温度越来越高，如马赫数为 6 的飞行器表面温度在 650 ℃ 以上，因此需要高温钛合金用于制造蒙皮、骨架等构件。另外，新一代的空天飞机、超高声速导弹等，其发动机及机体的高温部件也急需高耐热性的钛合金。

高温钛合金研究的方向一直是致力于提高其使用温度，即提高热强性，同时合金须保持良好的热动力学稳定性，即保证部件在设计寿命期内保持持续的物理和力学性能。评价金属材料使用温度的性能指标主要是高温蠕变抗力、持久寿命和疲劳强度，即期望在高温、长时、大应力的作用下，钛合金及其部件产生的残余蠕变变形尽量小，持久寿命尽量长，疲劳强度尽量高。图 10-2 为高温钛合金零部件。

图 10-2　高温钛合金零部件

经过 60 年的发展，通过对合金化、制造工艺、组织控制等不断优化，目前高温钛合金的长时使用温度从以 Ti-6Al-4V 为代表的 350 ℃提高到了目前的 600 ℃。600 ℃被认为是传统钛基合金的"热障"温度，对此耐高温的钛铝合金和碳化硅纤维增强钛复合材料成为新型高温钛合金的发展重点和研究热点。现有的报道主要是美国 GE 公司研制的 650 ℃高温高强抗氧化钛合金，合金化元素已达到了 9 种，除了稀土元素外还在 Ti-Al-Sn-Zr-Mo-Si 合金系基础上加入 Hf、Nb、Ta 等元素，Hf 和 Ta 的加入提高了材料的高温抗拉强度、蠕变强度和抗氧化性能。但是稀土元素的含量不能超过 0.1at.%，如需加入较多的稀土元素，材料制备方法需用快速凝固粉末冶金；要得到全片层组织时，需用 β 热处理工艺。

高温钛合金的研发与应用受到国内外研究者的高度重视，随着航空技术的发展，高温合金将从高温蠕变性能及高温抗氧化性能方面来进行改善，进一步增加其工作温度受到蠕变、持久、组织稳定性、表面抗氧化、热应力腐蚀等性能的限制[4]。

10.1.2.3　阻燃钛合金

先进的航空燃气涡轮发动机已普遍采用钛合金作为压气机机匣、转子盘、转子叶片、静子叶片和风扇叶片等关键部件的材料，以减轻发动机的重量，提高推重比。目前，现代燃气涡轮发动机结构质量的 1/3 左右为钛合金。但其在特定环境下发生燃烧的特性，限制了它在先进航空发动机中的应用。随着飞机性能的不断提高，用于发动机中的钛合金制件，特别是压气机的高压段部件，将承受越来越高的温度、压力和气流速度。普通钛合金（如 Ti-6A-4V）在这种工作条件下，存在很大的燃烧敏感性，由于其耐磨性、导热性差，在特定环境下易发生燃烧，会造成飞机燃气涡轮发动机上发生钛合金燃烧的事故，其从轻微的叶尖燃烧、后缘区燃烧，直到大范围的燃烧，有时甚至造成机匣 360°烧穿。飞机发动机中钛合金零件的燃烧蔓延时间，从开始到结束共有 4~20 s，在如此短的时间内无法采取措施。

为了解决航空发动机用钛合金的"钛燃烧"问题，满足高推重比发动机的需要，美国和俄罗斯从 20 世纪 70 年代开始便开展阻燃钛合金的研制。在一定的环境温度、压力和气流速度下不易被点燃或燃烧不易蔓延的钛合金被称为阻燃钛合金。20 世纪 90 年代初，美国普惠公司和 Teledyne Wah Chang Albany（TWC）联合研制出的 AlloyC（Ti-35V-15Cr）

阻燃钛合金，目前已经在美国的四代发动机 F119 上获得应用，包括高压压气机静子叶片、内环以及喷口调节片等零件。在 AlloyC 合金基础上，普惠公司研制了 AlloyC + 合金，通过添加少量的 Si、C 元素提高合金的蠕变性能。我国在此方面的研究起步较晚，与国外差距较大，但已对阻燃钛合金进行了探索研究，在 AlloyC 合金的基础上，优化了合金成分设计，研制了 500 ℃ 和 550 ℃ 长期使用的 Ti40 合金和 AlloyC + 合金。我国自主研发的 Ti40 合金（Ti-25V-15Cr-0.2Si），相比于美国的 AlloyC 合金降低了生产成本，但是其使用温度受到合金蠕变性能的限制，当使用温度高于 510 ℃ 时，其蠕变抗力急剧降低，因此 Ti40 合金可以作为 500 ℃ 长期使用的钛合金材料，其使用温度不能超过 520 ℃。而我国一所研究院在 AlloyC + 合金基础上，进一步优化了 Ti-35V-15Cr-Si-C 合金中的 Si、C 含量，研发出 TF550 合金，该合金密度为 5.33 g/cm^3，在 550 ℃ 时仍具有较好的蠕变和持久性能。

根据不同的阻燃机理，阻燃钛合金主要分为两种体系，一是 Ti-V-Cr 系，如美国的 AlloyC（Ti-35V-15Cr）、英国的 Ti-25V-15Cr-2Al-XC、中国的 Ti40（Ti-25V-15Cr-0.2Si）；二是 Ti-Al-Cu 系，如俄罗斯的 BTT-1、BTT-3 和中国的 Ti14（Ti-Al-Cu-Si）。除此之外，还有最新研制的 Ti-Nb 系和 TiAl 金属间化合物。

A　Ti-V-Cr 系

Ti-V-Cr 系阻燃钛合金具有较好的阻燃性能的原因是：V、Cr 等元素能使燃烧前快速形成一层致密的保护性氧化膜，有效隔离氧气向基体输送，起到阻燃作用；合金熔点较低，燃烧前已经软化或熔化，同时大量吸热使局部温度快速降低；V、Cr 的燃烧产物以气相形式逸出，燃烧过程放热小，从而抑制燃烧蔓延；合金导热性好，热量能够快速扩散，避免局部温度升高。常见的 Ti-V-Cr 系阻燃钛合金有美国的 AlloyC（Ti-35V-15Cr）、AlloyC +，英国的 Ti-25V-15Cr-2Al-XC，中国的 Ti40（Ti-25V-15Cr-0.2Si）、TF550。

AlloyC 合金是一种 β 型钛合金，其名义成分是 50Ti-35V-15Cr，这是最早研发的阻燃钛合金，密度约为 5.34 g/cm^3，远远低于镍铬铁耐热合金的密度。随后通过在 AlloyC 中添加 Si 和 C 元素来提高蠕变性能得到 AlloyC + 合金（Ti-35V-15Cr-0.6Si-0.05C），这个系列的合金早被生产加工应用于 F19 发动机上并成功地进行了试飞试验。

Ti40（Ti-25V-15Cr-0.2Si）合金中含有的 V、Cr 元素为 β 相稳定元素，能够对 β 相固溶强化，优化合金机械性能，同时 0.2% 的硅元素能够提高蠕变性能。合金的合金化元素使合金具有很好的高温力学性能和阻燃性能。目前 Ti40 合金的研究较为成熟，但还存在许多困难和问题，如钛的熔点较高使得钛合金的熔炼生产存在困难；Ti-V-Cr 系合金中 V 和 Cr 合金元素比较贵重，使得阻燃钛合金的成本较高，高的合金成本使许多阻燃钛合金失去钛合金强度高的基本优点。除此之外，钛合金导热率低会影响燃烧中的热传递，Ti40 合金的导热率在 900 K 以下与普通钛合金的接近，当试验温度达到熔点温度或更高，热导率仅升高 2~3 倍，说明快速散热机理起到的阻燃作用非常有限。TF550 合金是基于 Ti40 合金控制 C 和 Si 元素的含量研发的，其使用性能较 Ti40 合金有了较大的进步[7]。

B　Ti-Al-Cu 系

Ti-Al-Cu 系阻燃钛合金阻燃机理主要为：通过减少摩擦发热和金属加热，Ti-Cu 系合金在高温时会出现 Ti$_2$Cu 低熔点（990 ℃）液相，能够吸收大量的热量，同时使干摩擦转变为有液相润滑的摩擦，从而降低摩擦系数，急剧减少摩擦生热；合金熔点低、导热性好，有利于钛合金阻燃，与 Ti-V-Cr 系阻燃钛合金相类似。常见的 Ti-Al-Cu 系阻燃钛合金有俄罗斯的 BTT-1、BTT-3；中国的 Ti14（Ti-1Al-13Cu-0.2Si）。

对于 Ti-Cu 系阻燃钛合金，Cu 元素的加入能够满足基本的阻燃性能的要求，又能够降低成本，为设计阻燃钛合金提供了一条高性价比的设计道路。此外，通过材料的合适加工方法来代替材料的替换能进一步合理的优化阻燃性能也是目前的研究目标。俄罗斯研制了 BTT-1 和 BTT-3 阻燃钛合金，BTT-1 阻燃钛合金是在 Ti-Cu 二元合金的基础上添加少量的 Al、Mo、Zr 等合金元素制成的，名义成分为 Ti-13Cu-4Al-4Mo-2Zr，工作温度可达 450 ℃。优点是热变形加工性能较好，适用于形状复杂的零部件的加工制造。BTT-3 阻燃钛合金的名义成分是 Ti-18Cu-2Al-2Mo，与 BTT-1 合金相比，BTT-3 具有更好的塑性和阻燃性能，适合被加工成板材和箔材。但是这两种合金韧性较差，易开裂，在加工制造过程中熔炼性差，产生缩孔。

C　Ti-Nb 系

Ti-45Nb 合金是由美国 TWC 公司研制的一种商用阻燃钛合金，其主要用来制造加压釜，防止其在高温条件下发生火灾。根据 Ti-45Nb 合金的过载拉伸点燃实验研究可以发现，在温度 250 ℃、压力 3.1 MPa 的纯氧条件下，Ti-45Nb 合金不会产生燃烧现象，同时该合金还具有较好的耐蚀性能，但是合金密度较大，限制了其应用。

D　TiAl 金属间化合物

TiAl 金属间化合物具有密度较低、弹性模量较高、抗氧化性和阻燃性能较好等优点，其最高工作温度可达到 1040 ℃，与 IN100 镍基合金相当，是近年发展起来的新型高温结构材料，它的主要缺点是室温脆性高，使加工困难。TiAl 二元系中有三个金属间化合物即 Ti_3Al、TiAl 和 $TiAl_3$，其中 TiAl 合金因其熔点高、比强度高、高温蠕变性能好及抗高温氧化能力好等优点，成为最具应用潜力的高温结构材料之一[7]。在 700~850 ℃ 温度内，TiAl 合金的比强度显著高于普通钛合金和镍基高温合金等材料。TiAl 合金在航空领域应用的优势主要体现在：TiAl 合金比发动机用其他常用结构材料的比刚度高约 50%，高刚度对要求低间隙的部件有利，可延长叶片等部件的使用寿命；TiAl 合金在 700~850 ℃ 的比强度显著高于镍基高温合金，设计上可以实现结构减重和减少对相关支撑件的负荷；TiAl 合金具有良好的阻燃性能，可用于一些易发生钛火的部件。因此，TiAl 合金被认为是应用于高推重比发动机最具潜力的高温结构材料[8]。

钛铝基金属间化合物具有的高温性能好、抗氧化性能强、抗蠕变性能好，以及可在 760~800 ℃ 长期工作等优点使其成为航空发动机和飞机构件的强有力的轻质高温结构材料。由于 γ-TiAl 合金的密度小、物理和力学性能好，美国通用电气公司研发的铸造 TiAl 合金叶片已应用于波音 787 客机的 GEnx 发动机低压涡轮第 6、7 级叶片，成功取代镍基高温合金，达到减少质量高达 72.5 kg 的目的。日本也已成功采用 Nb-TiAl 合金制作的汽车工业领域的增压涡轮。我国具有自主知识产权的 Nb-TiAl 合金可作为新一代高温结构合金，可在 700~900 ℃ 条件下取代镍基高温合金，目前 TiAl 合金的工程化应用是我国的研究重点。

10.1.2.4　钛基复合材料

SiC 纤维增强钛基复合材料。连续 SiC 纤维增强钛基复合材料是由连续钨芯（或碳芯）SiC 纤维作为增强体，钛合金或 TiAl 合金作为基体的复合材料，具有高比强度、低密度、高比刚度、耐高温、抗蠕变以及优异的疲劳性能，适于在 600～800 ℃ 长时使用，并可在 1000 ℃ 短时使用，是航空航天领域应用的理想材料。与传统的叶片、盘分离结构相比，在发动机压气机上使用整体叶环，可减重约 70%，整体叶环是未来高推重比发动机的标志性部件。SiC$_f$/Ti 复合材料具有各向异性，纵向性能远远优于横向性能，比如抗拉强度，纵向高于基体一倍以上，横向只有基体的一半，利用此特点，SiC$_f$/Ti 复合材料适于制备受力特征鲜明的构件，如整体叶环、涡轮轴、拉伸杆、活塞杆、蒙皮和弹翼等[8]。

钛基复合材料通过热等静压或者真空热压成形，成形过程需要考虑界面反应、先驱丝钛合金致密化以及复合材料与包套扩散连接三大关键技术。复合材料的力学性能与纤维性能、涂层结构、先驱丝质量、纤维排布、成形工艺、加工质量均密切相关，需要精细控制。

国外在 SiC$_f$/Ti 复合材料研发及应用方面取得了较大进展，如美国采用 Ti-1100 钛合金作为基材制造 SiC$_f$/Ti 复合材料整体叶环，使用温度可以达到 700～800 ℃，结构质量减轻 50%。国内开展了钛基复合材料环形件、板材、转动轴部件的研制。针对复合材料板材，成形后会发生变形，需要综合考虑结构、成形等多方面因素。通过多年技术攻关，解决了整体叶环制备过程中复合材料断裂的问题，制备了整体叶环试验件。

10.1.3　展望

未来航空飞行器对钛合金的需求应该是兼具更高强度、更高韧性、更高损伤性能、更高耐温性能等。根据航天产品对材料的需求，钛合金在航空航天领域正在向新型高强度结构钛合金、高性能的损伤容限钛合金、低成本抗疲劳钛合金、新型高温结构钛合金、先进 TiAl 基材料、钛基复合材料等方向发展[9]。

近年来国外把采用快速凝固、粉末冶金技术、纤维或颗粒增强复合材料研制钛合金作为高温钛合金的发展方向，使钛合金的使用温度可提高到 650 ℃ 以上。高温钛合金研究的努力方向一直是致力于提高其使用温度，即提高热强性，同时合金须保持良好的热动力学稳定性，即保证部件在设计寿命期内保持持续的物理和力学性能。

对于阻燃钛合金而言，通过材料的合适加工方法来代替材料的替换能进一步合理的优化阻燃性能也是目前的研究目标。

航空用钛合金体系中，复合材料构件的使用还需要开展如下研究工作：材料的稳定性仍需提高；复合材料力学性能数据测试；整体叶环性能表征；失效机理及寿命预测；无损探伤微观尺度的检测；加工过程复合材料与整体叶环同心精确控制；制定设计准则及考核验证。需要在纤维材料、基体材料以及高温抗氧化涂层，批次稳定性，生产效率，工艺标准，材料制件规范等方面加强研究，逐步解决和完善钛基复合材料制备、使用过程中出现的问题。

10.2　海洋工程用钛合金材料

海洋上的运输、开采、战斗需要使用舰船，舰船常年在海洋中运行及其整体结构的复杂性要求使用的材料具有好的耐腐蚀性、高的比强度及良好的可焊接性能等特点。性能优异的军舰材料能够提高战斗能力。船体及其泵、阀、管线等部件长期浸泡在海水中，极易受到海水腐蚀，使用钛材可以减轻船体质量，解决腐蚀问题，保障抗冲击、疲劳性能，从而延长舰船使用寿命。钛合金在船舶上的应用主要分为水面船只和潜艇两大领域。20世纪70~80年代以来西方国家开始在舰艇上大量采用钛代替不锈钢或铜镍合金，用来制造舰船动力系统的热交换器、冷凝器、反应堆壳体、推进轴、螺旋桨等，可大大提高动力系统的使用寿命和安全可靠性[10]。

10.2.1 钛合金在海洋工程中的应用

钛及其合金因具有强度高、密度小、耐低温、耐高温、耐腐蚀、无磁、可焊接和生物相容性等特点，特别是对海水和海洋大气环境的侵蚀具有优异的免疫能力，被称为"海洋金属"。因此，钛及其合金在海洋工程领域中具有不可或缺的作用，是关键的新型材料和极其重要的战略金属材料。目前美国、俄罗斯、日本等国在舰船的各种管路系统中已形成钛合金化的趋势。通过主要部件的钛合金化，舰船减重效果显著，维护成本明显降低。但钛合金材料摩擦学性能较差，存在硬度低、耐磨性差、摩擦系数大等问题。海洋工程领域中涉及的摩擦问题较多。舰船大部分耗能是由于摩擦引起的，包括外摩擦和内摩擦。外摩擦主要包括舰船甲板上建筑设施和货物与空气之间的摩擦及船舵、螺旋桨和舰船壳板与海水之间的摩擦等。内摩擦主要包括舰船的机械装置（主机、辅机和推进轴系等）及系统内各摩擦副之间的摩擦[11]。

俄罗斯、美国和中国是最早开始专门从事船舰用钛合金研究的国家，并且形成了各自的船用钛合金体系。俄罗斯是世界上最早对钛合金在船上应用进行研究的国家，其船用钛合金研究及实际应用水平居世界前列，拥有专门的船用钛合金体系，如船体用ПТ-1M，船机用ПТ-7M，船舶动力装置用钛合金40、ПТ-3B、5B等，进而发展为490 MPa、585 MPa、686 MPa、785 MPa等强度级别的船用钛合金产品。其应用范围相当广泛，如俄罗斯的"列宁"号、"北极"号、"俄罗斯"号以及单艇用钛材达到9000 t的全钛核潜艇。美国根据船舶服役环境，成功地将钛合金应用于各种动力潜艇、海水管道系统和深潜器的耐压壳体等。我国船舰用钛合金研究最早开始于1962年，从最初的仿制国外牌号合金到自主研发船用钛合金体系，如TA2、TA5、Ti31、TiB19、Ti70和Ti631。我国比较典型的舰船用钛合金有Ti75和Ti80，Ti75具有耐高温、耐腐蚀、耐氢脆的特性，主要用于大通径流体输送管和热换器管等；国内外船舶上用钛合金的部位及常用的合金见表10-7。

表 10-7 国内外航海用钛合金部位及常用合金

部 位	常 用 钛 合 金
发动机零件	Ti-6Al-4V、Ti-5Al-2.5Sn、Ti-8Al-Mo-V、Ti-6Al-2Sn-4Zr-2Mo
声呐导流罩	纯钛
耐压壳体	ПТ-1M、ПТ-7M、Ti-5Al-2.5Sn、Ti-6Al-4V、Ti-6Al-4VELL、Ti-6Al-2Nb-Ta-0.8Mo
管材、阀、泵	纯钛、Ti-6Al-4V、Ti-Al-Mn、Ti-6Al-6V-0.5Cu-0.5Fe、Ti-3Al-2.5V、Ti-Ni 形状记忆合金、Ti31、Ti75
螺旋桨	纯钛、Ti-6Al-4V
系泊装置和发射装置	Ti-6Al-4V、Ti-4Al-0.005B、β-C
热交换器及海水淡化装置	纯钛、Ti-6Al-4V、Ti-Al-Mn、Ti-5Al、Ti-0.3Mo-0.8Ni、Ti31

钛及其合金在船舶工程领域中的应用特别广泛，例如深海的调查船及潜艇的耐压壳体、配件、管道、冷凝器、冷却器和热交换器，动力驱动装置中的推进器轴，舰船声呐导流罩、螺旋桨等。日本神户造船厂制造的"深海6500"调查船的耐压壳体应用了Ti6Al4V，使其下潜深度可达6500 m处。俄罗斯建造的"阿尔法"级核潜艇每艘的用钛量多达3000 t，"台风"级战略核潜艇的制造采用的是锭金属双层外壳结构，每艘的用钛量达9000 t。前苏联核动力破冰船"北极"和"列宁"号都使用了钛合金制造的蒸汽发动机，已安全使用数十年，几乎没有严重破损发生。美国海军在水翼艇上安装了四叶可拆式钛合金螺旋桨，提高了其抗疲劳、耐冲刷和耐空泡腐蚀的性能。除了在船舶上的应用外，在海洋工程领域中钛及其合金还应用于海水淡化设备、海洋设施、海港建筑、沿海发电站和海洋汽油开发等。

一些攻击核潜艇的内压艇壳、鱼雷舱等部件都是用钛合金打造，钛合金材料无磁、耐腐蚀、强度极高，可以有效抵抗炸弹的冲击波，还有就是能够下潜得更深，例如我国"蛟龙"号载人舱就使用了钛合金材料，能够下潜到7000多米的深海，这就相当于每平方米要承受7000 t的压力。图10-3是中国立项重点研制的新一代载人潜水器，最大下潜深度将会超过一万米，而球壳是潜水器最核心的部件之一。中国通过3年的攻关，最终完成建造并通过了验收，其性能和指标完全满足总体需求。制造这个球体的材料是中国制造的"钛"，这种材料不仅强度高，而且具有弹性，还拥有强大的防腐功能，几乎不腐蚀的特性将大大提高钛合金载人舱的使用寿命。

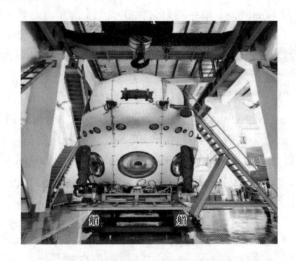

图10-3 中国最新研发的万米深海潜水器

钛及钛合金在舰船上的使用水平已经成为衡量一个国家海上战斗力的标准，钛合金作为一种优秀的船用结构材料，研究厚板锭合金的焊接性能是保证舰船使用可靠性钛合金在船用方面是否能得到大规模使用的关键。作为优秀的船舰材料，对于航海级钛及钛合金除了力学性能的要求之外，还要求具有高塑韧性、优异的耐蚀性以及良好的工艺性能。航海方面，钛合金主要作为船体结构件、深海调查船、潜艇耐压壳体、管道、动力驱动装置中的推进器和推进器轴、热交换器、冷凝器、冷却器、舰船声呐导流罩、螺旋桨材料等。其要求的钛合金应用特点有：

（1）良好的抗蚀性。钛的氧化膜结合力强且稳定，使得钛具有很高的抗腐蚀能力。

（2）高塑韧性。船用钛合金不需要特别高的强度，但是要求较高的塑韧性，尤其是高的断裂韧性和良好的抗冲击性能。

（3）较高的耐疲劳强度。船舰常年航行在海洋中，长期反复受到交变应力的作用，所以不但要求具有优异的耐腐蚀性能，还要具有较高的耐疲劳强度，以免材料发生疲劳损坏。

（4）质轻，比强度高。钛的密度为 4.5 g/cm^3，仅为铁的 57%，钛的强度是铝的 3 倍，同种条件下，钛制造的深潜器下潜深度可达万米。

除此之外，船用钛合金要求在静态和循环载荷作用下具有良好的强度范围和性能特性，在接触海水时具有优异的抗腐蚀性、具有良好塑韧性、焊接和加工性，并且使用寿命长、大承载少维修等，有些还要求可以抵抗 −50 ℃ 低温。钛磁性为零，在任何强度的磁场中都不会受到干扰，海上作战时采用水雷、鱼雷等磁性攻击武器，对于钛合金制造的船体外壳毫无攻击性，具有较好的反监护作用。现代造船常采用的方法有冷热成形、完全成形、锻造、铸造和焊接等，所以材料具有良好的工艺加工性能，尤其是具有优异的焊接性能。

10.2.2　海洋工程用钛合金体系

钛材作为一种优秀的船舶材料，各国海军及造船业对其十分重视，先后研制出了一系列的船用钛合金。俄罗斯、美国和中国是最早专门从事舰船用钛合金研究的国家，并各自形成了自己的船舶用钛合金体系。我国的航海用钛合金主要为 α 型钛合金和近 α 型钛合金，按照钛合金的屈服强度可以分为低强度、中强度、高强度钛合金三种类型。

10.2.2.1　低强度钛合金

钛合金的屈服强度低于 490 MPa 的钛合金称为低强度钛合金。低强度钛合金具有合金塑性好的特点，主要应用于各类换热器、冷压成形件、非耐压或要求压力低的管道、铸件、管路系统、声呐导流罩、压力容器等方面。我国常用的低强度钛合金如表 10-8 所示。

表 10-8　我国常用的船用低强度钛合金

材料	屈服强度/MPa	性 能 特 征
TA2	320	优异的成形性、焊接性能好、耐腐蚀性能优异
TA16	375	—
Ti31	490	优异的成形性、焊接性能好、耐 350 ℃ 腐蚀性能
ZTA5	490	铸造性能好

10.2.2.2　中强度钛合金

钛合金的屈服强度在 490 ~ 790 MPa 的钛合金称为中强度钛合金。中强度钛合金塑韧性好同时加工性能好，主要应用于各种耐压系统铸件、管路系统、压力容器等。我国常用的中强度钛合金见表 10-9。

表 10-9   我国常用的船用中强度钛合金

材料	屈服强度/MPa	性 能 特 征
TA5A	590	优良的耐蚀性、可焊接性好
TA17	590	良好的焊接性能、抗腐蚀性能
ZTi60	690	铸造性能好、耐蚀性好、可焊接性好
Ti70	590	冷成形性能好、焊接性能好、耐蚀性好、声学性能好
TA18	620	—
Ti75	630	耐蚀性好、可焊接性、成形性能好、断裂韧性高
Ti91	700	良好的焊接性能、耐蚀性能、高冷成形、声学性能
Ti631	785	良好的焊接性能、耐蚀性能良好的透声性能、高的断裂韧性

10. 2. 2. 3   高强度钛合金

钛合金的屈服强度高于 790 MPa 的钛合金称为高强度钛合金。高强钛合金塑韧性较低，其冷加工成形及焊接工艺性能差，主要用于船舶动力工程中的耐热耐蚀零件、高压容器、深潜器耐压壳体和船舶特种机械等方面[8]。我国常用的高强度钛合金如表 10-10 所示。

表 10-10   我国常用的船用高强度钛合金

材料	屈服强度/MPa	性 能 特 征
ZTC4	800	铸造性能好
TC4	825	抗疲劳及裂纹扩展能力强、耐蚀性、焊接性能优异
Ti80	785	耐蚀性、可焊接性好
TB8	825	韧性好、耐蚀性能好
TC11	900	高强韧性
TiB19	1150	高强度、良好的塑性、可焊接性能好

10.2.3   展望

海洋工程中船体结构件多为焊接件，所以应该注重开发船用结构件相关的焊接工艺和焊接材料。随着钛材料加工技术的进步，低成本钛合金的开发，海洋工程钛金属无论是在军船还是在渔船、旅游船、海洋建筑等民用领域有相当好的应用前景。国内航海领域典型的钛合金应用主要有以下几个方面：

（1）钛合金声扫雷具。钛合金的高比强度、无磁、高电阻率及优异的耐蚀性能使得其成为扫雷艇壳体和扫雷具结构的主要材料。

（2）泵、阀及管系。舰艇上的泵、阀及管材长期工作在海水中，服役条件恶劣，采用钛合金代替不锈钢效果良好，现在已经制备出多种钛合金管系应用于通海系统及排烟系统，主要有 TA2、ZTi60、Ti31、Ti80 等。

（3）钛合金通信雷达天线、天线支座及雷达基座。为了解决雷达天线系统的海水腐蚀问题，采用钛合金铸件制造的雷达基座及天线支座，采用钛合金高质量系列管材制的雷达天线，已成功地应用于海军某艇，减轻了重量，解决了海水腐蚀问题，提高了技术性能。

（4）喷翼快艇喷水推进装置。该装置受海水的侵蚀及高流速海水的空泡剥蚀，腐蚀严重。为了解决腐蚀问题，我国自1985年开始研制喷水推进装置，先后研制成功喷水推进泵体、叶轮、进水门、杂物清理装置、进水室、格栅、托架、喷嘴、衬套、导流器、换向器等喷水推进整套装置的钛合金铸件，每套重达1 t左右，经使用后彻底解决了海水腐蚀问题。该装置已售至香港，应用在喷翼艇上，大大提高了使用性能及寿命，现已达到批量生产规模[12]。

（5）钛合金螺旋桨及紧固件等。钛合金具有优良的抗空泡剥蚀、缝隙腐蚀性能，是高速快艇螺旋桨及船用紧固件的理想材料。我国于1972年开始研制水翼快艇螺旋桨，至今已可生产各类钛合金螺旋桨，并且已应用500多只，最重的单支固定螺旋桨重达130多公斤。长期使用表明：钛合金螺旋桨使用寿命超过原铜合金桨5倍以上，而重量仅为铜质的一半[12]。

我国钛合金在海洋工程领域中的应用表现出持续提升的趋势。但是与国外相比，我国船用钛合金的应用还有较大的差距。国外用钛达到13%，俄罗斯船舶用钛量已接近18%，我国仅在一些零星部件上应用，比例不足1%。此外，国内船用钛合金品种、规格不完善，我国之前钛材在专业化工厂生产，受装备能力限制，生产的品种、规格有限，"蛟龙"号所需的钛合金也只能从俄罗斯进口。我国船用钛合金体系已经形成，但是在船用钛合金设计、选材和加工工艺等方面的有效协调合作机制还有待完善。

10.3 军事装备用钛合金材料

钛合金有着非常突出的优势，例如，可焊接、高韧性、无磁性、抗腐蚀性好、强度较大以及温度适用范围较广等，因此在航天、航空、军事、化工、医疗等领域得以广泛应用，并有着"智能金属""未来金属"等美称。其中，钛合金在轻量化武器装备中的应用目前在全世界各个国家受到极高的重视。因此，研究轻量化武器装备中钛合金的应用具有一定的现实意义。

10.3.1 钛合金在军事装备中的应用

世界上现役或在研武器装备中，很多都使用了钛及钛合金结构件。随着现代化战争模式的转变，强烈要求军队有突出的快速机动能力，如对于陆军战车来说必须要求其质量轻、运输方便、机动性能好，钛合金代替传统战车中的装甲钢零件，有效实现了陆军粗重武器装备的轻量化。美国M1A1"艾布拉姆斯"主战坦克在发动机顶盖、武器对抗防护盖、炮塔枢轴架、进出舱口等部位用钛合金部件替换了钢制部件，减重可达475 kg。钛合金在火炮领域的发展前途同样光明，如美国的M777轻型榴弹炮，使用钛合金外壳，总质量降至3.175 t，可以使用V22或者C130空运，达到快速机动的能力；英国的UFH超轻型155 mm火炮，钛合金用量达到总质量的25%以上。钛合金铸件在导弹的尾翼、弹头壳体、火箭壳体和连接座等部位的使用也比较普遍，它的密度小、比强度高，抗腐蚀和易成形的优点非常适应导弹制造的需要。

图10-4为战斗机A-10座舱钛合金装甲。随着反装甲武器的快速发展，各类穿甲能力

优异的火炮武器不断推出，对装甲车辆的防护能力提出了越来越高的要求。钛合金材料防弹性能和标准的钢装甲相当，其抗破片性能较钢装甲优异，在防弹性能相同的条件下，钛装甲较钢装甲可减重25%。高机动性、轻量化、高防御能力以及高可靠性是未来装甲车辆发展的必然方向，为了提高作战部队的机动能力，其装甲车辆就需要实现轻量化。钛合金材料比强度、抗弹能力、耐腐蚀能力等均优于轧制均质装甲钢，是装甲车辆制造中具有发展前途的金属结构材料。将钛合金材料用于两栖战车结构制造，不但能够减轻装备重量、增加装备机动性，同时能够有效防止结构腐蚀。

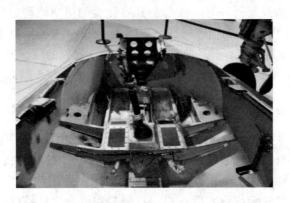

图 10-4　战斗机 A-10 座舱钛合金装甲

钛合金具有高的比强度、优异的耐腐蚀性能以及良好的抗弹性能等一系列突出优点，使其在火炮、装甲车辆等地面武器装备方面具有广泛的应用潜力，受到世界军事工业发达国家的关注与典型应用。但是，钛合金材料的成本至少是传统火炮、装甲车辆制造用钢材的两倍以上，如结构大量采用钛合金材料的 M777 轻型榴弹炮的单价是传统 M198 榴弹炮的 1.5 倍；美国陆军"十字军战士"自行火炮研制项目采用钛合金材料制造其榴弹炮座后实现减重 31%，但是成本增加了 14%；俄罗斯在 T-80 主战坦克中使用的钛合金材料代替钢材以满足减重要求，但是由于钛合金成本高，仅在其发动机外壳、炮塔回转支架等典型防护单元局部使用钛合金材料。

10.3.2　军事装备用钛合金体系

根据现行国标发布的《钛及钛合金牌号和化学成分》，钛及钛合金相关种类牌号有100 个左右。不同类别的钛合金，价格也不尽相同，便宜的有每千克一两百元，贵的甚至上千元。根据使用合金的基体组织不同，可将钛合金分为 α 型钛合金、β 型钛合金以及 α + β 型钛合金，中国分别以 TA、TB、TC 表示，其中多种牌号钛合金在军工装备中应用广泛。

10.3.2.1　α 型钛合金

α 型钛合金是 α 相固溶体组成的单相合金，不论是在一般温度下还是在较高的实际应用温度下，均是 α 相，组织稳定，耐磨性高于纯钛，抗氧化能力强，在 500 ~ 600 ℃ 的温度下，仍保持其强度和抗蠕变性能，但不能进行热处理强化。室温强度一般低于 β 型钛合金和 α + β 型钛合金（但高于工业纯钛），强度却是三类钛合金中最高的，耐蚀性和可切削加工性能也较好，但塑性低，室温冲压性能差。常见应用如下：

（1）TA4 抗拉强度比工业纯钛稍高，可做中等强度范围的结构材料，国内主要用作焊丝。

（2）TA5、TA6 用于 400 ℃ 以下在腐蚀介质中工作的零件及焊接件，如战斗机蒙皮、骨架零件、压气机壳体、叶片、军舰零件等。

（3）TA7 于 500 ℃ 以下长期工作的结构零件和各种模锻件，如迫击炮的地板。短时使用可到 900 ℃。也可用作超低温（ -233 ℃ ）部件（如超低温用的容器）。

（4）TA8 是 500 ℃ 长期工作的零件，可用于制造发动机压气机盘和叶片。但合金的组织稳定性较差。在使用上受到一定限制。

10.3.2.2　β 型钛合金

β 型钛合金是 β 相固溶体组成的单相合金，未热处理却具有较高的强度，淬火、时效后合金得到进一步强化，室温强度可达 1372 ~ 1666 MPa；但热稳定性较差，不宜在高温下使用。常见应用如下：

（1）TB6 钛合金比强度高，断裂韧性好，锻造温度低和抗应力腐蚀能力强，适合于制造高强度锻件。TB6 可以用各种方式进行焊接，长时间工作温度达到 320 ℃。用其代替TC4 钛合金可减轻结构质量约 20%，首先在军用飞机上得到实际应用。

（2）TB8 具有良好的焊接性和加工性能，可以用于制造机体发动机，导弹壳体等高强度、高温性能要求较高的零部件。

10.3.2.3　α + β 型钛合金

α + β 型钛合金是双相合金，具有良好的综合性能，组织稳定性好，有良好的韧性、塑性和高温变形性能，能较好地进行热压力加工，能进行淬火、时效使合金强化。热处理后的强度约比退火状态提高 50% ~ 100%；高温强度高，可在 400 ~ 500 ℃ 的温度下长期工作。其热稳定性次于 α 型钛合金。

最常用的 α + β 型钛合金是 Ti-6Al-4V(Ti-6-4)，其他军用 α + β 型钛合金包括 Ti-6Al-6V-2Sn(Ti-662)、Ti-6Al-2Sn-2Zr-2Mo-2Cr-0.2Si （6-2-2-2-2S）、IMI550（Ti-4Al-2Sn-4Mo-0.5Si）：

（1）Ti-6Al-4V(Ti-6-4)

Ti-6-4 是应用最广泛的钛合金材料，具有良好的综合性能，常在退火态下使用，最低拉伸强度 896 MPa。Ti-6-4 属于可热处理强化钛合金，具有较好的焊接性能、成形性和锻造性能，是战斗机身结构件使用的主要钛合金，同时用于制造装甲、压缩机叶片、叶轮以及起落架和结构件、紧固件、支架、飞机附件、框架、桁条结构、管道。

（2）Ti-6Al-6V-2Sn(Ti-662)

Ti-662 拉伸强度为 1030 MPa，屈服强度为 970 MPa，强度高于 Ti-6-4，耐腐蚀性能优异，焊接和加工性能中等，用于机身、火箭发动机、核反应堆部件、试验结构件、入风口控制导向装置、紧固件等。

（3）Ti-6Al-2Sn-2Zr-2Mo-2Cr-0.2Si （6-2-2-2-2S）

6-2-2-2-2S 由 RMI 在 1970 年代开发，具有优异的强度、断裂韧性、高温性能，以及良好的加工性能和焊接性能，适用于厚型结构件。用于机身、机翼、发动机结构件。该合金强度高，在退火态时强度 1068 MPa，经固溶强化和时效，可达到最大强度 1241 MPa，并具有较大的损伤容限，广泛用于战斗机结构件。

（4）Ti-4Al-2Sn-4Mo-0.5Si（IMI550）

IMI550 由英国帝国金属公司（IMI）研制，拉伸强度达 1100 MPa，屈服强度达 940 MPa，使用温度达到 400 ℃，用于机身和发动机结构件。

10.3.3　展望

20 世纪 50 年代，钛合金材料以可焊接、高韧性、无磁性、抗腐蚀性好、强度较大以及温度适用范围较广等优势，在各个领域均有极为广泛的研究以及应用。关于钛合金材料的应用，我国在航天事业上已经与美国、俄罗斯等国家保持一致，但是在地面武器装备中的应用，我国目前还与美国、俄罗斯等国家有着一定的差距。

军工材料正向着"轻量化、高性能化、多功能化、复合化、低成本化以及智能化"等方向发展。高性能化是军工新材料从始至终贯穿的要求，这种性能体现在多方面，既可以是力学强度、韧性方面，也可以是耐高温性能方面等。

此外，由于武器装备对可靠性的高要求，军工材料具有性能高于经济性的特点，逐渐对高性能材料需求明显增加。目前在新型武器装备的应用中，钛合金、高温合金，以及复合材料（碳纤维等）等脱颖而出，市场空间不断增长。从航空领域对材料需求来看，机体结构材料中复合材料、钛合金用量将不断提高。

10.4　钛合金在民用领域的应用

10.4.1　化工用钛合金

钛具有良好的耐腐蚀性，是化学工业生产等腐蚀介质作用条件下所使用设备中重要的结构材料之一。采用钛合金代替不锈钢、镍基合金和其他稀有金属等，可有效降低运营成本、延长设备使用寿命等，对提高产品质量、节能降耗等方面有十分重要的意义。近年来，我国化工领域的钛合金材料主要用于蒸馏塔、反应器、压力容器、热交换器、过滤器、测量仪器、汽轮机叶片、泵、阀门、管道、氯碱生产电极、合成塔内衬及其他耐酸设备内衬等。

用于化工的钛材平均每年占总量的 30%，主要用于换热器、反应塔、尿素合成塔、次氯酸钠罐等化工设备。电力和海水淡化工业用钛约占总量的 20%。电力钛材主要用于核电站冷凝器管，海水淡化钛材主要用于蒸发器。日本在薄壁钛焊管的开发和应用方面，建立了海水淡化和电站冷凝器钛薄壁焊管用带卷的批量生产体系，相应开发了薄壁焊管的生产技术。日立、三菱及东芝生产的电站冷凝器，使用了厚度为 0.5 mm 的钛焊管，三菱、川崎、日立、三井以及神户制钢等公司生产的海水淡化装置，使用了厚度为 0.5 ~ 0.7 mm 的钛焊管。

钛首次应用于化学工业是在 20 世纪 60 年代，由于存在着腐蚀的环境，所以化工行业对钛的应用是基于钛具有很好的耐腐蚀性，虽然钛因易失去最外层电子而化学性质活泼，但是由于其与空气中氧和水蒸气亲和力很强，室温下钛及钛合金的表面会形成一层稳定性高、附着力强的致密氧化膜，且破坏后会很快自我修复。钛及钛合金在化学工业的使用主要是在奥氏体不锈钢腐蚀性不够的场合，虽然成本高，但是钛及钛合金产品使用寿命的延长使得其产生的经济效益很可观，主要用于生产耐腐泵、叶轮、阀门、加热器、冷却器、反应器、热交换器等装置。图 10-5 为氨冷凝器中使用的钛管。

图 10-5　氨冷凝器中使用的钛管

（1）氯碱工业中的应用。由于氯碱工业中采用电解饱和氯化钠（NaCl）溶液的方法来制取氢氧化钠（NaOH），并进一步生产系列化工产品，对防止腐蚀的要求很高，因此，钛合金材料在氯碱工业中的应用需求非常大。目前氯碱工业中，已经采用钛合金材料制备的设备有湿氯冷却器、阳极电解槽、脱氯塔加热管、真空脱氯用泵等。如食盐电解生产烧碱的工艺过程中产生大量温度为 75~95 ℃的高温湿氯气，严重污染环境，使用钛合金制作的湿氯气冷却器代替石墨冷却器，取得良好的效果，使用寿命超过 20 年[13]。

（2）纯碱工业中的应用。纯碱是最基本的化工原料之一，其生产工艺主要是合成碱法，包括氨碱法和联碱法等。无论哪种工艺方法，多以氨气（NH_3）和二氧化碳（CO_2）为气体介质，液体介质则多为氯离子浓度较高的溶液。以前制作碳化塔管、冷却器、结晶外冷器等主体设备大都使用碳钢、铸铁材料，会出现反应塔腐蚀严重、泄漏现象。而采用钛合金材料后发生了很大变化，如大连化学工业股份有限公司碱厂购置了宝鸡有色金属加工厂的 TA2 管代替氨冷凝器内铸铁管，投产使用 14 年未发现腐蚀泄漏现象，延长了使用寿命[13]。

10.4.2　汽车用钛合金

汽车工业用钛始于 20 世纪 50 年代，美国通用汽车公司曾展出了全钛车身的汽车，自此拉开了车用钛合金的序幕。钛及钛合金在汽车上的用途主要分为两大类：一是减少内燃机往复运动件的质量，二是减少汽车总质量。车用钛合金主要是在其密度小的优势下，发挥其高的强度和高温特性，这决定了钛合金在汽车上的应用特点，即一类为高温用钛合金，一类为结构件。汽车轻量化是钛材最具开发潜力的市场之一。钛合金主要应用于汽车发动机零部件中，例如：连杆、弹簧、曲轴、紧固件等。近年来，日本钛应用发展最快的领域是汽车和摩托车，主要用于以下部件：发动机气阀、连杆和曲轴、排气管、悬簧、消声器、车体和紧固件等，在轿车中使用钛可以达到节油、降低发动机噪声及震动、提高寿命的作用。本田、雅马哈公司生产的 600cc（0.6 L）摩托车使用钛制气阀、弹簧、排气管和消声器等部件后，减重、防腐蚀和提高燃烧率效果明显。在汽车领域，发动机排气阀用的 Ti-5Al-2Fe-3Mo 合金、消声器用的 Ti-1Cu、Ti-1Cu-0.5N 合金、Ti-0.5Al-0.3Si 合金（Ti-0.9SA）等正在开发中。美国是世界上最大的汽车市场，在汽车、摩托车用钛方面，新增汽车底盘部件、悬簧、轴、连杆和支座等。美国通用汽车公司 2011 年的 GorvetteZ06 车型使用了二级纯钛制造的排气系统，用钛量为 12 kg/台；福斯公司的 Golf 车款中也使用了钛制排气系统，比钢制部件质量减少达 50%。汽车的构成分为发动机部分、车体、结构部分和排气部分。在发动机部分，钛合金主要用于生产阀门、阀簧、连杆、曲轴等；车体部分主要用于生产轴承、紧固件、车轮的衬套等零件；排气系统部分主要用于生产排气管，相比于不锈钢合金，钛合金在减轻质量的同时排气系统不会出现点蚀，也不会在焊缝处出现锈蚀。随着低成本钛合金（Timetal-62S、Timetal-LCB、Timetal-1100、SP-700）的出现和汽车材料对轻量化、高强度要求的日益增强，钛合金在汽车应用上迎来了良好的机遇。如图 10-6 的这款跑车的名字叫作 Volcano Titanium，车身全部采用钛合金制造。

图 10-6　Volcano Titanium 跑车

　　β 型 Ti-Mo 基钛合金在汽车方面也具有一定的应用，如美国钛金属公司（Timent）开发出来的低成本 LCB（Ti-6.8Mo-4.5Fe-1.5Al）β 钛合金，具有密度低、弹性模量小、耐腐蚀性好以及较好的加工性能，同时以 Fe 元素代替了价格昂贵的 V 元素，并利用中间合金降低了合金的成本，应用于法拉利 360 蒙迪纳改良型赛车的弹簧。TB20 钛合金因其优异的耐腐蚀能力和较好的综合力学性能等特点，也适宜制作高强或超高强弹簧。Ti-9.2Mo-2Fe-2Al 合金表现出较低的弹性模量，且在高温下析出细小的 α 相后，其抗拉强度能达到 1200~1400 MPa，同时伸长率可达 7.5%~12.5%，有望用于汽车弹簧。

10.4.3　生物医用钛合金

　　生物医用材料是指可以植入生物体或者与生物体组织相结合，通过替换或者维修来对生物体受损组织进行治疗的非生命材料。人体的内环境具有很多特殊性，例如组织需要受保护，弱酸碱环境，以及特殊的运动特性，这就要求植入材料不仅不和人体组织反应，而且要具有很好的相容性。在人体复杂的体液环境中，金属材料需要长期稳定且具有功效，要具备以下条件：

（1）较好的生物相容性。在材料植入人体后，确保不会导致机体产生排异反应，不能对机体产生有害物质，确保很快与机体适应。

（2）良好的抗腐蚀和抗磨损性。当材料植入人体时，材料处于错综复杂的体液内，会使其受到体液的腐蚀，以及与骨骼之间的应力磨损，要求植入材料具备优异的综合性能。植入材料会与骨骼发生磨损，会直接造成植入体松动，植入材料表面碎屑脱落，可能造成人体组织感染等情况，所以具备良好的抗腐蚀和抗摩擦性是很有必要的。

（3）力学性能。作为植入材料植入人体时，必须具有合适的弹性模量和硬度，这样可以与人体骨骼较好的匹配，进一步发挥植入材料的作用，同时拥有密度低，强度高，抗疲劳性能优良，韧性高等优异性能也是必要的。

（4）加工制造性能。材料易于加工成形和生产制造，价格适中，可加工和可塑性好，种类多样化，就会拥有较大的市场空间。

在医用金属材料中，与不锈钢相比，钛和钛合金拥有优异的力学性能和耐腐蚀性，同时，钛合金的弹性模量与人体骨骼基本一致，可以有效地防止"应力屏蔽"的发生，因此更适合用作医用生物材料。钛和钛合金在医疗领域应用范围很广泛，可以用于牙齿植入、髋、膝、肩、脊柱、腕、肘关节置换零件，也可作为骨固定材料，如板、钉子、螺钉和螺母，此外，也可用作起搏器外壳装置、人工心脏瓣膜和手术器械[14]。图 10-7 为常见的医用钛合金构件。

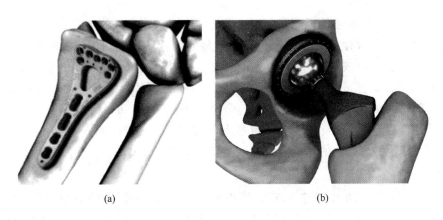

　　　　　　（a）　　　　　　　　　　　　　　　　（b）

图 10-7　常见的医用钛合金构件
（a）骨科的接骨板；（b）髋关节

β钛合金具有无毒性和易加工性等特点，得到了广泛的关注，目前相关学者正在对 Ti-Nb 系、Ti-Zr 系、Ti-Mo 和 Ti-Ta 系等医用 β 钛合金进行深入研究[15]。

10.4.3.1　Ti-Nb 系

近年来，美国和日本都致力于研发具有较低弹性模量的 Ti-Nb 系合金。如美国开发的 Ti-35.3Nb-5.1Ta-7.1Zr，其固溶态弹性模量达到了 55 GPa，与人体致密骨的弹性模量非常接近。日本丰桥技术大学的 Niinomi 等成功地设计了 Ti-29Nb-13Ta-4.6Zr 合金，该合金固溶态的弹性模量约为 50 GPa，抗拉强度约 600 MPa，力学性能较好[16]。我国在新型 β 钛合金的研究方面也有重大突破，由中科院金属所研制的 Ti-24Nb-4Zr-7.5Sn，在固溶状态下的弹性模量达到了 52 GPa，有潜力成为具有竞争力的新型生物医用钛合金。

表10-11 列出了目前具有代表性的 Ti-Nb 系合金的力学性能，可以看出：与其他体系 β 钛合金相比，Ti-Nb 系合金的弹性模量较低，更接近人骨的弹性模量，并且不含有毒元素 Al 和 V，适合作为医用金属材料。

表 10-11　常见 Ti-Nb 系合金

合　金	弹性模量/GPa	抗拉强度/MPa	屈服强度/MPa	来源地
Ti-25Nb-3Zr-3Mo-2Sn	50～80	708～715	400～500	澳洲
Ti-35.3Nb-5.1Ta-7.1Zr	55	596.7	547.1	美国
Ti-29Nb-13Ta-4.6Zr	50	约600	约325	日本
Ti-30Nb-7Zr	65	529	302	中国
Ti-15Nb-3Zr-1Mo	59	765	485	中国
Ti-30Nb-5Ta-6Zr	60.2	831.4	764.7	—
Ti-18Nb-17Zr	27.1	498	420	中国
Ti-35Nb	63.4	660	360	中国
Ti-35Nb-2Ta-3Zr	63	520	—	中国
Ti-24Nb-4Zr-7.5Sn	52	681.7	410	中国

10.4.3.2　Ti-Zr 系

由于 Zr 元素与 Ti 元素处于同一主族，因此，他们有着相似的性质，比如力学性能良好、密度小及生物兼容性良好，此外，Zr 元素是一种有良好生物相容性的元素且可以提高血液相容性，两者形成的钛合金是完全互溶的固溶体。将 Zr 加入 Ti 中会使钛合金的许多性能得以提高，如铸造性能、生物相容性等。典型的 Ti-Zr 系合金，如 Ti-Zr-Nb、Ti-Zr-Mo-Nb、Ti-Zr-Sn-Mo-Nb 等。Ti-Zr 系的代表合金为 Ti-15Zr-4Nb-4Ta-0.2Pd 合金，该合金经时效后其抗拉强度、屈服强度和弹性模量分别为 919 MPa、806 MPa 和 99 GPa。与 Ti-Mo 系合金相比，该合金的弹性模量明显偏高，而强度却偏低，因此发展潜力不大[17]。

10.4.3.3　Ti-Mo 系

Mo 元素是钛合金的 β 稳定元素，其添加有利于 β 钛合金的形成。与 TC4 相比，Ti-Mo 系合金具有更高的拉伸强度、断裂韧性，更好的耐磨损性能以及更低的弹性模量。为了设计新型的 Ti-Mo 系医用合金，研究人员对各种合金元素对 Ti-Mo 合金组织和性能影响进行了深入的研究。英国 IMI 公司于 1958 年研发的 Ti-15Mo 合金是一种耐腐蚀钛合金，具有弹性模量低（约为 78 GPa）和生物相容性好等特点，主要应用于矫形植入用材料，且已经被列入美国标准 ASTMF2066。日本在 20 世纪 70 年代研发的亚稳 β 型钛合金 Ti-15Mo-5Zr-3Al（JIST7401-6），其强度高、弹性模量低、焊接性能好、耐腐蚀性好，且经时效处理后抗拉强度可达 1100 MPa。美国于 1992 年开发的 Ti-12Mo-6Zr-2Fe（ASTMF1813）合金，其弹性模量低，且强度、断裂韧度、耐磨性以及耐腐蚀等综合性能优良，应用于矫形器件。由 Timet 公司研制的 β-21S 合金发展而来的 β-21SRx（Ti-15Mo-3Nb-0.2Si-0.3O）合金，具有比强度高、冷加工性好、抗氧化性和耐腐蚀性能优良等特点，同时还具有较低的弹性模量，可以作为外科手术用器具以及植入材料。医用 Ti-Mo 系钛合金主要有 Ti-15Mo、Ti-15Mo-5Zr-3Al、Ti-12Mo-6Zr-2Fe、Timetal-21SRx 等。各合金的名义成分及力学性能如表 10-12 所示[18]。

表 10-12　常见 Ti-Mo 系合金

合　金	弹性模量/GPa	抗拉强度/MPa	屈服强度/MPa	来源地
Ti-15Mo	78	864~882	530~558	美国
Ti-15Mo-5Zr-3Al	80	1060~1100	1000~1060	日本
Ti-12Mo-6Zr-2Fe	79	1060~1100	1000~1060	美国
Ti-15Mo-3Nb-0.2Si-0.3O(21SRx)	83	979~999	945~987	美国
Ti-7.5Mo	70	1004~1034	719~755	
Ti-10Mo	93	731	690	
Ti-20Mo	75	823	428	
Ti-12Mo-5Zr	78	628~965	509~540	
Ti-12Mo-5Ta	74			
Ti-12Mo-3Nb	105	745	450	
Ti-15Mo-3Nb-3Al-0.2Si	82	1563	1390	美国
Ti-2Mo-2Zr-3Al	105	975	650	中国

10.4.3.4　Ti-Ta 系

Ta 的价格昂贵，并且其熔点很高约 3273 K，加工熔炼较困难，因此目前对 Ti-Ta 系的 β 钛合金研究较少。有学者研究了 Ta 含量对生物医用二元 Ti-Ta 合金的弹性模量和拉伸性能的影响，结果表明：Ti-30Ta 和 Ti-70Ta 具有较低的弹性模量和较高的强度。

10.4.4　建筑用钛合金

传统的金属建筑材料，主要以铜、铁、铝、不锈钢为主。随着国民经济的持续发展和人民生活水平的不断提高，人们对城市建筑物的要求尤其是建筑物美观性的要求越来越高，越来越倾向于使用更高级的建筑材料。钛及其合金具有密度小、强度高、抗蚀性能好、热膨胀系数低、无环境污染、使用寿命长等一系列优异特性，完全能满足建筑材料的诸多性能要求，备受现代建筑师的青睐。近些年，建筑师追求使用更高级的新型建筑材料。

日本东京国立博物馆、国际会展馆、关西机场、福冈大型露天运动场等大型建筑都使用了钛材。主要用于建筑物的屋顶，大厦幕墙、港口、桥梁、隧道、外壁、门牌、管道和栏杆等。此外，英国、法国、美国、西班牙、荷兰、加拿大、瑞士等均有建筑物使用钛材料作为屋顶和幕墙的建筑材料的范例。1997 年西班牙毕尔巴鄂市的古根海姆博物馆就是采用钛金属板材构造出曲面的建筑造型，西班牙的古根海姆博物馆使用了 0.3 mm 厚的钛板，用量达 60 t，坚固又美观，被评为"地球上最美丽的博物馆"。我国最先提出应用钛金属的建筑是国家大剧院，最先应用的是杭州大剧院。除此之外国家大剧院的穹顶使用了约 100 t 的厚度为 0.4 mm 的钛材，可随着光线变换色彩。应用钛金属的建筑还有中国有色工程设计研究总院大门厅、杭州临平东来第一阁、上海马戏杂技场屋顶和大连圣亚极地世界等。图 10-8 为阿布扎比国际机场，图 10-9 为北京国家大剧院。

图 10-8 阿布扎比国际机场

图 10-9 北京国家大剧院

本 章 习 题

（1）航空用钛合金可以分为哪几类？

（2）阻燃钛合金的分类及其阻燃机理是什么？

（3）钛合金的主要用途有哪些？

（4）航天产品服役条件有哪些？

（5）航海材料需要满足哪些条件，基本服役条件有哪些？

（6）航海钛合金可以分为哪几类？

（7）我国航海用钛合金可以分为哪几个体系？

（8）医用钛合金需要满足什么条件？

（9）目前常用的医用钛合金有哪些体系？

（10）列举钛及钛合金在其他领域的应用（除了书中所涉及的领域）。

（11）钛合金在汽车上的用途有哪些？

参 考 文 献

[1] 徐国栋，王桂生，莫畏. 钛材生产、加工与应用500问 [M]. 北京：化学工业出版社，2011.

[2] 金和喜，魏克湘，李建明，等. 航空用钛合金研究进展 [J]. 中国有色金属学报，2015，25(2)：280-292.

[3] 杨冬雨，付艳艳，惠松骁，等. 高强高韧钛合金研究与应用进展 [J]. 稀有金属，2011，35(4)：575-580.

[4] 刁雨薇. Ti-Al-Sn-Zr-Mo-Nb-W-Si 高温钛合金700 ℃拉伸行为研究 [D]. 北京：北京有色金属研究总院，2019.

[5] 曹宇霞. WSTi3515S 阻燃钛合金热变形行为研究 [D]. 西安：长安大学，2019.

[6] 蔡建明，曹春晓. 新一代600 ℃高温钛合金材料的合金设计及应用展望 [J]. 航空材料学报，2014，34(4)：27-36.

[7] 杨雯清. Ti-14Cu 阻燃合金燃烧机理研究 [D]. 西安：长安大学，2018.

[8] 蔡建明，弭光宝，高帆，等. 航空发动机用先进高温钛合金材料技术研究与发展 [J]. 材料工程，2016，44(8)：1-10.

[9] 邹武装. 钛及钛合金在航天工业的应用及展望 [J]. 中国有色金属，2016(1)：70-71.

[10] 于宇，李嘉琪. 国内外钛合金在海洋工程中的应用现状与展望 [J]. 材料开发与应用，2018，33(3)：111-116.

[11] 项秋宽. 双疏钛合金表面在不同润滑介质中的摩擦学性能研究 [D]. 大连：大连海事大学，2017.

[12] 杨英丽，罗媛媛，赵恒章，等. 我国舰船用钛合金研究应用现状 [J]. 稀有金属材料与工程，2011，40(S2)：538-544.

[13] 费有静. 钛及钛合金材料的应用分析 [J]. 新材料产业，2017(3)：15-18.

[14] 张娇娇. 医用钛合金的纳米力学性能、腐蚀磨损和抗菌性能研究 [D]. 太原：太原理工大学，2019.

[15] 麻西群，于振涛，牛金龙，等. 新型生物医用钛合金组织与性能研究进展 [J]. 生物医学工程与临床，2013，17(6)：610-615.

[16] 段洪涛. 生物医用低弹性模量钛合金组织与性能的研究 [D]. 大连：大连理工大学，2008.

[17] 戴世娟，朱运田，陈锋. 新型医用β钛合金研究的发展现状及加工方法 [J]. 重庆理工大学学报(自然科学)，2016，30(4)：27-34.

[18] 向力，闵小华，弭光宝. 体心立方 Ti-Mo 基钛合金应用研究进展 [J]. 材料工程，2017，45(7)：128-136.